高等职业教育"十二五"规划教材
中国高等职业技术教育研究会推荐

AutoCAD 2012 中文版
实用教程

王梅　胡晓燕　主编

U0340168

国防工业出版社
·北京·

内 容 简 介

本书共 11 章，主要内容包括 AutoCAD 2012 入门，AutoCAD 2012 绘图前的准备，绘图命令的使用，编辑图形对象，使用文字与表格，尺寸标注与参数化约束，面域与图案填充，图块、外部参照和设计中心，三维图形绘制，三维图形的编辑和渲染等。

本书结构清晰、语言简练、案例丰富、理论与实践相结合，具有极强的实用性，既可作为高等职业院校相关专业的教材，也可作为从事计算机绘图技术研究与应用人员的参考书。

图书在版编目（CIP）数据

AutoCAD 2012 中文版实用教程 / 王梅，胡晓燕主编.
—北京：国防工业出版社，2017.4 重印
高等职业教育"十二五"规划教材
ISBN 978-7-118-08499-3

Ⅰ.①A… Ⅱ.①王… ②胡… Ⅲ.①AutoCAD 软件-高等职业教育-教材 Ⅳ.①TP391.72

中国版本图书馆 CIP 数据核字（2012）第 293323 号

※

国防工业出版社出版发行
（北京市海淀区紫竹院南路 23 号　邮政编码 100048）
涿中印刷厂印刷
新华书店经售
*
开本 787×1092　1/16　印张 18½　字数 413 千字
2017 年 4 月第 1 版第 2 次印刷　印数 4001—6000 册　定价 36.00 元

（本书如有印装错误，我社负责调换）

国防书店：（010）88540777　　发行邮购：（010）88540776
发行传真：（010）88540755　　发行业务：（010）88540717

高等职业教育制造类专业"十二五"规划教材
编审专家委员会名单

主任委员　方　新（北京联合大学教授）

　　　　　刘跃南（深圳职业技术学院教授）

委　　员　（按姓氏笔画排列）

　　　　　王　炜（青岛港湾职业技术学院副教授）

　　　　　白冰如（西安航空职业技术学院副教授）

　　　　　刘克旺（青岛职业技术学院教授）

　　　　　刘建超（成都航空职业技术学院教授）

　　　　　米国际（西安航空技术高等专科学校副教授）

　　　　　孙　红（辽宁省交通高等专科学校教授）

　　　　　李景仲（江苏财经职业技术学院教授）

　　　　　段文洁（陕西工业职业技术学院副教授）

　　　　　徐时彬（四川工商职业技术学院副教授）

　　　　　郭紫贵（张家界航空工业职业技术学院副教授）

　　　　　黄　海（深圳职业技术学院副教授）

　　　　　蒋敦斌（天津职业大学教授）

　　　　　韩玉勇（枣庄科技职业学院副教授）

　　　　　颜培钦（广东交通职业技术学院教授）

总 策 划　江洪湖

总　序

在我国高等教育从精英教育走向大众化教育的过程中，作为高等教育重要组成部分的高等职业教育快速发展，已进入提高质量的时期。在高等职业教育的发展过程中，各院校在专业设置、实训基地建设、双师型师资的培养、专业培养方案的制定等方面不断进行教学改革。高等职业教育的人才培养还有一个重点就是课程建设，包括课程体系的科学合理设置、理论课程与实践课程的开发、课件的编制、教材的编写等。这些工作需要每一位高职教师付出大量的心血，高职教材就是这些心血的结晶。

高等职业教育制造类专业赶上了我国现代制造业崛起的时代，中国的制造业要从制造大国走向制造强国，需要一大批高素质的、工作在生产一线的技能型人才，这就要求我们高等职业教育制造类专业的教师们担负起这个重任。

高等职业教育制造类专业的教材一要反映制造业的最新技术，因为高职学生毕业后马上要去现代制造业企业的生产一线顶岗，我国现代制造业企业使用的技术更新很快；二要反映某项技术的方方面面，使高职学生能对该项技术有全面的了解；三要深入某项需要高职学生具体掌握的技术，便于教师组织教学时切实使学生掌握该项技术或技能；四要适合高职学生的学习特点，便于教师组织教学时因材施教。要编写出高质量的高职教材，还需要我们高职教师的艰苦工作。

国防工业出版社组织一批具有丰富教学经验的高职教师所编写的机械设计制造类专业、自动化类专业、机电设备类专业、汽车类专业的教材反映了这些专业的教学成果，相信这些专业的成功经验又必将随着本系列教材这个载体进一步推动其他院校的教学改革。

方新

前　言

AutoCAD 是美国 Autodesk 公司推出的计算机辅助绘图与设计软件，该软件具有功能强大、操作简单、易于掌握和结构开放等特点，一直深受广大工程技术人员的青睐，广泛应用于机械、建筑、航天、石油化工、土木工程和轻工业等领域。

AutoCAD 2012 是该公司开发的最新版本。与以前的版本相比，AutoCAD 2012 具有更完善的绘图界面和设计环境，其在性能和功能方面都有较大提高，同时也保证了与低版本完全兼容。

本书以理论知识为基础，以机械、建筑中最常见的图形为实训案例进行具体操作，每章都附有思考练习题，帮助广大读者提高操作水平。本书全面介绍了 AutoCAD 2012 中文版操作基础，AutoCAD 2012 绘图前的准备，绘图命令的使用，编辑图形对象，使用文字与表格，标注图形尺寸，绘制面域与图案填充，图块、外部参照和设计中心，三维图形绘制，三维图形的编辑和渲染以及图形的打印与发布。通过学习使读者能够独立绘制二维和三维图形，其主要特色为：

（1）在强调"实际、实用、实践"的教育原则和"会用、能用、管用"的教育目的的同时，适当提高难度，但重点仍然是 AutoCAD 2012 的必备基础知识和实际操作能力。

（2）系统地介绍 AutoCAD 2012 的二维、三维绘图命令，编辑命令及其相关技术。

（3）增加了绘制典型机械零件和机械图样的方法。

（4）精心安排各章节的次序和内容，贯彻由浅入深、循序渐进的教学原则。各章配有大量习题，既有针对性，又强调了实际操作性和综合性，有助于读者系统扎实地掌握 AutoCAD 的精髓。

（5）每章都配有实训实例，使命令讲解与实际操作相结合，使用性非常强。

本书由王梅、胡晓燕任主编，魏祥武、李滨慧、孙令真任副主编。李景仲教授任主审，对全书的内容安排与编写做了综合指导，并提出了许多宝贵的意见和建议。参加本书编写工作的有王梅、胡晓燕、魏祥武、李滨慧、孙令真、韩海玲、李东和、孙红、李靖、臧雪岩。

在本书编写过程中，得到了辽宁省交通高等专科学校、江苏财经职业技术学院、广州华立科技职业学院的大力支持，在此表示衷心的感谢！

本书在编写过程中参考了一些国内同类著作，在此特向有关作者致谢！

由于编者水平有限，难免有不足之处，恳请读者提出宝贵意见。

作　者

目　录

第 1 章　AutoCAD 2012 入门

【知识目标】

（1）了解 AutoCAD 2012 主要功能。

（2）启动 AutoCAD 2012 方法及熟悉其工作界面。

（3）掌握 AutoCAD 2012 创建新图形、文件存储及打开图形等基本命令操作。

（4）命令的输入及使用方法。

（5）系统配置的基本修改方法。

【相关知识】

CAD（Computer Aided Design）是指计算机辅助设计。CAD 技术随着计算机技术的飞速发展，越来越多的工程设计人员开始使用计算机软件绘制各种图形，从而解决了传统手工绘图中存在的效率低、绘图准确度差及劳动强度大等缺点。AutoCAD 是当今世界上最为流行的计算机辅助设计软件，也是我国目前应用最为广泛的图形软件之一。

1.1　AutoCAD 的主要功能

AutoCAD 是美国 Autodesk 公司于 20 世纪 80 年代开发的一个交互式绘图软件，是应用于二维及三维实体设计、绘图的系统工具。它广泛应用于建筑、机械、水利、电子和航天等工程领域。在机械自动化等工业领域，AutoCAD 除了可以进行二维设计外，还能制作三维模型，如图 1-1 所示。

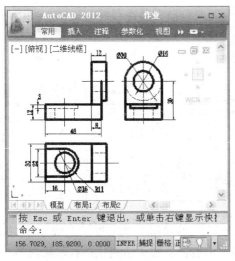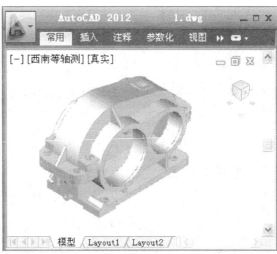

图 1-1　利用 AutoCAD 绘制的二维零件图和三维实体图

AutoCAD 软件具有以下主要功能：

（1）具有完善的图形绘制功能。

（2）具有强大的图形编辑功能。

（3）具有尺寸标注和文字输入功能。

（4）具有良好的三维造型功能。

（5）具有真实的图形渲染功能。

（6）提供数据和信息查询功能。

（7）具有图形输出功能。

（8）可以采用多种方式进行二次开发和用户定制。

（9）可以进行多种图形格式的转换，具有较强的数据交换能力。

从 1982 年 12 月正式发布 AutoCAD 1.0 开始，到现在的 AutoCAD 2012，每一版本都在原来的基础上增添了许多新的功能。AutoCAD 2012 是 Autodesk 公司开发的 AutoCAD 最新版本，与以前的版本相比，AutoCAD 2012 具有更完善的绘图界面和设计环境，同时引入了全新功能，其中包括命令行自动提示指令、UCS 坐标图标新增夹点、增强阵列功能等功能，从而使 AutoCAD 系统更加完善、方便和快捷。

1.2 中文版 AutoCAD 2012 的工作界面

使用光盘文件安装 AutoCAD 时，需要计算机配有所需的 DVD 光驱或 CD-ROM 光驱。安装 AutoCAD 2012 时系统自动检测用户的 Windows 操作系统是 32 位版本还是 64 位版本，从而安装适合操作系统的 AutoCAD 版本，然后按提示安装，安装完毕并激活产品后就可以正常使用了。

AutoCAD 2012 的启动方式是在【开始】菜单中选择【程序】|Autodesk|AutoCAD 2012-Simplified Chinese|AutoCAD 2012 命令，或者双击桌面上的快捷图标。AutoCAD 2012 启动后，将自动新建一个文件并进入二维草图与注释工作界面。

AutoCAD 2012 提供了 4 种用户工作空间，分别是二维草图与注释（图 1-2）、AutoCAD 经典（图 1-3）、三维基础（图 1-4）和三维建模（图 1-5），这 4 种界面可通过【工作空间】工具栏进行切换。

图 1-2 【二维草图与注释】用户界面

图 1-3 【AutoCAD 经典】用户界面

中文版 AutoCAD 2012 的工作界面主要由菜单浏览器、快速访问菜单栏、标题栏、功能区、绘图区、命令行窗口、状态栏等组成。

图 1-4 【三维基础】用户界面

图 1-5 【三维建模】用户界面

1.2.1 菜单浏览器

【菜单浏览器】按钮位于工作界面的左上方。单击该按钮,可以展开 AutoCAD 2012 用于管理图形文件的命令:【新建】、【打开】、【保存】、【打印】和【输出】等,如图 1-6 所示,还可以通过单击菜单浏览器中的【最近使用的文档】按钮来显示最近使用过的文档,以便快速打开其中的文档,单击浏览器中的【打开文档】按钮,将显示当前打开的图形文档。在按钮左侧的空白区域内输入命令提示,即会弹出与之相关的各种命令列表,选择所需的命令可以执行相应的操作。

图 1-6 菜单浏览器

1.2.2 快速访问工具栏

快速访问工具栏(图 1-7)默认位于菜单浏览器的右侧,用于显示经常访问的命令,如【新建】、【打开】、【保存】、【另存】、【放弃】、【重做】、【工作空间】等工具,用户可以在快速访问工具栏上添加、删除和重新定位命令。若要向快速访问工具栏中添加功能区的按钮,请在功能区中单击鼠标右键,然后单击"添加到快速访问工具栏"。按钮会添加到快速访问工具栏中默认命令的右侧。可以向快速访问工具栏添加无限多的工具,超出工具栏最大长度范围的工具会以弹出按钮显示。

图 1-7 快速访问工具栏

1.2.3　标题栏

标题栏（图 1-8）位于 AutoCAD 2012 程序窗口的最顶端，用于显示当前正在执行的程序名称及文件名称等信息。在程序默认的图形文件下显示的是 AutoCAD 2012 Drawing1.dwg，如果打开的是一张保存过的图形文件，显示的则是保存的文件名。 为帮助按钮，单击该按钮或【F1】键均可打开帮助窗口，在该窗口中进行查询 AutoCAD 2012 的各个功能及应用方法。标题栏的最右侧有 3 个按钮，依次为【最小化】按钮、【恢复窗口大小】按钮、【关闭】按钮。

图 1-8　标题栏

1.2.4　绘图窗口

绘图窗口是用户绘图的工作区域，所有的绘图结果都反映在这个窗口中。用户可以根据需要关闭其周围和里面的各个工具栏或功能区，以增大绘图空间。如果图纸比较大，需要查看未显示部分时，可以单击窗口右边与下边滚动条上的箭头按钮，或拖动滚动条上的滑块来移动图纸。

在绘图窗口中除了显示当前的绘图结果外，还显示了当前使用的坐标系类型以及坐标原点、X、Y、Z 轴的方向等。在默认情况下，坐标系为世界坐标系（WCS）。在窗口的下方有【模型】和【布局】选项卡，单击它们可以在模型空间或图纸空间之间切换。

1.2.5　命令行窗口

命令行位于绘图窗口的底部，用于接受用户输入的命令，并显示 AutoCAD 提示信息。在 AutoCAD 2012 中【命令行】可以拖放为浮动窗口，如图 1-9 所示。

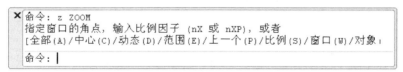

图 1-9　AutoCAD 2012 的【命令行】

当 AutoCAD 在命令窗口中显示【命令：】提示符后，即标志着 AutoCAD 准备接收命令。

当用户输入一个命令，从菜单、功能区或工具栏选择一个命令后，命令行将提示用户要进行的操作，直到命令完成或被中止。

每个命令都有自己的一系列提示信息。同一个命令在不同的情况下被执行时，出现的提示信息也不同。

1.2.6　状态栏

AutoCAD 2012 状态栏如图 1-10 所示，用来显示 AutoCAD 2012 当前光标的坐标区、绘图辅助工具、快速查看工具、注释工具及工作空间工具等按钮。

坐标区　　　　　　　绘图辅助工具　　　　快速查看工具　注释工具　工作空间工具

图 1-10　状态栏

（1）坐标区。在该区域显示了当前鼠标指针所在的坐标位置，坐标值会随着鼠标的移动而发生变化。通过查看坐标值，可以使用鼠标指定图形的位置。如果当前 Z 坐标值为 0，说明在绘制二维平面图形。

（2）绘图辅助工具。主要用于控制图形的性能，包括功能按钮有【推断约束】、【捕捉模式】、【栅格显示】、【正交模式】、【极轴追踪】、【对象捕捉】、【对象捕捉追踪】、【允许/禁止动态 UCS】、【显示/隐藏线宽】、【快捷特性】等按钮。

（3）快速查看工具。使用其中的工具可以预览打开的图形和打开图形的模型空间与布局，并在其间进行切换，图形将以缩略图形式显示在应用程序窗口的底部。

（4）注释工具。用于显示缩放注释的若干工具。

（5）工作空间工具。用于切换 AutoCAD 2012 的工作空间，以及对工作空间进行自定义设置等操作。

1.2.7　功能区

功能区是一个包括创建文件所需工具的小型选项板，集中放置各种命令和控件。这些选项板被分类组织到不同功能的选项卡中。在默认情况下，功能区包括【常用】、【插入】、【注释】、【参数化】、【视图】、【管理】、【输出】、【插件】和【联机】9 个部分。

在 AutoCAD 2012 中，单击功能区的【最小化】按钮，可以将功能区最小化显示，这样绘图区的范围就变大了，更有利于绘制与观看图形。在功能区中单击【最小化面板标题】按钮，即可将功能面板以标题形式显示。在功能区中继续单击【最小化为选项卡】按钮，即可将功能面板隐藏，只显示功能区中的选项卡标题。　为显示完整功能区按钮。

为了作图方便，可以删除多余的功能按钮，也可以添加被需要的功能按钮。在功能区标题栏中单击鼠标右键，从弹出的快捷菜单中选择【显示选项卡】或【显示面板】按钮下的子命令，如图 1-11 所示，去除不需要的功能按钮或添加所需要的功能按钮。

在功能区选项卡的标题栏中单击鼠标右键，从弹出的快捷菜单中选择【关闭】命令，如图 1-12 所示，或在命令行输入并执行 RIBBONCLOSE 命令，均可关闭功能区。关闭功能区后，不能使用快捷菜单将其打开，此时，可以在命令行输入并执行 RIBBON 命令来打开功能区。

图 1-11　选择功能按钮

图 1-12　选择命令

5

1.3 图形文件管理

在 AutoCAD 2012 进行图形文件管理，是用户学习 AutoCAD 2012 必须掌握的基本操作。管理图形文件包括新建图形文件、打开图形文件、保存图形文件和输出文件等内容。基本操作命令包括使用菜单命令及命令行、终止和重复命令、放弃与重做操作等。其中，命令的使用是在 AutoCAD 中绘图最常用的操作，用户可以选择某一个命令，或在命令行中输入命令和系统变量来执行某一个命令。

1.3.1 新建图形文件

新建图形文件有以下几种方法：

（1）菜单栏：【文件】|【新建】命令。

（2）命令行：输入并执行 NEW 命令。

（3）工具栏：单击【标准】工具栏或快捷工具栏中【新建】按钮 。

执行任何一种方式，均可打开【选择样板】对话框，如图 1-13 所示。

在【选择样板】对话框中，用户可以在样板列表框中选中某一个样板文件，这时在右侧的【预览】框中将显示出该样板的预览图像，单击板来创建新图形【打开】按钮，可以将选中的样板文件作为样板来创建新图形。样板文件中通常包含与绘图相关的一些通用设置，如图层、线型、文字样式等，使用样板创建新图形不仅提高了绘图的效率，而且还保证了图形的一致性。

单击右下角【打开】处的黑色三角按钮 ，在弹出的菜单中可以选择打开样板文件的方式，包括：打开、无样板打开—英制（I）和无样板打开—公制（M）三种。如果不想通过样板文件来创建一个新图形，可以选择无样板模式打开一个空白文件，两选项的含义如下：

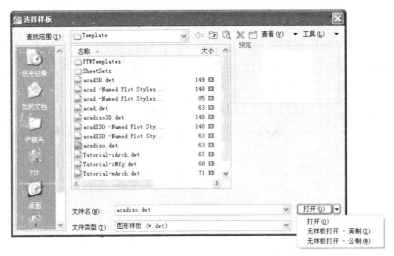

图 1-13　【选择样板】对话框

（1）无样板打开—英制（I）：使用英制系统变量创建新图形，默认图形界限为 12in× 9in（1in=2.54cm）。

6

（2）无样板打开—公制（M）：使用公制系统变量创建新图形，默认图形界限为420mm×297mm。

1.3.2　打开图形文件

打开图形文件命令有以下几种方法：

（1）菜单栏：【文件】|【打开】命令。

（2）工具栏：单击【标准】工具栏或快捷工具栏中【打开】按钮 。

（3）命令行：输入并执行 OPEN 命令。

执行任一种命令，此时将打开【选择文件】对话框，如图 1-14 所示。

在【选择文件】对话框的文件列表框中，选择需要打开的图形文件，在右侧的"预览"框中将显示出该图形的预览图像。在默认的情况下，打开的图形文件的格式都为.dwg格式。用户可以以【打开】、【以只读方式打开】、【局部打开】和【以只读方式局部打开】4 种方式打开图形文件，每种方式都对图形文件进行了不同的限制。如果以【打开】和【局部打开】方式打开图形时，用户可以对图形文件进行编辑。如果以【以只读方式打开】和【以只读方式局部打开】方式打开图形，用户则无法对图形文件进行编辑。

图 1-14　【选择文件】对话框

1.3.3　保存图形文件

在中文版 AutoCAD 2012 中，用户可以使用多种方式将绘制好的图形以文件形式进行保存。

（1）菜单栏：【文件】|【保存】命令。

（2）工具栏：单击【标准】工具栏或快捷工具栏中【保存】按钮 。

（3）命令行：输入并执行 SAVE 命令。

均可以以当前使用的文件名保存图形。或选择菜单【文件】|【另存为】命令，或在命令行输入 SAVEAS，将当前图形以新的名字保存。

用户在第一次保存创建的图形时，系统将打开【图形另存为】对话框，如图 1-15 所示。默认情况下，文件以"AutoCAD 2010 图形（*.dwg）"格式保存，用户也可以在【文件类型】下拉列表框中选择其他格式。

图 1-15 【图形另存为】对话框

1.4 基本操作命令

AutoCAD 命令的执行方式主要包括鼠标操作和键盘操作。鼠标操作是指使用鼠标选择菜单命令或单击工具按钮来执行命令，而键盘操作是直接输入命令来调用操作命令。

1.4.1 使用鼠标执行命令

在绘图窗口，光标通常显示为"十"字线形式。当光标移至菜单选项、工具栏或对话框内时，它会变成一个箭头。无论光标是"十"字线形式还是箭头形式，当单击或者按动鼠标键时，都会执行相应的命令或动作。在 AutoCAD 中，鼠标按钮是按照下述规则定义的。

（1）拾取键：通常指鼠标左键，用于指定屏幕上的点，也可以用来选择 Windows 对象、AutoCAD 对象、工具栏按钮和菜单命令等。

（2）【Enter】键：指鼠标右键，相当于【Enter】键，用于结束当前使用的命令，此时系统将根据当前绘图状态而弹出不同的快捷菜单。

（3）弹出菜单：当使用【Shift】键和鼠标右键的组合时，系统将弹出一个光标菜单，用于设置捕捉点的方法。在不同的操作中，单击鼠标右键时，会弹出不同的快捷菜单，以方便使用者的要求。

1.4.2 使用【命令行】执行命令

AutoCAD 的命令用于控制 AutoCAD 绘图与编辑的方式。启动 AutoCAD 后进入图形界面，命令行显示有【命令：】的提示，表明 AutoCAD 处于准备接受命令状态，输入命令后，按下【Enter】键或空格键，此时系统会提示相应的信息或子命令，根据这些信息选择具体操作退出命令后，系统又回到待命状态。在【命令行】窗口中单击鼠标右键，AutoCAD 将显示一个快捷菜单。用户可以通过它来选择最近使用过的 6 个命令、复制选定的文字或全部命令历史、粘贴文字，以及打开【选项】对话框。

在命令行中，用户还可以使用【Backspace】或【Delete】键删除命令行中的文字；也可以选中命令历史，并执行【粘贴到命令行】命令，将其粘贴到命令行中。

在 AutoCAD 的命令执行过程中，通常有很多子命令出现，关于子命令中一些符号的规定如下：

（1）"/"分隔符用来分割提示与选项，大写字母表示命令缩写方式，可直接通过键盘输入。

（2）"<>"内为预设值或当前值（可重新输入或修改）。如果不重新输入或修改，直接按下空格键或【Enter】键，则系统将接受此预设值。

注意：AutoCAD 中不能识别全角度字母、数字和符号，因此在输入命令时用户最好将输入法关闭，以避免输入的命令不能执行。

1.4.3　命令的重复、终止、撤消与重做

在 AutoCAD 中，用户可以方便地重复执行同一条命令，或撤消前面执行的一条或多条命令。此外，撤消前面执行的命令后，还可通过重做来恢复前面执行的命令。

1．重复和终止命令

在 AutoCAD 中，按【Enter】键或空格键可以快速重复执行上一个命令，从而省去了再次输入该命令的麻烦。

在命令执行过程中，用户可随时按【Esc】键终止执行任何命令，因为【Esc】键是 Windows 程序用于取消操作的标准键。

2．撤消操作

在 AutoCAD 中，系统提供了图形的恢复功能。利用图形恢复功能，可对绘图过程中的操作进行取消。AutoCAD 可以连续撤消已经执行的命令，直到返回到最近一次保存（包括自动保存）的图形。执行该命令有 5 种方法。

（1）菜单栏：【编辑】｜【放弃】命令。

（2）组合键：Ctrl+Z 组合键。

（3）命令行：输入并执行 U 或 UNDO 命令。

（4）工具栏：【放弃】按钮 ⇐ ▾。

（5）快捷菜单：无命令处于活动状态和无对象选定的情况下，在绘图区域单击鼠标右键，选择【放弃...】命令。

3．重做操作

在 AutoCAD 中，系统提供了图形的重做功能。利用图形重做功能，可以重新执行放弃的操作，执行该命令有 5 种方法。

（1）菜单栏：【编辑】｜【重做】命令。

（2）组合键：Ctrl+Y 组合键。

（3）命令行：输入并执行 REDO 命令。

（4）工具栏：【重做】按钮 ⇒ ▾。

（5）快捷菜单：无命令处于活动状态和无对象选定的情况下，在绘图区域单击鼠标右键，选择【重做…】命令。

1.5　AutoCAD 2012 系统主要配置

选择菜单【工具】|【选项】命令，或在命令行输入并执行 OPTIONS 命令，可打开【选项】对话框。在该对话框中包含【文件】、【显示】、【打开和保存】、【打印和发布】、【系统】、【用户系统配置】、【绘图】、【三维建模】、【选择集】和【配置】10 个选项卡，如图 1-16 所示。

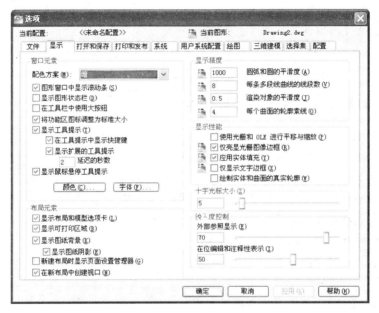

图 1-16　【选项】对话框

（1）【文件】选项卡：用于确定 AutoCAD 搜索支持文件、驱动程序文件、菜单文件和其他文件时的路径以及用户定义的一些设置。

（2）【显示】选项卡：用于设置窗口元素、布局元素、显示精度、显示性能、十字光标大小和淡入度控制等显示属性。

（3）【打开和保存】选项卡：用于设置是否自动保存文件，以及自动保存文件时的时间间隔，是否保持日志以及是否加载外部参照等。

（4）【打印和发布】选项卡：用于设置 AutoCAD 的输出设备。默认情况下，输出设备 Windows 打印机。但在很多情况下，为了输出较大幅面的图形，用户也可能需要使用专门的绘图仪。

（5）【系统】选项卡：用于设置当前三维图形性能，设置当前定点设备、布局重新生成选项、数据库连接选项、常规选项和 Live Enabler 选项。

（6）【用户系统配置】选项卡：用于设置是否使用快捷菜单和对象的排序方式。

（7）【绘图】选项卡：用于设置自动捕捉、自动追踪、自动捕捉标记框颜色和大小、靶框大小。

（8）【三维建模】选项卡：用于设置在三维中使用实体和曲面的选项。

（9）【选择集】选项卡：用于设置选择集模式、拾取框大小以及夹点大小等。

（10）【配置】选项卡：用于实现新建系统配置文件、重命名系统配置文件以及删除系统配置文件等操作。

1.6 实训项目——熟悉 Auto CAD 操作环境

1.6.1 实训目的

（1）熟悉 AutoCAD 2012 中文版绘图界面。

（2）掌握菜单、面板和工具条的调用、显示形式及其含义。

（3）掌握文件操作的基本方法及撤消、重做、恢复命令的用法。

（4）了解系统配置的设置方法。

1.6.2 实训准备

（1）学习教材 1.1 节～1.5 节内容。

（2）进入 AutoCAD 2012 中文版并练习使用键盘、菜单、按钮操作。

（3）图形文件管理：打开、新建和保存。

1.6.3 实训指导

实训任务：启动 AutoCAD 2012 中文版，并进入【工作空间】工具栏中进行工作空间的选择；添加或删除功能区按钮；建立图形名为 new.dwg 并保存到桌面；打开图形文件和关闭图形文件的方法；更改绘图区背景为黑色（默认打开为白色时）。

操作步骤：

1．启动 AutoCAD 2012 中文版

双击桌面上【AutoCAD 2012 中文版】图标 ，进入 AutoCAD 2012【草图与注释】界面，如图 1-17 所示。

图 1-17 【草图与注释】界面

2．工作空间的选择与功能区按钮的添加与删除

AutoCAD 的工作空间通过在【草图与注释】界面的右下角图标 打开，如图 1-18 所示，打开后可根据需要选择合适的工作空间。

添加或删除功能按钮的方法：在功能区标题栏中单击鼠标右键，从弹出的快捷菜单中选择【显示选项卡】命令，将显示该命令下的子菜单命令，如图 1-19 所示。

图 1-18　选择工作空间　　　　　图 1-19　功能区【选项卡】子菜单

在子菜单命令的前方，如果标记有打勾搭符号，则表示相对应功能选项卡处于打开的状态，单击该选项，则将对应的功能选项卡隐藏；如果没有标记打勾的符号，则表示相对应的功能选项卡处于关闭的状态，单击该命令选项，则将对应的功能选项卡打开。如图 1-20 所示为隐藏【常用】功能选项结果。

3．新建图形文件

单击【新建】按钮，将打开【选择样板】对话框，单击右下角【打开】处的黑色三角按钮，选择【无样板打开—公制】，将打开一个空白文件。

4．保存图形文件

在快速访问工具栏中单击【保存】按钮，第一次保存创建的图形时，系统将打开【图形另存为】对话框，如图 1-21 所示。在【保存于】对话框后选择路径为【桌面】，在【图形名】后输入 new.dwg，单击【保存】按钮就完成文件的保存。

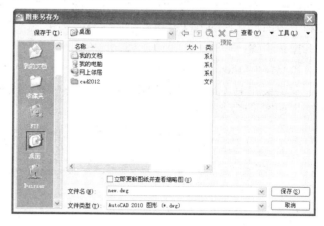

图 1-20　隐藏【常用】按钮　　　　图 1-21　【图形另存为】对话框

5．打开已有的图形文件

在快速访问工具栏中单击【打开】按钮，在【选择文件】对话框中选择已经存在的图形文件，单击右下角【打开】按钮即可打开文件，如图 1-22 所示。

6．关闭图形文件

在【文件】菜单下，单击【退出】；或按【Ctrl+Q】键；或单击文件右上角按钮，即可关闭图形文件。

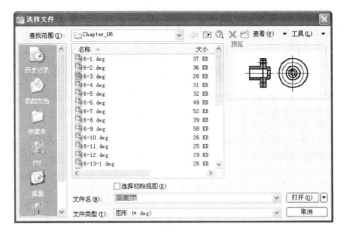

图 1-22 【选择文件】对话框

7．设置绘图区背景色

选择【工具】|【选项】命令，打开【选项】对话框，在【显示】选项卡中（图 1-23），选择【颜色】按钮，在【图形窗口颜色】对话框（图 1-24）中，【颜色】选项下选择黑色（背景为白色时）。

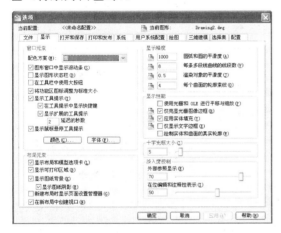

图 1-23 【显示】选项卡

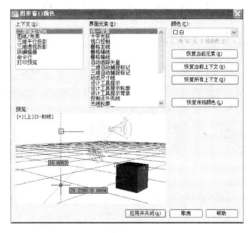

图 1-24 【图形窗口颜色】选项卡

1.7 自 我 检 测

1.7.1 填空题

（1）CAD 是英文＿＿＿＿＿＿＿＿＿＿＿＿＿＿＿＿＿＿＿＿的缩写。

（2）AutoCAD 图形文件的扩展名是＿＿＿＿＿＿，AutoCAD 样板文件的扩展名是＿＿＿＿＿。

（3）AutoCAD 2012 为用户提供了＿＿＿＿、＿＿＿＿、＿＿＿＿和＿＿＿＿4 种工作空间。

（4）要设置图形文件的自动保存间隔时间，应选择【工具】菜单下＿＿＿＿命令，单击后即可打开＿＿＿＿＿＿对话框，选择对话框中的＿＿＿＿＿＿选项进行设置。

1.7.2　选择题

（1）以【无样板打开—公制】方式创建的文件，其默认单位精度是_____。

A.　0.0　　　　　B. 0.00　　　　　C. 0.000　　　　　D. 0.0000

（2）中止命令时可以按_____键；确定执行命令时可以按_____键。

A.空格键、【Enter】键　　　　　　B. 【End】键、空格键

C. 【Esc】键、【Enter】键　　　　D. 【End】键、【Esc】键

（3）AutoCAD 图形标准文件扩展为_____。

A.*.dwg　　　　B. *.dxf　　　　C. *.dwt　　　　D. *.dws

（4）按_____键，可以从绘图窗口内切换到帮助窗口。

A.F1　　　　　　B.F2　　　　　　C.F3　　　　　　D.F4

1.7.3　简答题

（1）AutoCAD 的主要功能有哪些？

（2）中文版 AutoCAD 2012 的工作界面包括哪几部分，它们的主要功能是什么？

（3）在 AutoCAD 2012 中新建一个图形文件的方式有几种?有何区别？

（4）如何对 AutoCAD 2012 的 4 种工作空间进行切换的方法及其应用场合？

1.7.4　操作题

（1）新建样板文件，名称为"样板 1"，然后存盘关闭；再打开 AutoCAD 2012 中自带的图形文件，另存图名为"my"，保存在 D 盘根目录下。

（2）熟悉 AutoCAD 2012 的工作界面及命令调用方法。

第 2 章　AutoCAD 2012 绘图前的准备

【知识目标】

（1）AutoCAD 2012 图形界限、单位及方向的设置。

（2）使用坐标值绘制图形的方法。

（3）使用 AutoCAD 2012 辅助功能进行精确绘图的方法。

（4）图层的设置与使用。

（5）图形查看的方法。

【相关知识】

在绘图前，一般先进行图形界限、单位等基本设置。在绘图时，还要灵活运用 AutoCAD 所提供的绘图辅助工具进行准确定位，可以有效地提高精确性和绘图效率。在中文版 AutoCAD 2012 中，用户不仅可以通过常用的指定坐标法绘图，而且还可以使用系统提供的对象捕捉、对象捕捉追踪等功能，在不输入坐标的情况下精确地绘制图形。

2.1　设置 AutoCAD 2012 绘图环境

为了提高工作效率，在使用 AutoCAD 2012 进行绘图之前，可以先对 AutoCAD 的绘图环境进行设置，以方便以后绘图的操作。

2.1.1　设置绘图界限

用来绘制机械图样的图纸通常有 A0～A4 五种规格。在 AutoCAD 中，与图纸大小相关的设置就是图形界限，设置图形界限的大小应与选定的图纸规格相同。

在中文版 AutoCAD 2012 中，用户设置图形界限的方法有：

（1）菜单栏：【格式】|【图形界限】命令。

（2）命令行：输入并执行 LIMITS 命令。

在世界坐标系下图形界限由一对二维点确定，即左下角点和右上角点。例如，可以设置一张图纸的左下角点为（0，0），右上角点为（297，210），则该图纸的大小为 297×210，即 A4 图纸。

此时如果要观察图形界限范围，还需用鼠标右键单击状态栏中的【栅格显示】按钮▦，在弹出的菜单栏中选择【设置】命令，在弹出的【草图设置】对话框（图 2-1）中取消【显示超出界限的栅格】复选框的勾选，选择【启用栅格】，单击【确定】按钮，完成操作，结果如图 2-2 所示。

注意：如果栅格按钮在打开的状态而绘图窗口仍然没有栅格显示，在命令行输入 Z（ZOOM）按【Enter】键，再输入 A（ALL）按【Enter】键，即可将栅格显示在窗口中。

LIMITS 命令还有两个选项：【开（ON）/关（OFF）】。如果选择"开（ON）"，将打开界限检查，此时用户不能在图形界限之外结束一个对象，也不能将【移动】或【复制】等命令所需的位移点设在图形界限之外，但是可以指定两个点（中心和圆周上的点）来画圆，圆的一部分可能在界限之外。界限检查只是帮助用户避免将图形画在假想的矩形之外。当选择"关（OFF）"选项时（默认值），AutoCAD 禁止界限检查，这时用户可以在图形界限之外绘制对象或指定点。

图 2-1　【草图设置】对话框

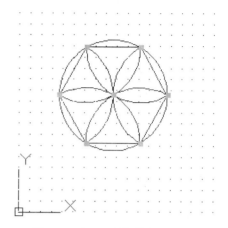

图 2-2　使用可见栅格指示的图限

2.1.2　设置图形单位

AutoCAD 的使用单位包括毫米、厘米、英尺、英寸等十几种，可以满足不同行业的绘图需要。绘图之前，应首先进行绘图单位的设置。西方国家习惯使用英制单位，如英寸、英尺等，而我国则习惯于使用公制单位，如米、毫米等。用户可以根据需要设置单位类型和精度。

在中文版 AutoCAD 2012 中，用户设置图形单位的方法有：

（1）菜单栏：【格式】|【单位】命令。

（2）命令行：输入并执行 UNITS 命令。

执行命令后，系统将打开如图 2-3 所示的【图形单位】对话框，在该对话框中设置图形单位的长度类型及精度、角度类型及精度，以及缩放内容的单位等。

（1）【长度】：在该区域中，用户可分别使用【类型】和【精度】下拉列表框设置图形单位的长度类型和精度。

（2）【角度】：在该区域中，用户可以设置图形的角度类型和精度。从【类型】下拉列表框中选择一个适当的角度类型；【精度】下拉列表框中选择角度单位的显示精度。默认情况下，角度以逆时针方向为正方向。如果选中【顺时针】复选框，则以顺时针方向为正方向。

（3）【方向】：在【图形单位】对话框中，单击【方向】按钮，可以使用打开的【方向控制】对话框设置起始角度（0°）的方向，如图 2-4 所示。默认情况下，角度的 0°方向是指向右（即正东方或 3 点钟）的方向。在【基准角度】选项区域中，可以通过选择【东】、【北】、【西】、【南】或【其他】单选按钮来改变角度测量的起始位置。当选择

【其他】单选按钮时，可以单击【拾取角度】按钮，切换到图形窗口中，通过拾取两个点来确定基准角度的0°方向。

图 2-3 【图形单位】对话框

图 2-4 【方向控制】对话框

2.2 使用坐标系绘制图形

AutoCAD 的图形定位，主要由坐标系进行确定。使用 AutoCAD 的坐标系，首先要了解坐标系的概念和坐标输入方法。

2.2.1 认识坐标系

坐标系又称编程坐标系，由 X 轴、Y 轴和原点构成。原点可以自由选择，原则是方便计算、方便作图。

在 AutoCAD 中的坐标系分为世界坐标系（World Coordinate System，WCS）和用户坐标系（User Coordinate System，UCS），如图 2-5 所示。

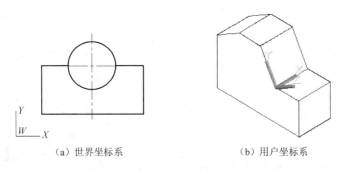

（a）世界坐标系　　　　　　　　（b）用户坐标系

图 2-5　世界坐标系(WCS)和用户坐标系(UCS)

WCS 为固定的笛卡儿坐标系统，是系统预设的坐标系统，其坐标轴不会改变。默认情况下，X 轴水平向右为正，Y 轴垂直向上为正，Z 轴垂直屏幕向外为正。实际上，所有对象均由其 WCS 坐标定义，而且 WCS 和 UCS 在新图形中是重合的。但是，基于 UCS 通常可更加方便地创建和编辑对象，可以进行自定义以满足不同的绘图需求。

2.2.2　坐标的输入方法

在中文版 AutoCAD 2012 中，表示点的坐标方法有绝对直角坐标、绝对极坐标、相对直角坐标和相对极坐标 4 种，它们的输入方法如下：

（1）绝对直角坐标：是从点（0，0）或（0，0，0）出发的位移，可以使用分数、小数或科学记数等形式表示点的 X，Y，Z 坐标值，坐标间用逗号隔开，如（5.2，6.4），（7.0，8.0，4.8）等。

注意：在输入点的坐标时，坐标之间用西文逗号分开，输入完毕后要按【Enter】键确认，否则系统不知道用户是否输入完毕。另外，在二维空间绘图 Z 值可以省略；但在三维空间中，需要由 X、Y、Z 坐标确定。

（2）绝对极坐标：也是从点（0，0）或（0，0，0）出发的位移，但它给定的是距离和角度，其中距离和角度用"<"分开，如 6.21<75。

（3）相对直角坐标：相对直角坐标是指相对于上一点的 X 轴和 Y 轴位移，它的表示方法是在绝对坐标表达方式前加上"@"号，如（@-23，18）。

（4）相对极坐标：是指相对于上一点的距离和角度。相对极坐标中的角度是新点和上一点连线与 X 轴的夹角，它的表示方法是在绝对极坐标表达方式前加上"@"号，如（@20<45）。

2.3　状态栏的辅助绘图

在 AutoCAD 中绘制图形时，尽管用户可以通过移动光标来指定点的位置，但该方法很难精确指定点的某一位置，因此，要精确定位点，还可以使用系统提供的栅格、对象捕捉、对象追踪、极轴或正交等功能来定位，以便提高工作效率和绘图的准确性。

2.3.1　栅格显示和捕捉模式

栅格是点或线的矩阵，遍布指定为栅格界限的整个区域。使用栅格类似于在图形下放置一张坐标纸。利用栅格可以对齐对象并直观显示对象之间的距离。栅格不打印。

捕捉模式用于限制十字光标，使其按照用户定义的间距移动。当【捕捉】模式打开时，光标似乎附着或捕捉到栅格。捕捉模式有助于使用箭头键或定点设备来精确地定位点。

【栅格】模式和【捕捉】模式各自独立，但经常同时打开。要打开或关闭捕捉和栅格功能，可选择下列方法之一：

（1）在 AutoCAD 程序窗口的状态栏中，单击【捕捉】按钮▦和【栅格显示】按钮▦。

（2）快捷键：按【F7】键打开或关闭栅格，按【F9】键打开或关闭捕捉模式。

（3）菜单栏：【工具】|【草图设置】命令，打开【草图设置】对话框，如图 2-6 所示。勾选【启用捕捉】和【启用栅格】。

使用【草图设置】对话框【捕捉和栅格】选项卡，可以设置捕捉和栅格的相关参数。

（1）【捕捉间距】选项区域用于设置捕捉 X、Y 轴间距。

① 捕捉 X 轴间距：指定 X 方向的捕捉间距，间距值必须为正实数。

图 2-6 【草图设置】对话框

② 捕捉 Y 轴间距：指定 Y 方向的捕捉间距，间距值必须为正实数。

③ X 和 Y 间距相等：为捕捉间距和栅格间距强制使用相同 X 和 Y 间距值。捕捉间距可以与栅格间距不同。

（2）【极轴间距】用于控制【PolarSnap】的增量距离。当选定【捕捉类型】中的【PolarSnap】选项时，可以进行捕捉增量距离的设置。【极轴间距】设置与极轴追踪或对象捕捉追踪结合使用。如果两个追踪功能都未启用，则该功能无效。

（3）【捕捉类型】用于设置捕捉样式和捕捉类型。

① 栅格捕捉：用于设置栅格捕捉类型，如果指定点，光标将沿垂直或水平栅格点进行捕捉。

② 矩形捕捉：选择该选项，可以将捕捉样式设置为矩形捕捉模型。

③ 等轴测捕捉：选择该选项，可以将捕捉样式设置为等轴测捕捉模式。用于绘制轴测图。

④ 极轴捕捉：选择该选项，可以将捕捉类型设置为极轴捕捉。

（4）【栅格样式】用于设置是否显示为点栅格。

① 二维模型空间：将二维模型空间的栅格样式设定为点栅格。

② 块编辑器：将块编辑器的栅格样式设定为点栅格。

③ 图纸/布局：将图纸和布局的栅格样式设定为点栅格。

（5）【栅格间距】选项区域用于控制栅格的显示，这样有助于形象化显示距离。

① 栅格 X 轴间距：该选项用于指定 X 方向上的栅格间距。

② 栅格 Y 轴间距：该选项用于指定 Y 方向上的栅格间距。

③ 每条主线之间的栅格数：该选项用于指定主栅格线相对于次栅格线的频率。

指定主栅格线相对于次栅格线的频率。将 GRIDSTYLE 设定为 0 时，显示栅格线

（图2-7）；将 GRIDSTYLE 设定为 1 时，显示栅格点（图2-8），系统默认显示栅格点。

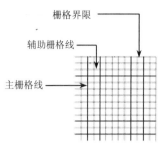

图 2-7　【栅格】显示为线

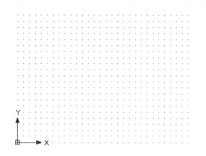

图 2-8　【栅格】显示为点

（6）【栅格行为】控制将 GRIDSTYLE 设定为 0 时，所显示栅格线的外观。

① 自适应栅格：选择该选项后，如果缩小图形，则显示的栅格线密度会自动减小。相反，如果放大图形，则附加的栅格线将按与主栅格线相同的比例显示。

② 允许以小于栅格间距的间距再拆分：选择该选项后，在放大时，将生成更多间距更小的栅格线。

③ 显示超出界线的栅格：选择该选项后，将显示超出【图形界限】命令指定区域的栅格。

④ 遵循动态 UCS：选择该选项，将更改栅格平面以跟随动态 UCS 的 *XY* 平面。

2.3.2　正交模式

在绘图过程中，使用正交功能，可以将光标限制在水平或垂直方向上移动，以便于精确地创建和修改对象。

要打开或关闭正交方式，可以执行下列操作：

（1）在状态栏中，单击【正交】按钮　。

（2）快捷键：按【F8】键打开或关闭。

（3）命令行：输入并执行 ORTHO 命令。

（4）组合键：【Ctrl+F】组合键。

打开正交功能后，输入的第一点是任意的，但当移动光标准备指定第二点时，引出的橡皮筋线已不再是这两点之间的连线，而是起点到光标十字线的垂直线中较长的那段线，此时单击鼠标，该橡皮筋线就变成所绘直线。

2.3.3　极轴追踪

极轴追踪是按事先给定的角度增量来追踪特征点。极轴追踪功能可以在系统要求指定一个点时，按预先设置的角度增量显示一条无限延伸的辅助线（这是一条虚线），这时用户就可以沿辅助线追踪得到光标点，如图2-9所示。

用户可使用【草图设置】对话框中的【极轴追踪】选项卡对极轴追踪的参数进行设置，如图2-10所示。

（1）【启用极轴追踪】：用于确定打开或关闭极轴追踪，用户也可以使用 AUTOSNAP 系统变量或按【F10】键来打开或关闭极轴追踪。

图 2-9 极轴追踪示意图　　　　　　　　　　图 2-10 极轴追踪设置

（2）【极轴角设置】：用于设置极轴角度。其中，在【增量角】下拉列表框中可以选择系统预设的角度，如果该下拉列表框中的角度不能满足需要，可以自行输入需要的角度值。

（3）【附加角】：单击【新建】按钮，可增加新角度；要删除现有的附加角度，选择该角度后，单击【删除】按钮即可。注意附加角是绝对的，而非增量的。

（4）【对象捕捉追踪设置】：设置对象追踪的路径。选择【仅正交追踪】选项，当对象捕捉追踪打开时，仅显示已获得的对象捕捉点的正交对象捕捉追踪路径；选择【用所有极轴角设置追踪】选项，将极轴追踪设置应用于毒性捕捉追踪。使用对象捕捉追踪时，光标将从获取的对象捕捉点起沿极轴对齐角进行追踪。

（5）【极轴角测量】：用于设置极轴追踪对齐角度的测量基准。其中，选择【绝对】单选按钮，可以基于当前用户坐标系（UCS）确定极轴追踪角度；选择【相对上一段】单选按钮，可以基于上一个绘制的线段确定极轴追踪角度。

注意：正交模式和极轴追踪模式可以同时关闭但不能同时打开。若一个打开，另一个将自动关闭。

2.3.4 对象捕捉

AutoCAD 2012 提供了精确的对象捕捉特殊点功能，运用该功能可以精确绘制出所需图形。用户可以通过【对象捕捉】工具栏、【草图设置】对话框等方式调用对象捕捉功能。

1．使用对象捕捉工具栏

选择菜单【工具】｜【工具栏】｜【AutoCAD】｜【对象捕捉】命令，调出【对象捕捉】工具栏（其他工具条的调用方法相同），如图 2-11 所示。在绘图过程中，当要求用户指定点时，单击该工具栏中相应的【特征点】按钮，再把光标移动到捕捉对象上的特征点附近，即可捕捉到相应的对象特征点。

图 2-11 【对象捕捉】工具栏

2．使用自动捕捉功能

在绘制图形的过程中，使用对象捕捉的频率非常高。如果在每捕捉一个对象特征点时都优先选择捕捉模式，将使工作效率大大降低。为此，AutoCAD 提供了一种自动对象捕捉模式。

所谓自动捕捉，就是当用户把光标放在一个对象上时，系统自动捕捉到该对象上所有符合条件的几何特征点，并显示出相应的标记。如果把光标放在捕捉点上多停留一会，系统还会显示捕捉的提示。这样，用户在选点之前，就可以预览和确认捕捉点。

要打开对象捕捉模式，可在【草图设置】对话框的【对象捕捉】选项卡中，先选中【启用对象捕捉】复选框，然后在【对象捕捉模式】选项区域中选中相应复选框，如图 2-12 所示。

3．使用对象捕捉快捷菜单

当要求用户指定点时，可以按下【Shift】键和【Ctrl】键，并单击鼠标右键，打开对象捕捉快捷菜单，或在状态栏将鼠标指在【对象捕捉】选项卡后单击右键，弹出如图 2-13 所示的快捷菜单。从该菜单上选择需要的子命令，再把光标移动到要捕捉对象的特性点附近，即可捕捉到相应的对象特征点。

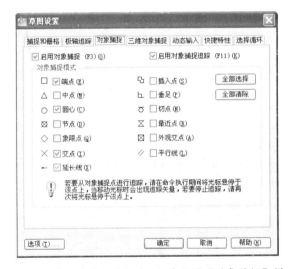

图 2-12　在【草图设置】对话框中设置【对象捕捉】模式　　图 2-13　【对象捕捉】快捷菜单

在对象捕捉快捷菜单中，除【点过滤器】子命令外，其余各项都与【对象捕捉】工具栏中的各种捕捉模式相对应。【点过滤器】子命令中的各命令用于捕捉满足指定坐标条件的点。

2.3.5　对象捕捉追踪

1．设置对象捕捉追踪

在 AutoCAD 中，自动追踪功能是一个非常有用的辅助绘图工具，使用它可以按指定角度绘制对象，或者绘制与其他对象有特定关系的对象。自动追踪功能分极轴追踪和对象捕捉追踪两种。

使用自动追踪功能可以快速而精确地定位点，在很大程度上提供了绘图效率。在中

文版 AutoCAD 2012 中，要设置自动追踪功能选项，可选择菜单【工具】|【选项】命令，打开【选项】对话框，在【草图】选项卡的【自动追踪设置】选项区域中进行设置（图 2-14），各选项的功能如下：

（1）显示极轴追踪矢量：用于设置是否显示极轴追踪的矢量数据。

（2）显示全屏追踪矢量：用于设置是否显示全屏追踪的矢量数据。

（3）显示自动追踪工具栏提示：用于设置在追踪特征点时是否显示工具栏上的相应按钮的提示文字。

图 2-14　自动追踪与对象捕捉选项卡

2．使用对象捕捉追踪

对象捕捉追踪是指按与对象的某种特定关系来追踪，这种特定关系确定了一个事先并不知道的角度。也就是说，如果事先不知道具体的追踪方向（角度），但知道与其他对象的某种关系（如相交），则用对象捕捉追踪，如图 2-15 所示；如果事先知道要追踪的方向（角度），则使用极轴追踪；在 AutoCAD 2012 中，对象捕捉追踪和极轴追踪可以同时使用。

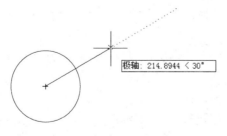

图 2-15　对象捕捉追踪

注意：（1）对象捕捉追踪必须与对象捕捉同时工作，也就是在追踪对象捕捉到点之前，必须先打开【对象捕捉】功能。

（2）用户可通过单击 AutoCAD 2012 状态栏上的【对象追踪】按钮，按【F11】功能键或使用【草图设置】对话框的【对象捕捉】选项卡中的【启用对象捕捉追踪】复选框来打开或关闭对象捕捉追踪功能。

2.3.6 使用临时追踪点和捕捉自功能

在【对象捕捉】工具栏中，还有两个非常有用的对象捕捉工具，即【临时追踪点】和【捕捉自】工具。

（1）【临时捕捉点】按钮 ⊶：可在一次操作中创建多条追踪线，然后根据这些追踪线确定所要定位的点。

（2）【捕捉自】按钮 ⌐：并不是对象捕捉模式，但它经常与对象捕捉一起使用。在使用相对坐标指定下一个应用点时，"捕捉自"工具可以提示用户输入基点，并将该点作为临时参照点，这与通过输入前缀@使用最后一个点作为参照点类似。

2.4 创建与管理图层

在中文版 AutoCAD 2012 中，所有图形对象都具有图层、颜色、线型和线宽 4 个基本属性。用户可以使用不同的图层、不同的颜色、不同的线型和线宽绘制不同的对象，这些可以方便地控制对象的显示和编辑，从而提供绘制复杂图形的效率和准确性。

图层是 AutoCAD 提供的一个管理图形对象的工具，它的应用使得一个 AutoCAD 图形好像是由多张透明的图纸重叠在一起而组成的一张完整的图纸，用户可以根据图层来对图形几何对象、文字、标注等元素进行归类处理，这样会给图形的绘制、编辑、修改和输出带来很大的方便。

2.4.1 图层的特点

在 AutoCAD 中，图层具有以下特点。

（1）用户可以在一幅图中指定任意数量的图层。系统对图层数没有限制，对每一图层上的对象数也没有任何限制。

（2）每个图层有一个名称，以便于区分。当开始绘制新图时，AutoCAD 自动创建层名为 0 的图层，这是 AutoCAD 默认图层，其余图层需由用户定义。

（3）一般情况下，一个图层上的对象应该是一种线型，一种颜色。用户可以改变图层的线型、颜色和线宽。

（4）用户可以同时建立多个图层，但只能在当前图层上绘图。

（5）各图层具有相同的坐标系、绘图界限及显示时的缩放倍数。用户可以对位于不同图层上的对象同时进行编辑操作。

（6）用户可以对各图层进行打开/关闭、冻结/解冻、锁定/解锁等操作，以决定各图层的可见性与可操作性，便于图形的显示和编辑。

2.4.2 创建新图层

默认情况下，AutoCAD 只有自动创建的一个图层，即图层 0。如果用户要使用图层来组织自己的图形，就需要先创建新图层。

创建新图层的方式有：

（1）菜单栏：【格式】|【图层】命令。

（2）功能区：【常用】选项卡|【图层】面板图层特性按钮 。

（3）命令行：输入并执行 LAYER 命令。

执行命令后，系统将打开【图层特性管理器】对话框，如图 2-16 所示。单击【新建】按钮 ，在图层列表中将出现一个名称为"图层 1"的新图层。默认情况下，新建图层与当前图层的状态、颜色、线型及线宽等设置相同。

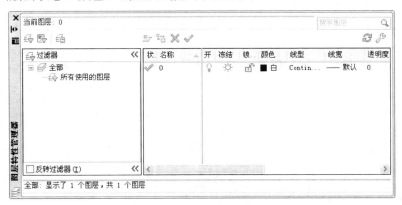

图 2-16　创建新图层

当创建了图层后，图层的名称将显示在图层列表框中，用户如果要更改图层名称，可以使用鼠标单击该图层名，然后输入一个新的图层名并按【Enter】键。

注意：用户在为创建的图层命名时，在图层的名称中不能包含通配符（*和?）和空格，同时也不能与其他图层重名。

2.4.3　设置图层的颜色

颜色在图层中具有非常重要的作用，可用来表示不同的组件、功能和区域。图层的颜色实际上是图层中图形对象的颜色。每一个图层都应具有一定的颜色，对不同的图层可以设置相同的颜色，也可以设置不同的颜色，这样在绘制复杂的图形时就可以很容易区分图形的每一个部分。

默认情况下，新创建的图层颜色被指定使用 7 号颜色（白色或黑色，由背景色决定，如果背景色设置为白色，图层颜色就成了黑色），如果必要的话，用户可改变图层的颜色。此时，可打开【图层特性管理器】对话框中单击图层的【颜色】列对应的图标，打开【选择颜色】对话框，如图 2-17 所示。

在【选择颜色】对话框中，用户可以使用【索引颜色】、【真彩色】和【配色系统】3 个选项卡为图层选择颜色。

（1）索引颜色：在该选项卡中，用户可以使用 AutoCAD 的标准颜色（ACI 颜色），如图 2-17 所示。在 ACI 颜色表中，每一种颜色用一个 ACI 编号（1 到 255 之间的整数）标识。【索引颜色】选项卡实际上是一张包含 255 种颜色的颜色表。

（2）配色系统：在该选项卡中，用户可以选择视图【配色系统】下拉列表提供的 9 种对应好的色库表。一旦选择一种色库表，就可以在下面的颜色中选择需要的颜色。如

图 2-18 所示。

图 2-17 【选择颜色】对话框

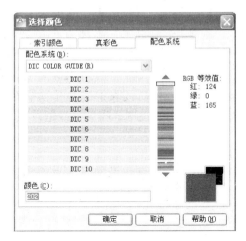
图 2-18 【配色系统】选项卡

（3）真彩色：在该选项卡中，真彩色使用 24 位颜色定义显示 16M 色。指定真彩色时，用户可以使用 RGB 和 HSL 颜色模式。如果使用 RGB 颜色模式，则可以指定颜色的红、绿、蓝组合；如果使用 HSL 颜色模式，则可以指定颜色的色调、饱和度和亮度要素，如图 2-19 所示。在这两个颜色模式下，用户可以得到同一种所需的颜色，但是它们组合颜色的方式却不同。

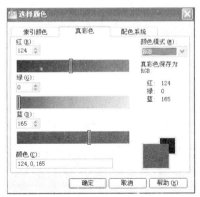
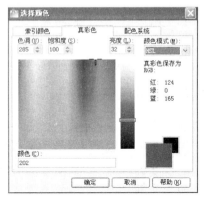

图 2-19 RGB 和 HSL 颜色模式

2.4.4 设置图层的线型

所谓"线型"是指作为图形基本元素的线条的组成和显示方式，如虚线、实线等。在中文版 AutoCAD 2012 中，既有简单线型，也有由一些特殊符号组成的复杂线型，因此可以满足不同国家和不同行业标准的要求。

1．设置图层线型

在工程制图中，用户在绘制不同对象时，可以使用不同的线型来区分它们，这就需要对线型进行设置。默认情况下，图层的线型为 Continuous。要改变线型，可在图层列表中单击【线型】列的 Continuous，打开【选择线型】对话框，如图 2-20 所示，在【已加载的线型】列表框中选择一种线型，然后单击【确定】按钮。

2．加载线型

默认情况下，在【选择线型】对话框的【已加载的线型】列表框中，只有 Continuous 一种线型，如果用户要使用其他线型，必须将其添加到【已加载的线型】列表框中。这时可单击【加载】按钮，打开【加载或重载线型】对话框，如图 2-21 所示。从当前线型库中选择需要加载的线型，然后单击【确定】按钮。

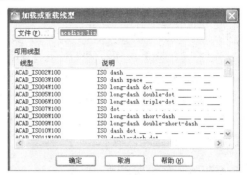

图 2-20 【选择线型】对话框　　　　　　　图 2-21 【加载或重载线型】对话框

提示：按住 CTRL 键，用鼠标左键选择所有需要的线型，单击确定，可一次选好所需的所有线型。

AutoCAD 中的线型包含在线型库定义文件 acad.lin 和 acadiso.lin 中。其中，在英制测量系统下，使用线型库定义文件 acad.lin；在公制测量系统下，使用线型库定义文件 acadiso.lin。用户可以根据需要，单击对话框中的【文件】按钮，打开【选择线型文件】对话框，并选择合适的线型库定义文件。

3．设置线型比例

在加载线型时，系统除了提供实线线型外，还提供了大量的非连续线型，这些线型包括重复的短线、间隔及可选择的点。由于非连续线型受图形尺寸的影响，因此，当图形的尺寸不同时，图形中绘制的非连线线型外观也将不同。

在 AutoCAD 中，用户可以通过设置线型比例来改变非连续线型的外观。为此，在菜单中选择菜单【格式】|【线型】命令或在命令行输入并执行 LINETYPE 命令，系统将打开【线型管理器】对话框，如图 2-22 所示，使用它来设置图形中的线型比例。

图 2-22 【线型管理器】对话框

【线型管理器】对话框显示了用户当前使用的线型和可选择的其他线型。当在线型列表中选择了某一线型后，可以在【详细信息】选项区域中设置线型的【全局比例因子】和【当前对象缩放比例】。其中，【全局比例因子】用于设置图形中所用线型的比例，【当前对象缩放比例】用于设置当前选中线型的比例。

此外，在【线型管理器】对话框中还包含其他一些选项和按钮，它们的功能如下。

（1）【线型过滤器】：用于根据用户设定的过滤条件控制那些已加载的线型显示在主列表框中。如果选择【反向过滤器】复选框，仅显示未通过过滤器的线型。

（2）【加载】按钮：用于打开【加载和重载线型】对话框，可以加载其他所需线型。

（3）【删除】按钮：用于删除在线型列表框中选中的线型。

（4）【当前】按钮：用于将选中的线型设置为当前线型。

（5）【显示细节】或【隐藏细节】按钮：用于显示或隐藏【线型管理器】对话框中的【详细信息】选项区域。

2.4.5　设置图层的线宽

线宽设置实际上就是改变线条的宽度。在 AutoCAD 中，用户使用不同宽度的线条表现对象的大小或类型，可以提供图形的表达能力和可读性。

要设置图层的线宽，用户可以在【图层特性管理器】对话框的【线宽】列中单击该图层对应的线宽"—默认"，打开【线宽】对话框，如图 2-23 所示，从中选择所需要的线宽。在 AutoCAD2012 中有 20 多种线宽可供用户选择。

用户也可以选择菜单【格式】|【线宽】命令或在命令行输入并执行 LWEIGHT 命令，系统将打开【线宽设置】对话框，如图 2-24 所示。通过调整线宽比例，使图形中的线宽显示得更宽或更窄。

图 2-23　【线宽】对话框

图 2-24　【线宽设置】对话框

在【线宽设置】对话框中，用户在【线宽】列表框中选择了线条的宽度后，还可以设置它们的单位、显示比例等参数，各选项的功能如下。

（1）列出单位：用于设置线宽的单位，可以是"毫米"或"英寸"。

（2）显示线宽：用于设置是否按照实际线宽来显示图形。在绘图时，用户也可以单击状态栏上的【线宽】按钮来显示或关闭线宽。

（3）默认：用于设置默认线宽值，即关闭显示线宽后，AutoCAD 所显示的线宽。

（4）调整显示比例：通过调节显示比例滑块，可以设置线宽的显示比例大小。

2.4.6　设置图层特性

使用图层绘制图形时，新对象的各种特性将默认为随层，即由前图层的默认设置决定。用户也可以单独设置对象的特性，新设置的特性将覆盖原来随层的特性。在【图层特性管理器】对话框中，可以看到每个图层都有包含名称、开/关、冻结/解冻、锁定/解锁、线型、颜色、线宽及打印样式等特性，如图 2-25 所示。

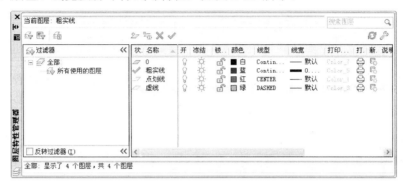

图 2-25　图层特性管理器

1．名称

名称是图层的唯一标识，即图层的名字。默认情况下，图层的名称按图层 1、图层 2等编号依次递增。用户可以根据需要为图层创建一个能够表达其用途的名称。

2．开/关

在【图层特性管理器】对话框中，单击【开】列中对应的小灯泡图标💡，可以打开或关闭图层。在打开状态下，灯泡的颜色为黄色💡，该图层上的图形可以在显示器上显示，也可以在输出设备上打印；在关闭状态下，灯泡的颜色为灰色💡，该图层上的图形不能显示，也不能打印输出。

在关闭当前图层时，系统将显示一个消息对话框，警告正在关闭当前层。

3．冻结/解冻

在【图层特性管理器】对话框中，单击【冻结】列中对应的太阳 ☀ 或雪花 ❄ 图标，可以冻结或解冻图层。

如果某个图层被冻结，此时显示雪花 ❄ 图标，这时该图层上的对象不能被显示出来，也不能打印输出，而且也不能编辑或修改该图层上的图形对象；被解冻的图层显示太阳 ☀ 图标，该图层上的图形对象能够显示，也能够打印输入，并且可以在该图层上编辑图形对象。

注意：（1）用户不能冻结当前层，也不能将冻结层设为当前层。

（2）图层被冻结与被关闭的显示效果是相同的，但冻结的对象不参加处理过程中的运算，关闭的图层对象则要参加运算。所以在复杂的图形中冻结不需要的图层可以加速系统重新生成图形时的速度。

4．锁定/解锁

在【图层对象特性管理器】对话框中，单击【锁定】列表中相应的关闭🔒或打开小

锁 图标，可以锁定或解锁图层。

锁定状态并不影响该图层上图形对象的显示，但用户不能编辑锁定图层上的对象，但可以在锁定的图层上绘制新图形对象。此外，用户还可以在锁定的图层上使用查询命令和对象捕捉功能。

5．颜色、线型与线宽

在【图层特性管理器】对话框中，单击【颜色】列中对应的各小方图标，可以打开【选择颜色】对话框，选择图层颜色；单击【线型】列显示的线型名称，可以打开【选择类型】对话框，选择所需的线型；单击【线宽】列显示的线宽值，可以打开【线宽】对话框，选择所需的线宽。

6．打印样式和打印

在【图层特性管理器】对话框中，用户可以通过【打印样式】列确定各图层的打印样式，但可以使用的是彩色绘图仪，则不能改变这些打印样式。单击【打印】列中对象的打印机图标，可以设置图层是否能够被打印，这样就可以在保持图形显示可见性不变的前提下控制图形的打印特性。打印功能只对可见的图层起作用，即只对没有冻结和没有关闭的图层起作用。

2.4.7　切换当前层

在【图层特性管理器】对话框的图层列表中，选择某一图层后，单击【当前图层】按钮 ✔，即可将该层设置为当前层。这时，用户就可以在该层上绘制或编辑图形了。

在实际绘图时，为了便于操作，主要通过【对象特性】工具栏中的图层控制下拉列表框实现图层的切换，这时只需要选择要将其设置为当前层的图层名称即可。

2.4.8　改变对象所在图层

在实际绘图中，有时绘制某一图形元素后，发现该元素并没有绘制在预先设置的图层上，这时可选中该图形元素，并在【常用】选项卡【图层】面板中图层控制下拉列表框中选择预设图层名（图 2-26）；或者在【快捷特性】选项板下图层控制下拉列表中选择预设图层名（图 2-27），然后按下【Esc】键，即可完成操作。

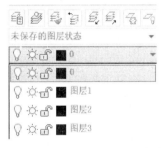

图 2-26　【图层】下拉列表

图 2-27　快捷特性选项板

2.4.9　将选定对象的特性更改为随层（ByLayer）

将选定对象的特性（颜色、线型、线宽、材质和透明度等）替代更改为随层的方法如下。

（1）功能区：【常用】选项卡【修改】面板中按钮 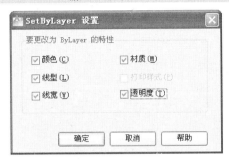。

（2）菜单栏：【修改】|【更改为 Bylayer（B）】命令。

（3）命令行：输入并执行 SETBYLAYER 命令。

执行命令后，系统提示：

当前活动设置：颜色 线型 线宽 透明度 材质

选择对象或 [设置(S)]:　　　　　　//输入 S 命令后，系统弹出如图 2-28 所示的对话框。

图 2-28　【SetBylayer】对话框

选择将非锁定图层上选定对象和插入块的颜色、线型、线宽、材质、打印样式或透明度的特性是否更改为随层（ByLaye）。选择所需特性后，系统提示如下：

是否将 ByBlock 更改为 ByLayer？[是(Y)/否(N)] <是(Y)>:

是否包括块？[是(Y)/否(N)] <是(Y)>:

执行操作后，可以将选定对象的特性更改为随层。

2.5　控制图形显示

在中文版 AutoCAD 2012 中，用户可以使用多种方法来观察绘图窗口中绘制的图形，如使用【视图】菜单中的命令、使用【视图】工具栏中的工具按钮，以及使用视口和鸟瞰视图等，通过这些方式可以灵活地观察图形的整体效果或局部细节。

2.5.1　缩放视图

通过缩放视图，可以放大或缩小图形的屏幕显示尺寸，而图形的真实尺寸保持不变。启用缩放命令的方式有：

（1）命令行：输入 ZOOM 命令及子命令。

（2）菜单栏：【视图】|【缩放】命令中选择（图 2-29）。

（3）工具栏：【缩放】工具栏中的相应按钮。

执行命令后，均可以方便地缩放视图。

1．使用 ZOOM 命令缩放视图

在命令行输入 ZOOM 命令并执行后，AutoCAD 提示：

指定窗口的角点，输入比例因子(nX 或 nXP)，或者

[全部(A)/中心(C)/动态(D)/范围(E)/上一个(P)/比例(S)/窗口(W)/对象(O)]<实时>:

上述提示的第一行说明用户可以直接确定窗口的角点位置或输入比例因子。

在该提示下确定窗口的对角点位置后，AutoCAD把以这两个角点确定的矩形窗口区域中的图形放大，以占满显示屏幕。此外，用户也可以直接输入比例因子。如果输入的比例因子是具体的数值，图形就按那个比例值实现绝对缩放，即相对于实际尺寸进行缩放；如果在比例因子后面加 X，图形将实现相对缩放，即相对于当前显示图形的大小进行缩放；如果在比例因子后面加 XP，则图形相对于图纸空间进行缩放。

第二行提示中的各项意义如下：

（1）【全部（A）】：将全部图形显示在屏幕上。如果各图形对象均没有超出由 LIMITS 命令设置的图形界限，AutoCAD 则按该图纸边界显示，即在绘图窗口中显示绘图界限中的内容；如果有图形对象画到了图纸边界之外，显示的范围则被扩大，以便将超出边界的部分也显示在屏幕上。

（2）【中心（C）】：重设图形的显示中心和缩放倍数。

（3）【动态（D）】：可动态缩放图形。执行该选项后，在屏幕中将显示一个带"×"的矩形选择方框，如图 2-30 所示。单击鼠标，矩形选择方框中心的"×"将消失，而显示一个位于右边框的方向箭头"→"此时拖动光标可改变选择方框的大小。确定选择区域大小后，拖动鼠标可移动选择方框，以确定选择区域。确定选择区域后，按下【Enter】键，即可将对应区域中的图形显示在图形窗口中。

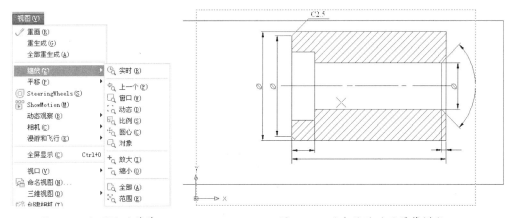

图 2-29　视图缩放菜单　　　　　　　图 2-30　动态缩放时的屏幕模式

注意：动态缩放图形时，绘图窗口中还会出现另外两个矩形方框。其中，用蓝色虚线显示的方框表示图纸的范围，该范围是用 LIMITS 命令设置的绘图图限或者是图形实际占据的区域；用绿色虚线显示的矩形方框是当前的屏幕区，即当前在屏幕上显示的图形区域。

（4）【范围（E）】：可以在屏幕上尽可能大地显示所有图形对象。与全部缩放模式不同的是，范围缩放使用的显示边界只是图形范围而不是图形界限。

（5）【上一个（P）】：恢复上一次显示的图形。

（6）【比例（S）】：按缩放比例实现缩放。

（7）【窗口（W）】：该选项允许用户通过确定作为观察区域的矩形窗口实现图形的放大。确定一窗口后，窗口的中心将变成新的显示中心，窗口内的区域将被放大，以尽量占满屏幕。

（8）【对象（O）】：可以用来显示图形文件中的某一个部分，选择该模式后，单击图形中的某个部分，该部分将显示在整个图形窗口中。

（9）【<实时>】：实时缩放图形对象。执行该选项，AutoCAD 会在屏幕上出现一类似于放大镜的小标记，此时，按住鼠标左键并向上拖动鼠标，可放大图形对象，向下拖动鼠标，则缩小图形对象。如果按【Esc】键或【Enter】键，将结束缩放操作。如果单击鼠标右键，则弹出一快捷菜单供用户选择。

2.5.2　平移视图

通过平移视图，可以重新定位图形，以便清楚观察图形的其他部分。启用平移命令的方式有以下三点。

（1）命令行：输入并执行 PAN 命令。

（2）工具栏：单击【标准】工具栏中的【实时平移】按钮。

（3）菜单栏：【视图】|【平移】命令中的相应子命令（图 2-31），可以实现视图的平移。

图 2-31　视图平移命令

使用平移命令平移视图时，视图的显示比例不变。用户除了通过选择相应命令向左、右、上、下 4 个方向平移视图外，还可以使用【实时】和【定点】命令平移视图。

（1）【实时】：选择该命令，将进入实时平移模式，此时光标指针变成一只小手。按下鼠标左键并拖动，窗口内的图形就可随光标移动。按下【Esc】键或【Enter】键，可以退出实时平移模式。

（2）【定点】：选择该命令，则可通过指定基点和位移值来平移视图。

（3）【左】、【右】、【上】、【下】：选择该命令，则将图形按定距离向该方向移动一个步长。

2.5.3　使用导航栏

导航栏是一种用户界面元素，是 AutoCAD 2012 新增的一个视图控制工具，默认显示在绘图窗口的右侧，用户可以从中访问通用导航工具和特定于产品的导航工具。

单击视口左上角的[-]标签，在弹出菜单中选择【导航栏】选项，可以控制导航栏是否在视口中显示，如图 2-32 所示。

导航栏中有以下通用导航工具。

（1）【ViewCube】：在二维模型空间或三维视觉样式中处理图形时显示的导航工具。可以在标准视图和等轴测视图间切换。

（2）【Steering Wheels（也称作控制盘）】：将多个常用导航工具结合到一个单一界面中，从而为用户节省了时间。控制盘是任务特定的，通过控制盘可以在不同的视图中导航和设置模型方向。

（3）【ShouMotion】：用户界面元素，为创建和回放电影式相机动画提供屏幕显示，以便进行设计查看、演示和书签样式导航。ShowMotion 面板如图 2-33 所示，在此面板中，包含【固定/取消固定】、【全部播放/暂停】、【停止】、【打开/关闭循环】、【新建快照】、【关闭】按钮。

（4）【3Dconnexion】：使用 3Dconnexion 三维鼠标用于重新设置模型视图方向并进行导航。该设备配有一个感压型控制器帽盖，用于在所有方向灵活转动。推、拉、旋转或倾斜帽盖可以平移、缩放和旋转当前视图。

导航栏中有以下导航工具：

（1）查看对象控制盘：用于三维导航。使用此控制盘可以查看模型中的单个对象或成组对象。

（2）平移：沿屏幕方向平移视图。

（3）范围缩放：在屏幕中显示所有对象的最大范围。

（4）自由动态观察：在三维空间中不受滚动约束地旋转视图。

此外还包含 ShowMotion 选项。

图 2-32　使用导航栏

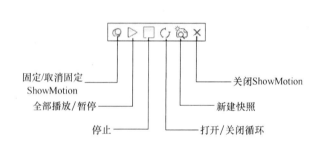

图 2-33　ShowMotion 面板

2.5.4　重画与重生成

在 AutoCAD 中，有时操作完成后，效果往往不立即显示出来，或者在屏幕上留下绘图的标记，这时就可以使用 AutoCAD 2012 中的重画和重生成命令来刷新图形，显示最新的编辑效果。

1．重画

【重画】可以删除进行某些编辑操作时留在显示区域中的加号形状的标记（称为点标记）和杂散像素。执行该命令的方式有以下两种。

（1）菜单栏：选择【视图】|【重画】命令。

（2）命令行：输入并执行 REDRAW/R 命令。

2．重生成

【重生成】命令将重新计算当前视区中所有对象的屏幕坐标并重新生成整个图形，它还重新建立图形数据库索引，从而优化显示图形性能。执行该命令的方式有以下两种。

（1）菜单栏：选择【视图】|【重生成】命令。

（2）命令行：输入并执行 REGEN/RE 命令

注意：Regen 命令是重生成图形并刷新当前视口。Regenall（全部重生成）是重新生成图形并刷新所有视口。【重生成】命令比【重画】命令处理速度慢，在复杂图形中慎用该命令，以免影响作图速度。

2.6 实训项目——管理图纸和使用图层

2.6.1 实训目的

（1）熟悉绘图环境的设置。
（2）掌握图形界限的设置。
（3）掌握设置图形单位的方法。
（4）掌握图层的创建方法。
（5）掌握图层颜色、线型、线宽的设置方法。
（6）熟悉开/关、冻结/解冻、上锁/解锁的使用方法。
（7）熟悉查看图形的方法。

2.6.2 实训准备

（1）阅读教材第 2 章。
（2）复习 AutoCAD 2012 中文版并练习使用键盘、菜单、按钮操作。
（3）复习图形文件管理：打开、新建和保存。

2.6.3 实训指导

实训项目 1：设置图形界限 A4 图纸（297×210），单位设置为小数点后保留三位、逆时针为正，正东方为角度起始方向。

（1）设置图形界限。在中文版 AutoCAD 2012 中，用户可以选择菜单栏【格式】|【图形界限】命令，在命令行执行如下操作：

命令：Limits
重新设置模型空间界限：
指定左下角点或 [开(ON)/关(OFF)] <0.0000,0.0000>：   //按【回车】键，选择左下角点为0，0 点
指定右上角点 <420.0000,297.0000>：297，210   //输入(297，210)后按【回车】键

（2）设置图形单位和方向。选择【格式】|【图形单位】命令或在命令行输入并执行 Units 命令：在打开的【图形单位】对话框（图 2-34）【精度】选项下选择 0.000；单击【方向】按钮，在【方向控制】对话框（图 2-35）中，选择东方为基准角度（默认情况下，角度的 0°方向是指正东方的方向），单击【确定】按钮。

实训项目 2：设置新建图层如表 2-1 所列。

表 2-1 新建图层项目

名 称	颜 色	线 宽	线 型
中心线	Yellow	0.25mm	Center
轮廓线	Blue	0.5mm	Continous
虚线	Green	0.25 mm	Dashed
辅助线	Red	0.25 mm	Continous

图 2-34 【图形单位】对话框

图 2-35 【方向控制】对话框

（1）选择【图层】面板上 图标，系统弹出【图层特性管理器】对话框，如图 2-36 所示。

（2）单击 按钮，在图层列表中将出现一个新的图层项目并处于选中状态。更改图层名称为"中心线"，单击颜色选项弹出【选择颜色】对话框，如图 2-37 所示，选择黄色，后单击【确定】按钮，完成颜色的选择；再单击线型选项，弹出选择【选择线型】对话框，如图 2-38 所示，在该对话框中的右下角单击【加载】按钮，弹出【加载或重载线型】对话框，如图 2-39 所示，选择所需的 center 线型，单击【确定】后返回【线型】对话框，在该对话框中选中"CENTER"后单击【确定】按钮，即完成线型的选择；再单击【线宽】选项，弹出【线宽】对话框，如图 2-40 所示，选择 0.25mm 线宽即可。

图 2-36 【图层特性管理器】和新建"中心线"图层

图 2-37 【选择颜色】对话框

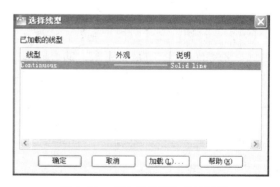

图 2-38 【选择线型】对话框图

36

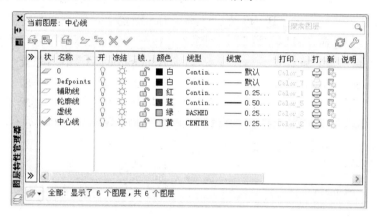

图 2-39 【加载或重载线型】对话框　　　　　　图 2-40 【线宽】对话框

（3）其他图层的设置同上。完成结果如图 2-41 所示。

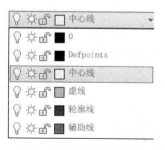

图 2-41　设置完成的图层

注意：Defpoints（点定义图层）会在使用标注命令后自动生成，点定义图层上的图线不能被打印。慎用该图层。

（4）打开【常用】功能区【图层】上的图层控件列表，将显示已有的全部图层情况，如图 2-42 所示。

图 2-42　图层控件列表

（5）在快速访问工具栏中单击【保存】按钮，系统将打开【图形另存为】对话框，选择保存路径为可移动磁盘，输入 A4.dwg 为文件名，单击【保存】按钮将文件存盘，以便后续绘图使用。

2.7 自我检测

2.7.1 填空题

（1）AutoCAD 的坐标体系，包括＿＿＿坐标系和＿＿＿坐标系。

（2）绘制一条直线，第一个点的绝对坐标是（0，10），第二个点的相对坐标是（5，15），则第二个点的坐标用绝对坐标表示是＿＿＿＿＿＿。

（3）AutoCAD 默认环境中，旋转方向逆时针为＿＿＿，顺时针为＿＿＿（填+或-）。

（4）在命令提示下输入并执行＿＿＿＿＿命令下的＿＿＿＿＿命令，可以在屏幕上尽可能大地显示所有图形对象。

2.7.2 选择题

（1）＿＿＿＿＿图层上的图形虽然可以显示，但却不能被修改。

A．关闭　　　　　　B．冻结　　　　　C．锁定　　　　D．透明

（2）＿＿＿＿＿命令可以设置图形界限；＿＿＿＿＿命令可以显示图形界限。

A．Limits　　全部缩放　　　　　　B．Options　　范围缩放

C．Limits　　范围缩放　　　　　　D．Options　　全部缩放

（3）若定位一个距离某点 25 个单位、角度为 45 的位置点，需要输入＿＿＿＿＿。

A．25,45　　　　B．@25,45　　　C．@25<45　　　D．@45<25

（4）【正交模式】功能不能与＿＿＿＿＿功能一起使用。

A．【栅格显示】　　　　　　　　B．【极轴追踪】

C．【对象捕捉】　　　　　　　　D．【对象捕捉追踪】

2.7.3 简答题

（1）在 AutoCAD 2012 中，世界坐标系和用户坐标系有什么不同？

（2）在 AutoCAD 2012 中，点的坐标有哪几种表示方法？

（3）在 AutoCAD 2012 中，如何进行图形界限和图形单位的设置？

（4）在 AutoCAD 2012 中，如何创建图层及图层的特性有哪些？

2.7.4 操作题

按表 2-2 所列要求，完成图层的设置，并保存。

表 2-2　图层设置要求

图 层 名	线 型	颜 色	线 宽
轮廓线	Continuous	黑色	0.6mm
中心线	Center	红色	默认
虚线	Dashed	绿色	默认
细实线	Continuous	蓝色	默认

第 3 章　绘图命令的使用

🔒 **【知识目标】**

（1）掌握 AutoCAD 2012 绘图命令的调用方法。

（2）掌握 AutoCAD 2012 点的绘制方法。

（3）掌握 AutoCAD 2012 直线及构造线的绘制方法。

（4）掌握 AutoCAD 2012 矩形及正多边形的的绘制方法。

（5）掌握 AutoCAD 2012 圆、圆弧及椭圆的绘制方法。

🔧 **【相关知识】**

平面图形是由一些线段、圆、弧等元素组成。AutoCAD 2012 绘图命令详细介绍了这些图形元素的使用方法。熟练掌握这些基本绘图功能是 AutoCAD 绘图的基础。

在中文版 AutoCAD 2012 中，用户可以使用多种方法来实现二维图形的绘制功能。例如，用户可以使用【绘图】菜单（图 3-1）、【绘图】面板或【绘图】工具栏（图 3-2），以及在命令行输入【绘图】命令等方法来绘制二维图形。

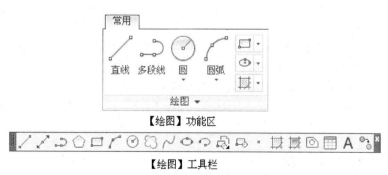

【绘图】功能区

【绘图】工具栏

图 3-1　【绘图】菜单　　　　　　　　　图 3-2　【绘图】功能区和工具栏

3.1　绘　制　点

点是组成图形元素的最基本对象。在绘制图形时，通常绘制一些点作为对象捕捉的参考点。在 AutoCAD 2012 中，用户可以方便地绘制单点、多点和等分点等。绘制点的关键是灵活运用点的样式，并根据需要定制各种类型的点。

3.1.1 设置点样式

绘制点时，系统默认的点样式是一个小黑点，不便于观察。因此在绘制点之前应先设置点样式。

启用【点样式】设置的方式：

（1）菜单栏：【格式】|【点样式】命令。

（2）功能区：【常用】选项卡【实用工具】面板上【点样式】按钮 。

（3）命令行：输入并执行 DPTYPE 命令。

执行命令后，系统将打开【点样式】对话框，如图 3-3 所示。在该对话框中设置点的样式和大小。

3.1.2 绘制单点和多点

绘制点命令的调用方法：

（1）功能区：【常用】选项卡|【绘图】面板中【多点】按钮 ，如图 3-4 所示。

图 3-3 【点样式】对话框

图 3-4 【绘图】面板

（2）菜单栏：【绘图】|【点】|【单点】或【多点】命令。

（3）工具条：【绘图】工具条【多点】按钮 。

（4）命令行：输入并执行 POINT 命令。

执行点的命令后，在绘图区中单击就可以绘制单点，若在绘图区中连续单击，就可以连续绘制多个点，按【Esc】键结束绘制【点】命令。

3.1.3 绘制定数等分点

定数等分点是对所选对象执行定数等分的操作。

定数等分点命令的调用方法：

（1）功能区：【常用】选项卡【绘图】面板【定数等分】按钮 ，如图 3-4 所示。

（2）菜单栏：【绘图】|【点】|【定数等分】。

（3）命令行：输入并执行 DIVIDE 命令。

可在指定的对象上绘制等分点或在等分点处插入块。执行 DIVIDE 命令后，命令行显示如下提示信息：

选择要定数等分的对象： //(选择指定的对象)

输入线段数目或[块(B)]： //(直接输入等分数， AutoCAD 在指定的对象上绘出等分点)

如果输入 B，执行【块（B）】选项，在表示将在等分点处插入块，此时 AutoCAD提示：

输入要插入的块名：

是否对齐块和对象?[是(Y)/否(N)]<Y>：

输入线段数目：

按提示执行操作后，AutoCAD 将在等分点处插入块。

如图 3-5 是将长 80mm 直线段，实现"定数等分"成 4 段的结果。

3.1.4 绘制定距等分点

定距等分点是对所选对象执行定距离等分的操作。

定距等分点命令绘制的调用方法：

（1）功能区：【常用】选项卡【绘图】面板【定距等分】按钮，如图 3-4 所示。

（2）菜单栏：【绘图】｜【点】｜【定距等分】命令。

（3）命令行：输入并执行 MEASURE 命令。

可以执行定距等分命令，将对象按相同的距离进行划分。命令行提示下直接输入长度值，就会在对象上的各相应位置绘出点。指定长度前输入 B，执行块选项，表示要在对象的指定长度上插入块。

如图 3-6 是将长 70mm 的直线段，按距离 20 实现"定距等分"的结果。

图 3-5 【定数等分】操作

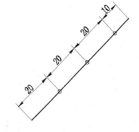

图 3-6 【定距等分】操作

注意：使用 DIVIDE 命令绘制等分点后，用户可能会发现所操作的对象并没有发生变化。这是因为当前点的样式为一个普通点，其与所操作的对象正好重合。用户可以先用前面介绍的方法设置点的样式。

3.2 绘制直线、射线和构造线

在 AutoCAD 2012 中，直线、射线和构造线是最简单的一组线性对象。直线有起点和端点的一条线段；射线是一条只有一个端点，另一端无限延伸的直线；构造线是一条向两端无限延伸的直线。在 AutoCAD 2012 中，射线与构造线一般都作为辅助线来使用。

3.2.1　绘制直线

绘制直线命令的调用方法：

（1）功能区：【常用】选项卡【绘图】面板中【直线】按钮✎。

（2）菜单栏：【绘图】｜【直线】命令。

（3）工具条：【绘图】工具条中【直线】按钮✎。

（4）命令行：输入并执行 LINE 命令。

执行 LINE 命令后，命令行显示如下提示信息：

指定第一点(确定起始点位置)：

此时用户指定第一点，可以在绘图区中任意位置单击，也可用键盘输入第一点的坐标值。输入第一点后，命令行窗口将提示：

指定下一点或[放弃(U)]：

此时用户可给出第二点的坐标值，也可以执行"放弃（U）"选项，取消已绘出的线段，以便重新确定第二点位置。

指定下一点或[闭合(C)/放弃(U)]：

用户可在此提示下继续给出线段的端点位置。若要结束操作，则可按空格键或【Enter】键。若输入 C 后按【Enter】键，则闭合所绘制的直线段。

在确定第二点时，可以使用下面几种方法。

（1）输入绝对坐标值：如直角坐标（50，60）；极坐标（50<60）。

（2）输入相对坐标值：如相对直角坐标（@50，60）；相对极坐标（@50<60）。

（3）输入直线长度值：移动光标指定直线方向，输入直线长度值后按回车。

用 LINE 命令所绘出的折线中的每一条直线段都是一个独立的对象，即可以对任何一条线段进行编辑操作。

3.2.2　绘制射线

射线命令的调用方法：

（1）功能区：【常用】选项卡【绘图】面板【射线】按钮↗。

（2）菜单栏：【绘图】｜【射线】命令。

（3）工具条：【绘图】工具条中【射线】按钮↗。

（4）命令行：输入并执行 RAY 命令。

可以绘制以给定点为起始点、向单方向无限延长的射线。射线一般用做绘图过程中的辅助线。执行 RAY 命令后，命令行中显示如下提示信息：

指定起点：//(确定射线起点)

指定通过点：//(确定射线通过点)

此提示要求用户确定射线上另外任意一点的位置。确定后，AutoCAD 绘出经过起点与该点的射线，而后会继续提示"指定通过点："。通过该提示，可以绘出多条从同一起点发出的射线。在"指定通过点："提示下，按空格键或【Enter】键，结束命令的执行。

3.2.3 绘制构造线

绘制构造线命令的调用方法：

（1）功能区：【常用】选项卡【绘图】面板中【构造线】按钮。

（2）菜单栏：【绘图】|【构造线】命令。

（3）工具条：【绘图】工具条中【构造线】按钮。

（4）命令行：输入并执行 XLINE 命令。

可以绘制两端无限延长的构造线。执行下 XLINE 命令后，命令行显示如下提示信息：

指定点或[水平(H)/垂直(V)/角度(A)/二等分(B)/偏移(O)]：

该提示信息中各选项的意义如下：

（1）【水平（H）】：绘制通过指定点的水平构造线。执行该选项（即输入 H）后按【Enter】键，AutoCAD 提示：

指定通过点：//(确定通过构造线的点)

在此提示下确定一点后，AutoCAD 绘出通过该点的水平构造线，同时会继续提示"指定通过点"，通过该提示可以绘出多条水平构造线。

（2）【垂直（V）】：绘制垂直构造线，执行该选项（即输入 V）后按【Enter】键，方法与绘制水平构造线相同。

（3）【角度（A）】：绘制与指定直线成指定角度的构造线。执行该选项（输入 A），AutoCAD 提示：

输入构造线的角度(0)或[参照(R)]：

如果在该提示下直接输入角度值，即响应默认输入构造线的角度值，则 AutoCAD 提示：

指定通过点：

在此提示下确定一点，AutoCAD 将绘出通过该点且与 X 轴正方向成给定角度的构造线。而后 AutoCAD 会继续提示，"指定通过点："，在此提示下可绘制出多条与 X 轴正方向成给定角度的平行构造线。

如果输入构造线的角度（0）或[参照（R）]：提示下执行[参照（R）]选项，表示将绘制与某一已知直线成指定角度的构造线，AutoCAD 会提示：

选择直线对象：

在该提示下选择已有的直线，AutoCAD 提示：

输入构造线的角度<0>：

输入角度值并按【Enter】键，AutoCAD 继续提示：

指定通过点：

在该提示下确定一点，AutoCAD 绘出经过该点，且与指定直线成给定角度的构造线。同样，在后续的"指定通过点："提示下继续输入新点，可绘出多条平行构造线。

（4）【二等分（B）】：绘制平分一角的构造线。执行该选项（输入 B）后，AutoCAD 提示：

指定角的顶点：//(选择待平分的角的顶点)

指定角的起点：//(选择待平分的角的一条边上的点)

指定角的端点：//(选择待平分的角的另一条边上的点)

按提示执行操作后，AutoCAD 绘出经过顶点且平分由指定三点确定的角的构造线。

（5）【偏移（O）】：绘制与指定直线平行的构造线。执行该选项（输入 O）后，AutoCAD 提示：

指定偏移距离或[通过(T)]<通过>:

此时可用两种方法绘制构造线。在上述提示下执行[通过（T）]，表示将经过指定点绘出与指定直线平行的构造线。执行[通过（T）]选项后，AutoCAD 提示：

选择直线对象：//（选择要偏移的直线）

指定通过点：//（指定要绘制的构造线通过的点）

按提示执行操作后，AutoCAD 绘出与指定直线平行，并通过指定点的构造线。而后 AutoCAD 会继续提示"选择直线对象："与"指定通过点："信息，在此提示下用户可继续重复上述绘制构造线的过程，也可按空格键或【Enter】键结束命令的执行。

如果在"指定偏移距离[通过（T）]："提示下输入一数值，表示绘制与指定直线平行，且与其距离为该值的构造线。此时 AutoCAD 提示：

选择直线对象：//（选择要偏移的直线）

指定向哪侧偏移：//（鼠标单击要偏移的一侧）

按提示执行操作后，AutoCAD 绘出满足条件的构造线。

3.3 绘制矩形和正多边形

使用 AutoCAD 2012 用户可以绘制多种矩形和多边形对象，如直角矩形、圆角矩形、正多边形等。

3.3.1 绘制矩形

绘制矩形命令的调用方法：

（1）功能区：【常用】选项卡【绘图】面板中【矩形】按钮▭。

（2）菜单栏：【绘图】|【矩形】命令。

（3）工具条：【绘图】工具条中【矩形】按钮▭。

（4）命令行：输入并执行 RECTANG 命令。

可以绘制矩形。执行命令后，命令行显示如下提示信息：

当前设置：旋转角度 = 0

指定第一个角点或 [倒角(C)/标高(E)/圆角(F)/厚度(T)/宽度(W)]: //(指定点或输入选项)

指定第一个角点或[倒角(C)/标高(E)/圆角(F)/厚度(T)/宽度(W)]:

使用此命令，可以指定矩形参数（长度、宽度、旋转角度）并控制角的类型（圆角、倒角或直角）。

该提示信息中各选项意义如下：

（1）【指定第一个角点】：根据矩形的两对顶点的位置或矩形的长和宽绘制矩形，为默认项。执行该选项，即确定矩形的第一个顶点位置后，AutoCAD 提示：

指定另一个角点或 [面积(A)/尺寸(D)/旋转(R)]:

可操作：指定另一个角点绘制矩形；也可输入 A，绘制指定面积的矩形；也可输入

D，绘制指定尺寸的矩形；还可输入 R，绘制指定旋转角度的矩形。

若执行【面积（A）】选项，AutoCAD 提示：

输入以当前单位计算的矩形面积 <100.0000>：	// 200 Enter
计算矩形标注时依据 [长度(L)/宽度(W)]<长度>：	// L Enter
输入矩形长度 <50.0000>：// 20 Ente	

AutoCAD 绘出指定面积为 200，长为 20 的矩形。

若执行【尺寸（D）】选项，AutoCAD 提示：

指定矩形的长度：	// 30，Enter
指定矩形的宽度：	// 10，Enter
指定另一个角点或 [面积(A)/尺寸(D)/旋转(R)]：	//(指定 矩形的另一角点)

AutoCAD 绘出指定长为 30，宽为 10 的矩形。

若执行【旋转（R）】选项， AutoCAD 提示：

| 指定旋转角度或 [拾取点(P)] <0>： | // 30，Enter |
| 指定另一个角点或 [面积(A)/尺寸(D)/旋转(R)]： | // (指定另一角点) |

AutoCAD 绘制出指定旋转角度为 30°的矩形。

（2）【倒角（C）】：确定矩形的倒角尺寸，使所绘矩形按此尺寸设置倒角。执行该选项后，AutoCAD 提示：

| 指定矩形的第一个倒角距离<0.0000>： | //(指定倒角距离后，Enter) |
| 指定矩形的第几个倒角距离<0.0000>： | //(指定倒角距离后，Enter) |

确定倒角距离后，AutoCAD 返回到"指定第一个角点或[倒角(C)/标高(E)/圆角(R)/厚度(T)/宽度(W)]："提示，用户可通过指定角点或尺寸来绘制矩形。

（3）【标高（E）】：确定矩形的绘图高度，此选项一般用于三维绘图。执行该选项，AutoCAD 提示：

| 指定矩形的标高<0.0000>： |

输入高度值后，AutoCAD 返回到"指定第一个角点或[倒角(C)/标高(E)/圆角(F)/厚度(T)宽度(W)]："提示。

（4）【圆角（R）】：确定矩形的圆角尺寸，即使所绘矩形按此设置倒圆角。执行该选项，AutoCAD 提示：

| 指定矩形的圆角半径<0.0000>： |

输入半径值后，AutoCAD 返回到"指定第一个角点或[倒角(C)/标高(E)/圆角(F)/厚度(T)宽度(W)]："提示。

（5）【厚度（T）】：确定矩形的绘图厚度，此选项一般用于三维绘图。执行该选项，AutoCAD 提示：

| 指定矩形的厚度<0.0000>： |

输入厚度值后，AutoCAD 返回到"指定第一个角点或[倒角(C)/标高(E)/圆角(F)/厚度(T)宽度(W)]："提示。

（6）宽度（W）：确定矩形的线宽。执行该选项，AutoCAD 提示：

| 指定矩形的线宽<0.0000>： |

输入宽度值后，AutoCAD 返回到"指定第一个角点或[倒角(C)/标高(E)/圆角(F)/厚度(T)宽度

(W)]:"提示。

如图 3-7 所示为使用【矩形】命令并选择相应选项所绘制的各种矩形。

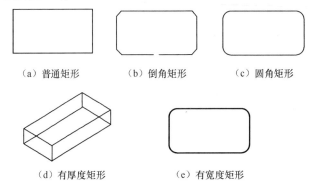

（a）普通矩形　　（b）倒角矩形　　（c）圆角矩形

（d）有厚度矩形　　　（e）有宽度矩形

图 3-7　使用【矩形】命令绘制的各种矩形

3.3.2　绘制正多边形

绘制正多边形命令的调用方法：

（1）功能区：【常用】选项卡【绘图】面板中【正多边形】按钮⬠。

（2）菜单栏：【绘图】|【正多边形】命令。

（3）工具条：【绘图】工具条中【正多边形】按钮⬠。

（4）命令行：输入并执行 POLYGON 命令。

执行 POLYGON 命令后，

命令行提示：

命令：_polygon 输入侧面数 <5>:

指定正多形的边数后，按回车键，命令行提示：

指定正多边形的中心点或[边(E)]: //(指定点 或输入 e)

各选项意义如下：

（1）【指定正多边形的中心点】：使用多边形的假想外接圆或内切圆绘制正多边形。执行该选项，即确定多边形的中心点后，AutoCAD 提示：

输入选项[内接于圆(I)/外切于圆(C)]<I>: //(输入 I 或 C 后，Enter)

选项中，【内接于圆（I）】选项表示所绘正多边形将内接于假想的圆，指定外接圆的半径，正多边形的所有顶点都在此圆周上。如果在选项中选择【外切于圆（C）】，表示所绘正多边形将外切于假想的圆。

执行选项后，AutoCAD 提示：

指定圆的半径: (输入圆的半径后，Enter)

输入圆的半径后，AutoCAD 会假设有一半径为输入值、圆心位于多边形中心的外接（或内切）圆，且使用该外接圆按指定的边数绘制多边形。

（2）【边（E）】：已知正多边形边长或根据正多边形某一条边的两个端点位置来绘制正多边形。执行该选项后，AutoCAD 依次提示：

指定边的第一个端点:

指定边的第二个端点:

用户依次确定边的两个端点后，AutoCAD 会将通过这两个端点的线段作为多边形的一边，并按指定的边数绘制正多边形。

3.4 绘制圆、圆弧、椭圆和椭圆弧

中文版 AutoCAD 2012 提供了强大的曲线绘制功能。使用该功能，用户可以方便地绘制圆、圆弧、椭圆及椭圆弧等图形对象。

3.4.1 绘制圆

绘制圆命令的调用方法：

（1）功能区：【常用】选项卡【绘图】面板【圆】按钮⊘。

（2）菜单栏：【绘图】｜【圆】命令。

（3）工具条：【绘图】工具条中【圆】按钮⊘。

（4）命令行：输入并执行 CIRCLE 命令。

执行 CIRCLE 命令后，命令行显示如下提示信息：

指定圆的圆心或[三点(3P)/两点(2P)/相切、相切、半径(T)]：(指定圆心或输入选项)

该提示信息中各选项意义如下：

（1）【指定圆的圆心】：确定圆的圆心位置后，AutoCAD 提示：

指定圆的半径或[直径(D)]：

根据圆心的位置和圆的半径，为默认值。若在此提示下直接输入值，AutoCAD 绘出以给定点为圆心，以输入值为半径的圆。

（2）【三点（3P）】：绘制通过指定三点的圆。执行该选项，AutoCAD 依次提示：

指定圆上的第一个点：

指定圆上的第二个点：

指定圆上的第三个点：

根据提示指定圆上的三点后，AutoCAD 绘出过这三点的圆。

（3）【两点（2P）】：绘制通过指定两点，且以这两点间的距离为直径的圆。执行该选项，AutoCAD 依次提示：

指定圆直径的第一个端点：

指定圆直径的第二个端点：

根据提示确定两点后，AutoCAD 将绘出过这两点，且以这两点间的距离为直径的圆。

（4）【相切、相切、半径（T）】：绘制与两对象相切，且半径为给定值的圆。执行该选项，AutoCAD 依次提示：

指定对象与圆的第一个切点

指定对象与圆的第二个切点：

指定圆的半径：

依次执行操作，即确定要相切的两对象和圆半径后，AutoCAD 绘出相应的圆。

如图 3-8 所示为绘制与两个已知圆相切半径为定值的圆。

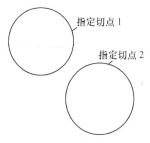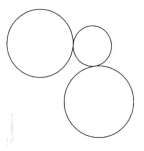

（a）指定切点1和切点2（指定切点在大致位置即可）　　（b）　与两圆外切的圆

图 3-8　相切、相切、半径的方式绘制的圆

（5）【相切、相切、相切】：该命令可以绘出与三个对象相切的圆。执行该选项，AutoCAD 依次提示：

> 指定圆上的第一个点：
>
> 指定圆上的第二个点：
>
> 指定圆上的第三个点：

按提示执行操作后，AutoCAD 绘出与指定的三个对象相切的圆。

如图 3-9 所示为绘制与已知三角形三条边分别相切的圆。

图 3-9　相切、相切、相切的方式绘制的圆

3.4.2　绘制圆弧

绘制圆弧命令的调用方法：

（1）功能区：【常用】选项卡【绘图】面板中【圆弧】按钮 。

（2）菜单栏：【绘图】|【圆弧】下各子命令。

（3）工具条：【绘图】工具条【圆弧】按钮 。

（4）命令行：输入并执行 ARC 命令。

要绘制圆弧，可以指定圆心、端点、起点、半径、角度、弦长和方向值的各种组合形式。

AutoCAD 提供了以下几种绘制圆弧的方法。

（1）【三点（P）】：根据圆弧的起始点、圆弧上任意一点及圆弧的终止点位置绘制圆弧。

执行命令后，AutoCAD 提示：

> 指定圆弧的起点或[圆心(C)]：　　　　　　　// (确定圆弧的起始点位置，即执行默认项)
>
> 指定圆弧的第二个点或[圆心(C)/端点(E)]：　　// (确定圆弧上的任一点，即执行默认项)
>
> 指定圆弧的端点：(确定圆弧的终止点位置)

根据提示执行操作后，AutoCAD 绘出由给定三点确定的圆弧。

（2）【起点、圆心、端点（S）】：根据圆弧的起始点、圆心及终止点位置绘制圆弧。

执行命令后，AutoCAD 提示：

指定圆弧的起点或[圆心(C)]：	//（确定圆弧的起始点位置，即执行默认项）
指定圆弧的第二个点或[圆心(C)/端点(E)]：	// C Enter（执行"圆心(C)"选项）
指定圆弧的圆心：//	（确定圆弧的圆心位置）
指定圆弧的端点或[角度(A)/玄长(L)]：	// A Enter（确定圆弧的终止点位置，即执行默认项）

根据提示执行操作后，AutoCAD 绘出指定条件的圆弧。

（3）【起点、圆心、角度（T）】：根据圆弧的起始点、圆心及圆弧的包含角绘制圆弧，角度为正值时逆时针方向绘圆弧，角度为负值时顺时针方向绘出圆弧。

执行命令后，AutoCAD 提示：

指定圆弧的起点或[圆心(C)]：	//（确定圆弧的起始点位置，即执行默认项）
指定圆弧的第二个点或[圆心(C)]/端点(E)]：	// C　Enter（执行"圆心(C)"选项）
指定圆弧的圆心：	//（确定圆弧的圆心位置）
指定圆弧的端点或[角度(A)/弦长(L)]：	// A　Enter（执行"角度(A)"选项）
指定包含角：//（输入圆弧的包含角）	

根据提示执行操作后，AutoCAD 绘出指定条件的圆弧。

（4）【起点、圆心、长度（A）】：根据圆弧的起始点、圆心及圆弧的弦长绘制圆弧。基于起点和端点之间的直线距离绘制劣弧或优弧。如果弦长为正值，将从起点逆时针绘制劣弧。如果弦长为负值，将逆时针绘制优弧。

执行 ARC 命令后，AutoCAD 提示：

指定圆弧的起点或[圆心(C)]：	//（确定圆弧的起始点位置，即执行默认项）
指定圆弧的第二个点或[圆心(C)/端点(E)]：	//C　Enter　（执行"圆以(C)"选项）
指定圆弧的圆心：//（确定圆弧的圆心位置）	
指定圆弧的端点或[角度(A)/弦长(L)]：	//L　Enter（执行"弦长(L)"选项）
指定弦长：//（输入圆弧的弦长）	

根据提示执行操作后，AutoCAD 绘出指定条件的圆弧。

（5）【起点、端点、角度（N）】：相据圆弧的起始点、终止点及圆弧的包含角绘制圆弧。

执行命令后，AutoCAD 提示：

指定圆弧的起点或[圆心(C)]：	//（确定圆弧的起始点位置，即执行默认确）
指定圆弧的第二个点或[圆心(C)/端点(E)：	//E　Enter（执行"端点(E)"选项）
指定圆弧的端点：//（确定圆弧的终止点位置）	
指定圆弧的圆心或[角度(A)/方向(D)/半径(R)]：	// A　Enter（执行"角度(A)"选项）
指定包含角：//（确定圆弧的包含角）	

根据提示执行操作后，AutoCAD 绘出指定条件的圆弧。

（6）【起点、端点、方向（D）】：根据圆弧的起始点、终止点及圆弧在起始点处的切线方向绘制圆弧。

执行命令后，AutoCAD 提示：

指定圆弧的起点或[圆心(C)]：	//（确定圆弧的起始点位置，即执行默认确）
指定圆弧的第二个点或[圆心(C)/端点(E)：	//E　Enter（执行"端点(E)"选项）

指定圆弧的端点：//(确定圆弧的终止点位置)

指定圆弧的圆心或[角度(A)/方向(D)/半径(R)]：　　//D　Enter (执行"方向(D)"选项)

指定圆弧的起点切向：　　　　　　　　　　//(输入圆弧起始点处切线方向与水平方向的夹角)

根据提示执行操作后，AutoCAD 绘出指定条件的圆弧。

当提示"指定圆弧的起点切向："时，可以通过拖动鼠标的方式动态确定圆弧起始点处切线方向与水平方向之夹角。

（7）【起点、端点、半径（R）】：根据圆弧的起始点、终止点及圆弧的半径逆时针绘制一条劣弧，如果半径为负，将绘制一条优弧。

执行命令后，AutoCAD 提示：

指定圆弧的起点或[圆心(C)]：　　　　　　//(确定圆弧的起始点位置，即执行默认项)

指定圆弧的第二个点或[圆心(C)/端点(E)]：　　//E　Enter (执行"端点(E)"选项)

指定圆弧的端点：//(确定圆弧的终止点位置)

指定圆弧的圆心或[角度(A)/方向(D)/半径(R)]：　　//R　Enter (执行"半径(R)"选项)

指定圆弧的半径：//(输入弧的半径)

根据提示执行操作后，AutoCAD 绘出指定条件的圆弧。

（8）【圆心、起点、端点（C）】：根据圆弧的圆心、起始点及终止点位置绘制圆弧。执行 ARC 命令后，AutoCAD 提示：

指定圆弧的起点或[圆心(C)]：　　　　　　// C　Enter (执行"圆心(C)"选项)

指定圆弧的圆心：　　　　　　　　　　// (确定圆弧的圆心位置)

指定圆弧的起点：　　　　　　　　　　// (确定圆弧的起始点位置)

指定圆弧的端点或[角度(A)/弦长(L)]：　　//(确定圆弧的终止点位置，即执行默认项)

根据提示执行操作后，AutoCAD 绘出指定条件的圆弧。

（9）【圆心、起点、角度（E）】：根据圆弧的圆心、起始点及圆弧的包含角绘制圆弧。角度为正，逆时针绘制圆弧，角度为负，顺时针绘制圆弧。

执行命令后，AutoCAD 提示：

指定圆弧的起点或[圆(C)]：　　　　　　// C　Enter (执行"圆心(C)"选项)

指定圆弧的圆心：　　　　　　　　　　// (确定圆弧的圆心位置)

指定圆弧的起点：　　　　　　　　　　// (确定圆弧的起始点位置)

指定圆弧的端点或[角度(A)/弦长(L)]：　　//A　Enter (执行"角度(A)"选项)

指定包含角：　　　　　　　　　　　　//(输入圆弧的包含角)

根据提示执行操作后，AutoCAD 绘出指定条件的圆弧。

（10）【圆心、起点、长度（L）】：根据圆弧的圆心、起始点及圆弧的弦长绘制圆弧。

执行命令后，AutoCAD 提示：

指定圆弧的起点或[圆(C)]：　　　　　　// C　Enter 执行"圆心(C)"选项)

指定圆弧的圆心：　　　　　　　　　　// (确定圆弧的圆心位置)

指定圆弧的起点：　　　　　　　　　　// (确定圆弧的起始点位置)

指定圆弧的端点或[角度(A)/弦长(L)]：　　// L　Enter (执行"弦长(L)"选项)

指定弦长：//(输入圆弧的弦长)

根据提示执行操作后，AutoCAD 绘出指定条件的圆弧。

（11）【连续（O）】：绘制连续圆弧。若执行命令后在"指定圆弧的起点或[圆心（C）]："提示下直接按【Enter】键，AutoCAD 会以最后一次绘线或绘圆弧过程中确定的最后一点作为新圆弧的起始点，以最后所绘线方向或所绘圆弧终止点处的切线方向为新圆弧在起始点处的切线方向绘制圆弧，同时提示：

指定圆弧的端点：

在此提示下指定圆弧的端点后，AutoCAD 就会绘出相应的圆弧。

3.4.3　绘制椭圆

绘制椭圆命令的调用方法：

（1）功能区：【常用】选项卡【绘图】面板中【椭圆】按钮 ⬮。

（2）菜单栏：【绘图】|【椭圆】命令。

（3）工具条：【绘图】工具条【椭圆】按钮 ⬮。

（4）命令行：输入并执行 ELLIPSE 命令。

AutoCAD 提供了下述两种绘制椭圆的方法。

（1）根据椭圆某一轴上的两个端点位置绘制椭圆，执行 ELLIPSE 命令后，AutoCAD 提示：

指定椭圆的轴端点或[圆弧(A)/中心点(C)]:　　　　　　//(确定椭圆的轴端点，即执行默认项)

指定轴的另一个端点：

指定另一条半轴长度或[旋转(R)]:　　　　　　//(确定另一条半轴长度)

根据提示执行操作后，AutoCAD 绘出指定条件的椭圆。

如果在上述提示的最后一行中执行[旋转（R）]项，AutoCAD 提示：

指定绕长轴旋转的角度：

在此提示下输入绕长轴旋转的角度值，AutoCAD 绘出指定条件的椭圆。该椭圆是过指定的两个轴端点，且以这两点之间的距离为直径的圆绕这两点的连线旋转指定角度后得到的投影。

（2）根据椭圆的中心位置绘制椭圆，执行 ELLIPSE 命令，AutoCAD 提示：

指定椭圆的轴端点或[圆弧(A)/中心点(C)]:　　　　　　//C:　　Enter

指定椭圆的中心点：

指定轴的端点：

指定另一条半轴长度或[旋转(R)]:

根据提示执行操作后，AutoCAD 绘出指定条件的椭圆。

3.4.4　绘制椭圆弧

（1）功能区：【常用】选项卡【绘图】面板中【椭圆弧】按钮 ⬮。

（2）菜单栏：【绘图】|【椭圆】|【圆弧】命令。

（3）工具条：【绘图】工具条【椭圆弧】按钮 ⬮。

（4）命令行：输入并执行 ELLIPSE 命令。

执行【椭圆弧】按钮后，命令行提示：

指定椭圆的轴端点或[圆弧(A)/中心点(C)]:　　　　　　//　a　Enter (执行绘制圆弧命令)

指定椭圆弧的轴端点或[中心点(C)]:

在此提示下的操作与前面介绍的绘制椭圆的过程完全相同。在确定椭圆的形状后，AutoCAD 提示：

指定起始角度或[参数(P)]:

该提示中的两个选项的意义如下：

（1）【指定起始角度】：通过椭圆弧的起始角确定椭圆弧。输入椭圆弧的起始角度后，AutoCAD 提示：

指定终止角度或[参数(P)/包含角度(I)]:

在该提示的三个选项中，【指定终止角度】选项要求用户根据椭圆弧的终止角确定椭圆弧另一端点的位置；【包含角度（I）】选项将根据椭圆弧的包含角确定椭圆弧；"参数（P）"通过参数确定椭圆弧另一个端点的位置，该选项的执行方式与在"指定起始角度或[参数（P）]:"提示中执行【参数（P）】选项后的操作相同。

（2）【参数（P）】：此选项可通过用户指定的参数确定椭圆弧。执行该选项，AutoCAD 提示：

指定起始参数或[角度(A)]:

其中【角度（A）】选项可切换到前面介绍的使用角度确定椭圆弧的方式。如果输入参数，AutoCAD 将按下面的公式确定椭圆弧的起始角：

$$P(n) = c + a \times \cos(n) + b \times \sin(n)$$

式中：n 是用户输入的参数；c 是椭圆弧的半焦距；a 和 b 分别是椭圆的长轴与短轴轴长。输入第一个参数后，AutoCAD 提示：

指定终止参数或[角度(A)/包含角度(I)]:

此提示下可通过"角度（A）"确定椭圆弧另一个端点的位置，通过【包含角度】选项，默认项给出椭圆弧包含角。如果使用【指定终点参数】默认项给出椭圆弧的另一参数，AutoCAD 仍按前面介绍的公式确定椭圆弧的另一端点位置。

3.5 绘制与编辑多线和多段线

3.5.1 绘制与编辑多线

多线是工程中常用的对象，多线对象可以由 1 条～16 条平行线组成，这些平行线被称为元素，在绘制多线时可以使用系统默认的 STANDARD 样式绘制，也可以先自己设置多线样式。

1. 绘制多线

在绘制多线之前，一般先设定【多线样式】。【多线样式】的启用方式可以在【格式】菜单中选择【多线样式】命令，系统将弹出【多线样式】管理器对话框，如图 3-10 所示。

单击【新建】按钮，系统弹出【创建新的多线样式】管理器，可以单击新建【样式名】后输入自己建的多线样式名称，如"样式一"，单击【继续】按钮，在系统弹出【新建多线样式】管理器中，用户可根据需要自行设定多线的元素，如图 3-11 所示。

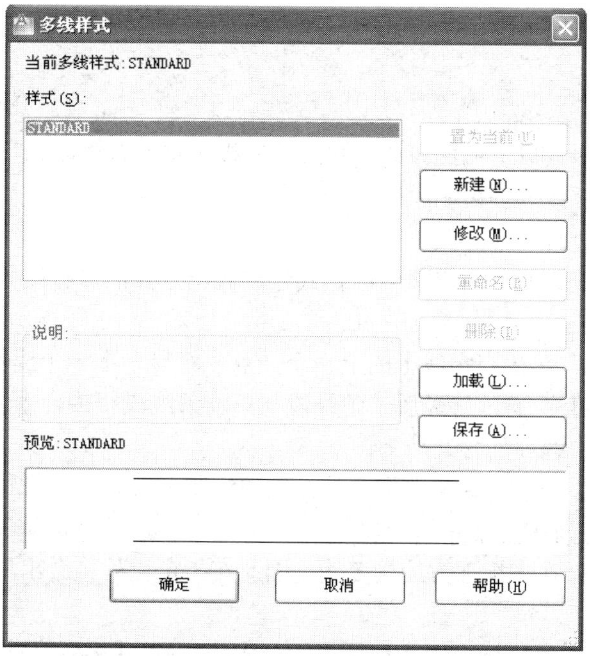

图 3-10　【多线样式】管理器

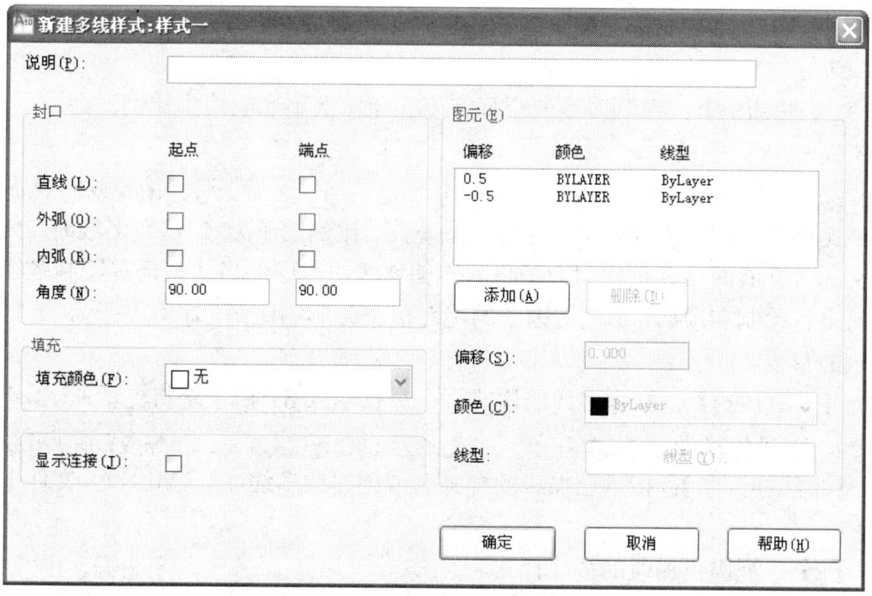

图 3-11　【新建多线样式】管理器

绘制多线命令的调用方法：

（1）菜单栏：【绘图】|【多线】命令。

（2）命令行：输入并执行 MLINE 命令。

执行多线命令后，命令行提示：

当前设置：对正 = 当前对正方式，比例 = 当前比例值，样式 = 当前样式

指定<u>起点</u>或 [对正(J)/比例(S)/样式(ST)]:　　　　　　　　　　　　// 指定点或输入选项

指定第一点后，系统提示：

指定下一点：

指定下一点或 [放弃(U)]:　　　　　　　　　　　　　　　　　　　　　　//(指定点或输入 u)

如果用两条或两条以上的线段创建多线，则提示将包含"闭合"选项。

指定下一点或 [闭合(C)/放弃(U)]:　　　　　　　　　　　　　　　　//(指定点或输入选项)

绘制多段线的过程如下：

（1）【指定下一点】：用当前多线样式绘制到指定点的多行线段，然后继续提示输入点。

（2）【放弃(U)】：放弃多线上的上一个顶点，将显示上一个提示。

（3）【关闭(C)】：通过将最后一条线段与第一条线段相接合来闭合多线。

各命令行提示中选项的含义如下：

（1）【对正(J)】：确定如何在指定的点之间绘制多线。命令行输入 J 后，将提示：

输入对正类型 [上(T)/无(Z)/下(B)] <当前>:　　　　　　　　　　//(输入选项或按【Enter】键)

① 【上(T)】：在光标下方绘制多线，因此在指定点处将会出现具有最大正偏移值的直线。

② 【无(Z)】：将光标位置作为原点绘制多线，则 【多线样式】命令的"元素特性"在指定点处的偏移为 0.0。

③ 【下(B)】：在光标上方绘制多线，因此在指定点处将出现具有最大负偏移值的直线。

（2）【比例(S)】：控制多线的全局宽度。该比例不影响线型比例。命令行输入 S 后，系统提示：

输入多线比例 <当前>:　　　　　　　　　　　　　　　　//(输入比例或按【Enter】键)

这个比例基于在多线样式定义中建立的宽度。比例因子为 2 绘制多线时，其宽度是样式定义的宽度的两倍。负比例因子将翻转偏移线的次序：当从左至右绘制多线时，偏移最小的多行绘制在顶部。负比例因子的绝对值也会影响比例。比例因子为 0 将使多行变为单一的直线。

（3）【样式(ST)】：指定多线的样式。命令行输入 ST 后系统将提示：

输入多行样式名或 [?]:　　　　　　　　　　　　　　//(输入名称或输入" ?")

① 【多线样式名】：指定已加载的样式名或创建的多线库 （MLN） 文件中已定义的样式名。

② 【?】：列出已加载的多线样式。

2．编辑多线

由于绘制好的多线为一整体，要对其进行编辑，AutoCAD 2012 提供了专门的多线编辑工具，方便对多线进行合并、修改和闭合，以达到所需的设计要求。

编辑多线的命令调用方式：

（1）菜单栏：【修改】｜【对象】｜【多线】。

（2）命令行：输入并执行 MLEDIT 命令。

执行编辑多线命令后，系统将打开【多线编辑工具】管理器，该管理器提供了 12 种多线编辑工具，如图 3-12 所示。

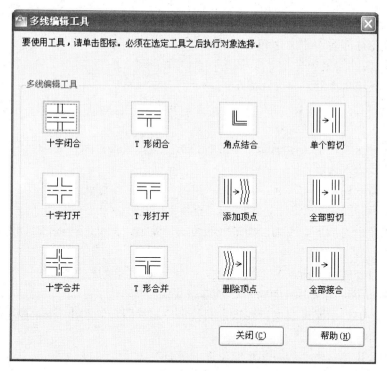

图 3-12　【多线编辑工具】管理器

这里以【十字打开】为例来说明多线编辑工具的使用方法。选择【十字打开】命令后，系统提示：

选择第一条多线：	//选择第一条多线
选择第二条多线：	//选择第二条多线
选择第一条多线 或 [放弃（U）]：	//按回车键结束命令，结果如图 3-13 所示

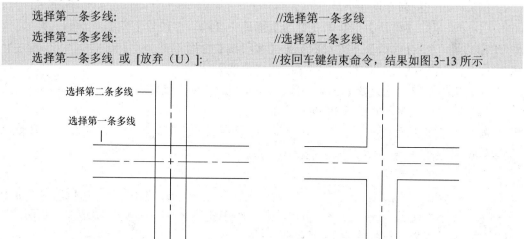

图 3-13　使用【十字打开】命令编辑多线

3.5.2　绘制与编辑多段线

多段线是直线段、圆弧段或两者的线段共同组成的一条连续线段。

绘制多段线命令的调用方法：

（1）功能区：【常用】选项卡【绘图】面板中【多段线】按钮 ⌐⌐。

（2）菜单栏：【绘图】|【多段线】命令。

（3）工具条：【绘图】工具条【多段线】按钮🔤。

（4）命令行：输入并执行 PLINE 命令。

1．多段线的绘制

执行多段线命令后，命令行提示：

指定起点：   // (指定点)

指定第一点后，系统提示：

指定下一个点或 [圆弧(A)/关闭(C)/半宽(H)/长度(L)/放弃(U)/宽度(W)]:

指定点或输入选项：

（1）在命令提示下输入 A，切换到"圆弧"模式，将圆弧添加到多段线中。

（2）在命令提示下输入 L，返回到"直线"模式。

（3）在命令提示下输入 H，指定多线段的半宽值，即从多段线线宽的中心到其一边的宽度。

（4）在命令提示下输入 W 指定宽度，可以绘制出有宽度的多段线。

按【Enter】键结束，或者输入 C 使多段线闭合。

依据命令的提示即可根据需要指定其他多段线线段，绘制出需要的多段线。这里不再详述。

注意：必须至少指定两个点才能使用"闭合"选项。

2．编辑多段线

由于多段线是单一的整体对象，因此不能像直线或构造线等其他对象那样直接选取即可编辑，而需要使用专门的编辑多段线工具，获得所需要的多段线。

编辑多段线的命令调用方式：

（1）功能区：【常用】选项卡【修改】面板中【编辑多段线】按钮🔤。

（2）菜单栏：【修改】｜【对象】｜【多段线】命令。

（3）工具条：【修改Ⅱ】工具栏【编辑多段线】按钮🔤。

（4）快捷菜单：选择要编辑的多段线，单击鼠标右键，选择【多段线编辑】命令。

（5）命令行：输入并执行 PEDIT 命令。

PEDIT 的常见用途包含合并二维多段线、将线条和圆弧转换为二维多段线以及将多段线转换为近似 B 样条曲线的曲线（拟合多段线）。

将显示以下提示系统提示：

选择多段线或 [多条(M)]:   //(使用对象选择方法或输入"m"）

其余提示取决于是选择了二维多段线、三维多段线还是三维多边形网格。如果选定对象是直线、圆弧或样条曲线，则将显示以下提示：

选定的对象不是多段线。

是否将其转换为多段线？<是>:   //(输入"y"或"n"，或按【Enter】键)

如果输入"y"，则对象被转换为可编辑的单段二维多段线。使用此操作可以将直线和圆弧合并为多段线。

将选定的样条曲线转换为多段线之前，将显示以下提示：

指定精度 <10>:   //(输入新的精度值或按【Enter】键)

精度值决定结果多段线与源样条曲线拟合的精确程度。有效值为 0～99 之间的整数。

3.6　绘制与编辑样条曲线

在 AutoCAD 2012 中，可以创建经过或靠近一组拟合点或由控制框的顶点定义的平滑曲线。

3.6.1　绘制样条曲线

绘制样条曲线命令的调用方法：

（1）菜单栏：【绘图】|【样条曲线】|【拟合点】或【控制点】命令。

（2）功能区：【常用】选项卡【绘图】功能区中【拟合点】按钮↗或【控制点】按钮↗。

（3）工具条：【绘图】工具条【样条曲线】按钮∿。

（4）命令行：输入并执行 SPLINE 命令。

SPLINE 创建称为非均匀有理 B 样条曲线（NURBS）的曲线，为简便起见，称为样条曲线。

样条曲线使用拟合点或控制点进行定义。默认情况下，拟合点与样条曲线重合，而控制点定义控制框。控制框提供了一种便捷的方法，用来设置样条曲线的形状。每种方法都有其优点。

系统所显示的提示取决于是使用拟合点还是使用控制点来创建样条曲线。

对于使用拟合点方法创建的样条曲线：

指定第一个点或 [方式(M)/阶数(K)/对象(O)]:

对于使用控制点方法创建的样条曲线：

指定第一个点或 [方式(M)/节点(K)/对象(O)]:

第一点指定样条曲线的第一个点，或者是第一个拟合点或者是第一个控制点，具体取决于当前所用的方法。方式控制是使用拟合点还是使用控制点来创建样条曲线。下一点创建其他样条曲线段，直到按【Enter】键为止。

端点相切指定在样条曲线终点的相切条件。公差指定样条曲线可以偏离指定拟合点的距离。

3.6.2　编辑样条曲线

编辑样条曲线的命令调用方式：

（1）功能区：【常用】选项卡【修改】面板中【样条曲线】按钮⌇。

（2）菜单栏：【修改】|【对象】|【样条曲线】命令。

（3）工具条：【修改Ⅱ】工具栏【样条曲线】按钮⌇。

（4）快捷菜单：选择要编辑的多段线，单击鼠标右键，选择【样条曲线编辑】命令。

（5）命令行：输入并执行 SPLINEDIT 命令。

依据提示多样条曲线进行编辑。

3.7　绘　制　圆　环

圆环实际上是由具有一定宽度的多段线封闭形成的，是由两条圆弧多段线组成，这两条圆弧多段线首尾相接而形成圆形。多段线的宽度由指定的内直径和外直径决定。

绘制圆环是创建填充圆环或实体填充圆的一个便捷的途径。

执行【圆环】命令的方法有以下两种：

（1）功能区：【常用】选项卡【绘图】面板中【圆环】按钮◎。

（2）菜单栏：【绘图】|【圆环】命令。

（3）命令行：输入并执行 DONUT 命令。

执行 DONUT 命令后，AutoCAD 依次提示：

指定圆环的内径：	//(输入圆环的内径)
指定圆环的外径：	//(输入圆环的外径)
指定圆环的中心点或<退出>：	//(确定圆环的中心点位置或回车退出命令的执行)

按提示依次确定圆环的内径、外径和中心点后，即可在绘图窗口中通过单击鼠标绘制圆环了，系统变量 FILLMODE 等于 1 时是实心填充，FILLMODE 等于 0 时是线条填充，如图 3-14 所示。

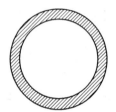

（a）FILLMODE=1　　　　　（b）FILLMODE=0

图 3-14　绘制圆环

执行 DONUT 命令后，如果在提示"指定圆环的内径："时输入 0，则会绘出填充的实心圆。

3.8　徒手命令绘制图形

在中文版 AutoCAD 2012，用户既可以使用【绘图】|【修订云线】命令绘制云彩形状对象，也可以使用 SKETCH 命令绘制徒手线对象，如图 3-15 所示。

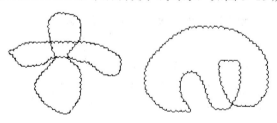

图 3-15　徒手绘制的图形

3.8.1　绘制徒手线

利用 SKETCH 命令，用户可以方便地徒手绘制图形、轮廓线以及签名。在被记录之前，徒手绘制的图线不会加入到图形中。

要绘制徒手线，可在命令行输入命令 SKETCH。此时系统要求指定增量距离。如果用户输入了两个点或在屏幕上指定了两个点，那么 AutoCAD 将计算两点之间的距离作为增量距离。之后，将显示如下提示信息。

徒手画：画笔(P)/退出(X)/结束(Q)/记录(R)/删除(E)/连接(C)

当处于 SKETCH 命令状态下时，可以使用以上选项中的任何一个。用户可以输入一个单字符或按下【鼠标/麦克】等相应的按钮来访问相应的选项。

3.8.2　绘制修订云线

绘制修订云线命令的调用方法：

（1）功能区：【常用】选项卡【绘图】面板中【修订云线】按钮🌀。

（2）菜单栏：选择【绘图】|【修订云线】命令。

（3）工具栏：【绘图】工具条【修订云线】按钮🌀。

（4）命令行：输入并执行 REVLOUD 命令。

可以绘制一个云彩形状的图形，它是由一系列圆弧组成的多段线。执行 REVLOUD 命令后，AutoCAD 提示：

最小弧长：15　最大弧长：15

指定起点或[弧长(A)/对象(O)]<对象>：

该提示信息中各选项意义如下：

（1）【指定起点】：用于指定云彩对象的起点。指定起点后，用户即可在"沿云线路径引导十字光标…"的提示下绘制云彩对象。当起点和终点重合后，将绘制一个封闭的云彩对象。

（2）【弧长（A）】：用于指定弧线的最小长度和最大长度。默认情况下，系统使用当前的弧线长度绘制云彩对象。

（3）【对象（O）】：选择该选项，则可以选择一个封闭图形，如矩形、多边形等，并将其转换为云彩路径。此时，命令行将显示"反转方向[是（Y）/否（N）]<否>："提示信息。如果输入 Y，则圆弧方向向内；如果输入 N，则圆弧方向向外，如图 3-16 所示。

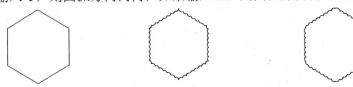

　（a）正六边形　　　　（b）修订反向云线的正六边形　　（c）修订非反向云线的正六边形

图 3-16　将对象转换为云彩路径

3.9　添加选定对象

加选定对象（ADDSELECTED）命令，是根据选定对象的对象类型和常规特性创建新对象。

【添加选定对象】命令的调用方法：

（1）工具栏：【绘图】工具条【添加选定对象】按钮🌀。

（2）快捷菜单：选择要复制的单个对象，单击鼠标右键，在弹出的快捷菜单中选择【添加选定对象】命令。

（3）命令行：输入并执行 ADDSELECTED 命令。

通过 ADDSELECTED 命令，用户可以创建与选定对象属于同一对象类型的新对象。与"COPY"不同，它仅复制对象的常规特性。例如，基于选定的圆创建对象会采用该圆的常规特性（如颜色和图层等），但会提示用户输入新圆的圆心和半径。

3.10 实训项目——绘制手柄

3.10.1 实训目的

（1）熟悉圆 CIRCLE、直线 LINE、正多边形 POLYGON 等绘图命令。

（2）熟悉修剪 TRIM、偏移 OFFSET 和圆角 FILLET 等编辑命令。

（3）掌握平面图形中常见的辅助线的使用方法和技巧。

（4）掌握对象捕捉的设置和使用方法。

（5）掌握图层的设置和使用方法。

3.10.2 实训准备

（1）复习圆 CIRCLE、直线 LINE、正多边形 POLYGON 等绘图命令的用法。

（2）复习修剪 TRIM、延伸 EXTEND、偏移 OFFSET、删除 ERASE、圆角 FILLET 和修改特性等编辑命令的用法。

（3）复习图层管理线型、颜色、线宽等特性的方法。

（4）复习对象捕捉使用方法。

3.10.3 实训指导

实训项目：绘制如图 3-17 所示的手柄轮廓图。

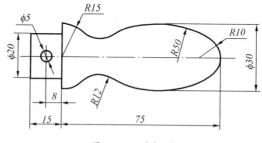

图 3-17 手柄图

1. 绘图环境设置

创建一个空白文档，进行绘图环境设置。

1）单位调整

单击菜单栏【格式】|【单位】，在弹出的【图形单位】对话框中，将【长度】选项区域【精度】选项调整为"0.0"，如图 3-18 所示。

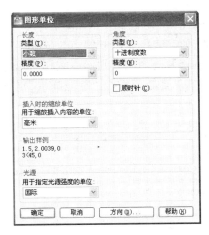

图 3-18 【图形单位】对话框

2）设置图形界线

单击菜单栏【格式】|【图形界线】，进行"A4 图纸横放（297×210）"的设置。命令行具体操作过程如下：

命令: _limits	
指定左下角点或 [开(ON)/关(OFF)] <0.0000,0.0000>:	//0,0　Enter
指定右上角点 <420.0000,297.0000>:	//297,210　Enter

3）设置图层

单击菜单栏【格式】|【图层】，弹出【图层特性管理器】对话框，完成图层设置，并将"细线"图层设置为当前，如图 3-19 所示。

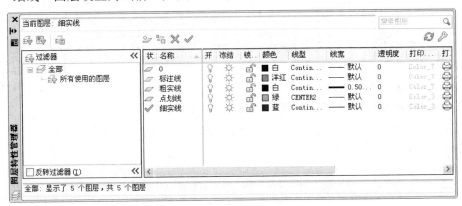

图 3-19　图层设置

2．绘制图形

做好绘图前的准备工作后，可以绘制图形了，其绘图步骤如下：

（1）单击【绘图】工具条上的按钮，激活【直线】命令，居中绘制水平线、适当位置绘制垂直线，作为基准定位辅助线。

（2）单击【修改】工具条上的按钮，激活【偏移】命令，对垂直线进行多重偏移。命令行具体操作如下：

指定偏移距离或 [通过(T)/删除(E)/图层(L)] <10>:	//8　Enter

<table>
<tr><td>选择要偏移的对象，或 [退出(E)/放弃(U)] <退出>:</td><td>//选择垂直线　Enter</td></tr>
<tr><td>指定要偏移的那一侧上的点，或 [退出(E)/多个(M)/放弃(U)]</td><td>//在右侧空白区单击 Enter</td></tr>
</table>

按【Enter】键，重复【偏移】命令，分别向右偏移 15 和 90，如图 3-20 所示。

（3）选择【绘图】|【直线】命令，配合"交点捕捉"功能绘制手柄左侧的轮廓线，命令行具体操作过程如下：

<table>
<tr><td>命令: _line 指定第一点: <对象捕捉 开></td><td>//捕捉如图 3-20 所示的交点 A</td></tr>
<tr><td>指定下一点或 [放弃(U)]: @0,10</td><td>//@0，10　Enter</td></tr>
<tr><td>指定下一点或 [放弃(U)]: @15,0</td><td>//@15，0　Enter</td></tr>
<tr><td>指定下一点或 [闭合(C)/放弃(U)]:</td><td>//</td></tr>
</table>

按【Enter】键，绘制结果如图 3-21 所示。

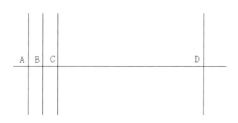

图 3-20　偏移结果

图 3-21　绘制结果

（4）单击【绘图】工具条中的按钮◎，配合"交点捕捉"功能，绘制半径为 2.5 和 15 的圆。命令行具体操作过程如下：

<table>
<tr><td>命令: _circle 指定圆的圆心或 [三点(3P)/两点(2P)/相切、相切、半径(T)]:</td><td>//捕捉图 3-20 所示交点 B</td></tr>
<tr><td>指定圆的半径或 [直径(D)] <15.0>:</td><td>//2.5　Enter</td></tr>
<tr><td>命令:</td><td>//　Enter 重复执行命令</td></tr>
<tr><td>CIRCLE 指定圆的圆心或 [三点(3P)/两点(2P)/相切、相切、半径(T)]:</td><td>//　Enter</td></tr>
<tr><td>指定圆的半径或 [直径(D)] <2.5>:</td><td>//15　Enter</td></tr>
</table>

（5）单击【修改】工具条的按钮，将水平基准线向上偏移 15，将 L 向左偏移 10。绘制结果如图 3-22 所示。

（6）单击【绘图】工具条中的按钮◎，配合【交点捕捉】功能，绘制半径为 10 的圆，如图 3-23 所示。

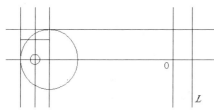

图 3-22　偏移结果

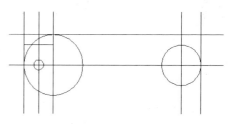

图 3-23　绘制右侧圆

（7）激活【相切圆】命令，选择【绘图】|【相切、相切、半径】命令，绘制半径为 50 的圆。命令行具体操作过程如下：

<table>
<tr><td>命令: _circle 指定圆的圆心或 [三点(3P)/两点(2P)/相切、相切、半径(T)]:</td><td>//t　Enter</td></tr>
</table>

指定对象与圆的第一个切点：	//在直线上拾取第一个切点，如图 3-24 所示
指定对象与圆的第二个切点：	//在圆上拾取第二个切点，如图 3-25 所示
指定圆的半径 <10.0>：	//50　Enter，绘制结果如图 3-26 所示

（8）激活【相切圆】命令，选择【绘图】|【相切、相切、半径】命令，绘制半径为 12 的相切圆。其绘图过程同（7），结果如图 3-27 所示。

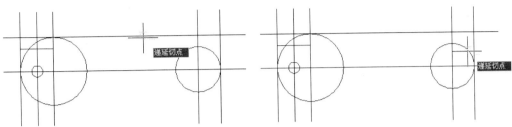

图 3-24　拾取第一个切点　　　　　　　　　图 3-25　拾取第二个切点

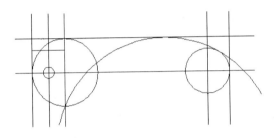　　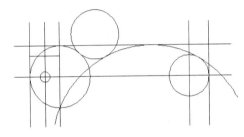

图 3-26　绘制相切圆　　　　　　　　　图 3-27　绘制半径为 12 的相切圆

（9）选择【修改】|【修剪】命令，修剪图形多余线条，修剪结果如图 3-28 所示。

（10）选择【修改】|【镜像】命令，将编辑出的图形进行镜像。命令行操作过程如下：

命令：_mirror	
选择对象：	//选择水平基准线上侧的手柄轮廓线
选择对象：	//Enter，结束选择
指定镜像线的第一点：	//捕捉如图 3-29 所示的端点
指定镜像线的第二点：	//捕捉直线的另一端点
要删除源对象吗？[是(Y)/否(N)] <N>：	//Enter，镜像结果如图 3-30 所示

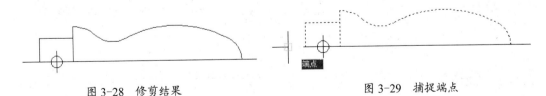

图 3-28　修剪结果　　　　　　　　　　图 3-29　捕捉端点

（11）选择手柄的轮廓线，调整到"粗实线"图层，并显示线宽，结果如图 3-31 所示。

（12）最后使用保存命令将图形命名存储为"手柄.dwg"。

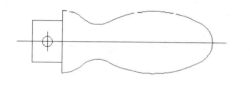

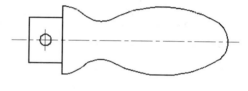

图 3-30　镜像结果　　　　　　　　　　图 3-31　最终结果图

3.11　自 我 检 测

3.11.1　填空题

（1）绘制一条直线，第一个点的绝对坐标是（0，10），第二个点的相对坐标是（5，15），则第二个点的坐标用绝对坐标表示是＿＿＿＿＿＿。

（2）在使用通过中心点方式绘制多边形时，系统提供了＿＿＿＿＿＿和＿＿＿＿＿＿两种方式绘制多边形。

（3）徒手画线的命令是＿＿＿＿＿＿。

（4）点的＿＿＿＿＿＿模式不会随视图缩放而改变大小。

（5）多线段由＿＿＿＿＿＿和＿＿＿＿＿＿两种元素组成。

3.11.2　选择题

（1）绘制一四个角为 R5 圆角的矩形，启动矩形命令后，要先＿＿＿＿＿＿操作。

A．指定第一个角点

B．绘制 R5 圆角

C．选择"倒角（C）"选项，设定为 5

D．选择"圆角（F）"选项，设定圆角为 5

（2）已知一长度为 500 的直线，使用"定距等分"命令，若希望一次性绘制 7 个点对象，输入的线段长度不能是＿＿＿＿＿＿。

A．60　　　　　B．63　　　　　C．66　　　　　D．69

（3）坐标"@30<15"中的"30"表示 ＿＿＿＿＿＿。

A．该点与原点的连线与 X 轴夹角为 30°　　B．该点到原点的距离为 30

C．该点与前一点的连线与 X 轴夹角为 30°　D．该点相对于前一点的距离为 30

（4）80 以同一点作为正五边形的中心，圆的半径为 50，分别用 I 和 C 方式画的正五边形的间距为 ＿＿＿＿＿＿。

A．15.32　　　　B．9.55　　　　C．7.43　　　　D．12.76

3.11.3　操作题

（1）绘制图 3-32 所示的 4 个图形，不标注尺寸。

（2）使用【多线段】命令绘制如图 3-33 所示的运动场平面图。

（3）使用本章所学的绘图命令，绘制如图 3-34 所示的 8 个平面图形，不标注尺寸。

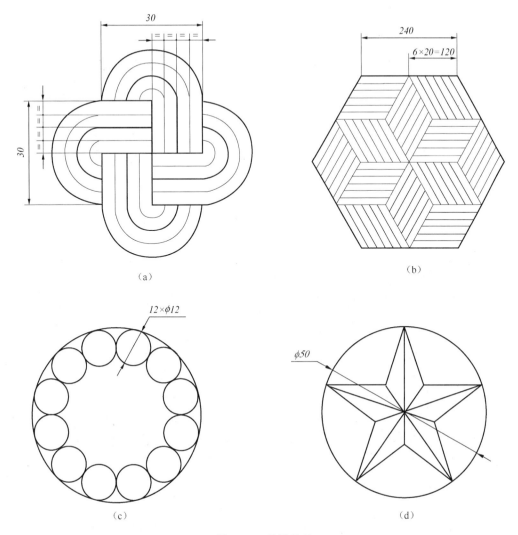

（a）

（b）

（c）

（d）

图 3-32　绘图练习

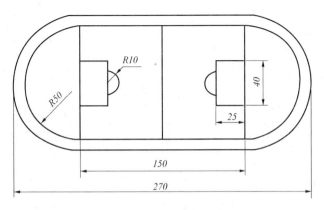

图 3-33　运动场平面图

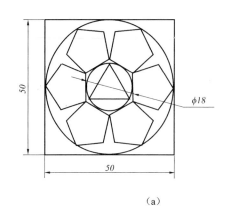

（a）

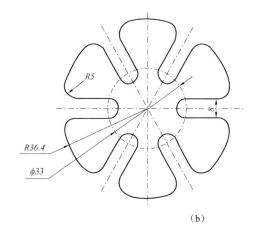

（b）

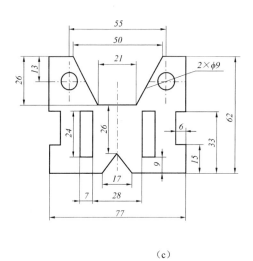

（c）

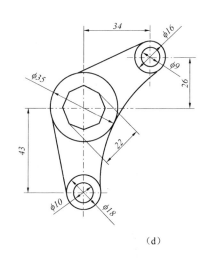

（d）

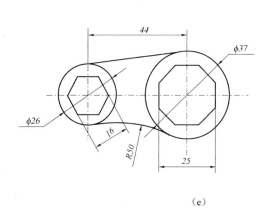

（e）

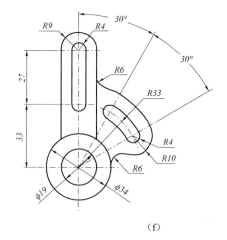

（f）

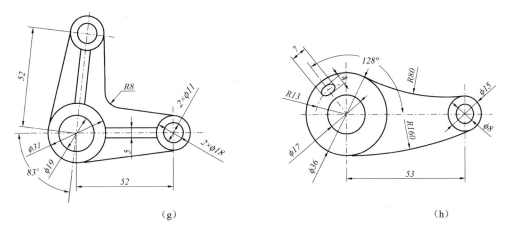

（g）   （h）

图 3-34 平面图形

第4章 编辑图形对象

【知识目标】

（1）选择对象的方法。

（2）删除、移动与旋转对象命令的使用。

（3）复制、偏移、镜像和陈列命令的使用。

（4）修改图形形状和大小的方法。

（5）使用夹点修改图形的方法。

（6）使用对象特性和特性匹配修改图形。

【相关知识】

在绘图时，单纯地使用绘图命令或绘图工具只能绘制一些基本图形，为了绘制复杂图形，很多情况下都必须借助于图形编辑命令，才能达到理想的效果。

4.1 选 择 对 象

在对图形进行编辑操作之前，首先选择对象。AutoCAD 会用虚线高亮度显示所选的对象，而这些对象也就构成了选择集。选择集可以包含单个对象，也可以包含更复杂的对象编组。在 AutoCAD 2012 中，单击选择菜单栏中【工具】|【选项】命令，系统打开【选项】对话框，在【选择集】选项卡下，可设置选择模式、拾取框的大小及夹点功能。

4.1.1 选择对象的方法

在 AutoCAD 2012 中，选择对象的方法很多：可以通过单击对象逐个拾取；也可使用矩形窗口或交叉窗口选择；可以选择最近创建的对象、前面的选择集或图形中的所有对象；也可以向选择集中添加对象或从中删除对象。

在命令行输入 SELECT 命令，按【Enter】键，并且在命令行的"选择对象："提示下输入"？"，将显示如下提示信息：

选择对象:？

需要点或窗口(W)/上一个(L)/窗交(C)/框(BOX)/全部(ALL)/栏选(F)/圈围(WP)/圈交(CP)/编组(G)/添加(A)/删除(R)/多个(M)/前一个(P)/放弃(U)/自动(AU)/单个(SI)/子对象(SU)/对象(O)

根据上面的提示信息，输入其中的大写字母，可以指定对象选择模式。例如，要设置矩形窗口的选择模式，可在命令行的"选择对象："提示下输入 W。在选择对象时应注意以下几个方面。

（1）默认情况下，可以直接选择对象，此时光标变为一个小方块（即拾取框），使用该方框可逐个拾取所需对象，每次只能选取一个对象。

（2）【窗口（W）】选项：使用窗口选择，可以通过绘制一个矩形区域来选择对象，从左到右指定角点创建窗口选择，如图4-1（a）所示。从P_1点向右拖动鼠标到P_2点时，全部位于矩形窗口内的对象将被选中，不在该窗口内或者只有部分在该窗口内的对象则不被选中，如图4-1（b）所示。

（3）【上一个（L）】选项：选取图形窗口内可见元素中最后创建的对象。不管使用多少次"上一个(L)"选项，都只有一个对象被选中。

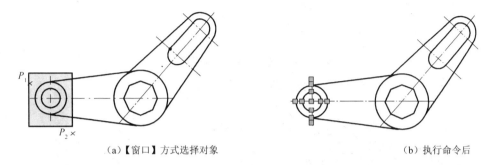

（a）【窗口】方式选择对象　　　　　　　　　　　　（b）执行命令后

图4-1　使用【窗口】方式选择对象

（4）【窗交（C）】选项：使用交叉窗口选择对象,通过绘制一个矩形区域来选择对象，从右到左指定角点创建窗交选择，如图4-2（a）所示。从P_2点向左拖动鼠标到P_1点时，全部位于窗口之内或者与窗口边界相交的对象都将被选中。在定义交叉窗口的矩形窗口时，以虚线方式显示矩形，使之区别于窗口选择方法，如图4-2（b）所示。

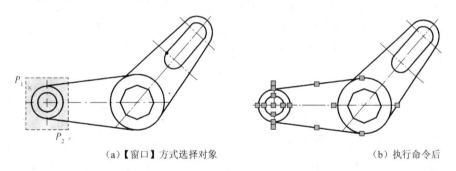

（a）【窗口】方式选择对象　　　　　　　　　　　　（b）执行命令后

图4-2　使用【窗交】方式选择对象

（5）【框（BOX）】选项：由【窗口】和【窗交】组合的一个单独选项。从左到右设置拾取框的两角点，则执行【窗口】选项；从右到左设置拾取框的两角点，则执行【窗交】选项。

（6）【全部（ALL）】选项：选取图形中没有被锁定、关闭或冻结的层上的所有对象。

（7）【栏选（F）】选项：通过绘制一条开放的多点栅栏（多段直线）来选择，其中所有与栅栏线相接触的对象均会被选中，如图4-3（a）所示。"栏选"方法定义的直线可以自身相交，"栏选"结果如图4-3（b）所示。

（8）【圈围（WP）】选项：通过绘制一个不规则的封闭多边形，并用它作为窗口来选取对象，如图4-4（a）所示。完全包围在多边形中的对象将被选中。如果用户给定的多边形顶点不封闭，系统将自动将其封闭。多边形可以是任何形状,选取结果如图4-4（b）所示，但不能自身相交。

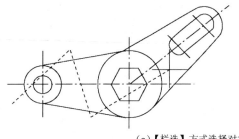
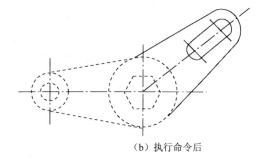

（a）【栏选】方式选择对象　　　　　　　　　（b）执行命令后

图 4-3　使用【栏选】方式选择对象

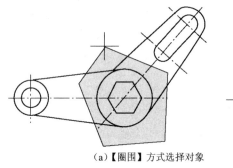
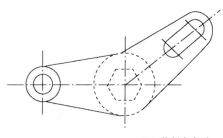

（a）【圈围】方式选择对象　　　　　　　　　（b）执行命令后

图 4-4　使用【圈围】方式选择对象

（9）【圈交（CP）】选项：与【窗交】选取法类似，可通过绘制一个不规则的封闭多边形，并用它作为交叉式窗口来选取对象，如图 4-5（a）所示。所有在多边形内或与多边形相交的对象都将会被选中，如图 4-5(b)所示。

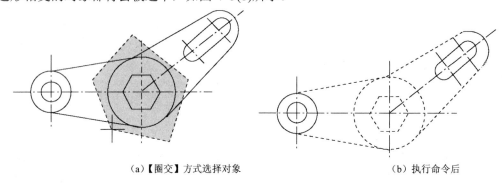

（a）【圈交】方式选择对象　　　　　　　　　（b）执行命令后

图 4-5　使用【圈交】方式选择对象

（10）【编组（G）】选项：通过使用"组名字"来选择一个已定义的对象编组。

（11）【添加（A）】选项：可以通过设置 PICKADD 系统变量把对象加入到选择集中。如果 PICKADD 被设为 1（默认），则后面所选择的对象均被加入到选择集中。如果 PICKADD 被设为 0，最近所选择的对象均被加入到选择集中。

（12）【删除（R）】选项：可以从选择集中（而不是图中）移出已选取的对象，此时只需单击要从选择集中移出的对象即可。

（13）【多个（M）】选项：可以选取多点但不醒目显示对象，从而加速对象选取。

（14）【前一个（P）】选项：将最近的选择集设置为当前选择集。

（15）【放弃(U)】选项：取消最近的对象选择操作。如果最后一次选择的对象多于一个，将从选择集中删除最后一次选择的所有对象。

（16）【自动（AU）】选项：自动选择对象。如果第一次拾取点就发现了一个对象，则单个对象就会被选取而"框"模式被中止。

（17）【单个（SI）】选项：与其他选项配合使用。如果用户提前使用"单个"模式来完成选取，则当对象被发现后，对象选取工作就会自动结束，此时不会要求按【Enter】键来确认。

4.1.2　过滤选择

命令的调用方法：命令行提示下输入 FILTER 命令，将打开【对象选择过滤器】对话框，如图 4-6 所示。

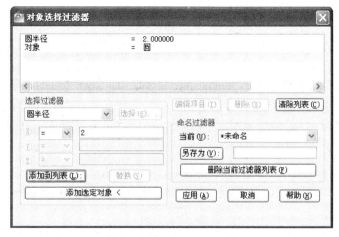

图 4-6　【对象选择过滤器】对话框

在该对话框中，用户可以以对象的类型（如直线、圆及圆弧等）、图层、颜色、线型或线宽等特性作为条件，来过滤选择符合设定条件的对象。此时，必须考虑图形中对象的这些特性是否设置为随层。

在【对象选择过滤器】对话框中各选项的功能如下：

（1）【选择过滤器】选项区域：用于设置选择过滤器，包括以下选项。

①【选择过滤器】下拉列表框：用于选择过滤器类型，如直线、圆、圆弧、图层、颜色、线型及线宽等对象特性以及关系语句。

② X、Y、Z 下拉列表框：可以设置与选择调节对应的关系运算符。关系运算符包括=、<、<=、>、>＝和*。例如，当建立"块位置"过滤器时，在对应的文本框中可以设置对象的位置坐标。

③【添加到列表】按钮：单击该按钮，可以将选择的过滤器及附加条件添加到过滤器列表中。

④【替换】按钮：单击该按钮，可用当前【选择过滤器】选项区域中的设置代替列表中选定的过滤器。

⑤【添加选定对象】按钮：单击该按钮，将切换到绘图窗口中，然后选择一个对象，

这时将会把选中的对象特性添加到过滤器列表框中。

（2）【编辑项目】按钮：单击该按钮，可编辑过滤器列表框中选中的项目。

（3）【删除】按钮：单击该按钮，可删除过滤器列表框中选中的项目。

（4）【清除列表】按钮：单击该按钮，可删除过滤器列表框中选中的所有项目。

（5）【命名过滤器】选项区域：用于选择已命名的过滤器，包括以下选项。

①【当前】下拉列表框：在该下拉列表框中列举了可用的已命名过滤器。

②【另存为】按钮：单击该按钮，并在其后的文本框中输入名称，也可以保存当前设置的过滤器集。

③【删除当前过滤器列表】按钮：单击该按钮，可从 FILTER.NFL 文件中删除当前的过滤器集。

例 4-1　选择图 4-7 中的所有半径为 2 和 4 的圆形。

（1）在命令提示下输入 FILTER 命令，并按【Enter】键，打开【对象选择过滤器】对话框。

（2）在【选择过滤器】选项区域的下拉列表框中，选择【**开始 OR】选项，并单击【添加到列表】按钮，将其添加至过滤器列表框中，它表示以下各项目为逻辑"或"关系。

（3）在【选择过滤器】选项区域的下拉列表框中，选择【圆半径】选项，并在 X 后面下拉列表框中选择"="，在对应的文本框中输入 2，表示将圆的半径设置为 2。

（4）单击【添加至列表】按钮，将设置的圆半径过滤器添加到过滤器列表框中，这时将显示"对象=圆"和"圆半径=2"的选项。

（5）使用同样方法，在【选择过滤器】选项区域的下拉列表框中选择"圆半径"并在 X 后面的下拉列表框中选择"="，在对应的文本框中输入 4，然后将其添加为过滤器列表框中。

（6）为了确保只选择半径为 2 和 4 的圆，因此需要删除过滤器"对象＝圆"，这时可在过滤器列表框中选择"对象＝圆"，然后单击【删除】按钮。

（7）在过滤器列表框中单击"圆半径＝4"下面的空白区，并在【选择过滤器】选项区域的下拉列表框中选择【**结束 OR】选项，然后单击【添加至列表】按钮，将其添加到过滤器列表框中，表示结束逻辑"或"关系。至此，对象选择过滤器已设置完毕，在过滤器列表框中显示的完整内容如下：

　　**开始 OR

　　圆半径=2

　　圆半径=4

　　**结束 OR

（8）单击【应用】按钮，并在绘图窗口中用窗口选择法框选所有图形，然后按【Enter】键，这时系统将过滤出满足条件的对象并将其选中，结果如图 4-7、图 4-8 所示。

4.1.3　快速选择

在 AutoCAD 2012 中，当用户需要选择具有某些共同特性的对象时，可使用【快速选择】对话框，在其中根据对象的图层、线型、颜色、图案填充等特性和类型，创建选择集。

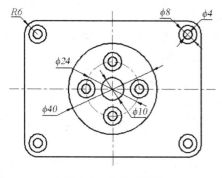

图 4-7 原始图形图

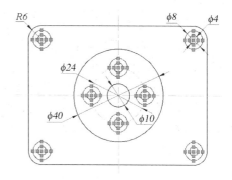

图 4-8 选择符合过滤调节的图形

执行【快速选择】命令调用的方法：

（1）功能区：【常用】选项卡中【实用工具】面板【快速选择】按钮 。

（2）功能区：【常用】选项卡中【特性】面板按钮 ，在打开的【特性】对话框中单击【快速选择】按钮 。

（3）菜单栏：【工具】｜【快速选择】命令。

（4）命令行：输入并执行 QSELECT 命令。

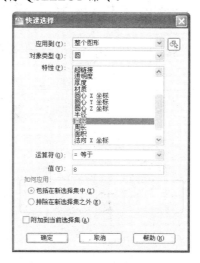

图 4-9 【快速选择】对话框

指定命令后，系统将打开【快速选择】对话框，该对话框中各个选项的功能如下：

（1）【应用到】下拉列表框：用于选择过滤条件应用的范围，可以将其应用于整个图形，也可以应用到当前选择集中。如果有当前选择集，则"当前选择"选项为默认选项；如果没有当前选择集，则"整个图形"选项为默认选项。

（2）【选择对象】按钮 ：单击该按钮，切换到绘图窗口中，用户可以根据当前所指定的过滤条件来选择对象。选择完毕后，按【Enter】键结束选择并回到【快速选择】对话框中，同时，AutoCAD 将【应用到】下拉列表框中的选项设置为"当前选择"。

（3）【对象类型】下拉列表框：用于指定要过滤的对象类型，如果当前没有选择集，在该下拉列表框中包含 AutoCAD 所有可用的对象类型；如果已有一个选择集，则包含所选对象的对象类型。

（4）【特性】列表框：用于指定作为过滤条件的对象特性。

（5）【运算符】下拉列表框：用于控制过滤的范围。运算符包括：=等于、<>不等于、>大于、<小于、全部选择等。其中">"和"<"操作符对某些对象特性是不可以使用的。

（6）【值】文本框：用于输入过滤的特性的值。

（7）【如何应用】选项区域：选择【包括在新选择集中】单选按钮，则由满足过滤条件的对象构成选择集；选择【排除在新选择集之外】单选按钮，则由不满足过滤条件的对象构成选择集。

（8）【附加到当前选择集】复选框：用于指定由 QSELECT(快速选择)命令所创建的选择集是追加到当前选择集中，还是替代当前选择集。

例 4-2 使用快速选择法，选择图 4-7 中所有直径为 8 的圆。

（1）菜单栏中选择【工具】|【快速选择】命令。

（2）在【应用到】下拉列表框中，选择【整个图形】选项。

（3）在【对象类型】下拉列表框中，选择【圆】选项。

（4）在【特性】列表框中选择【半径】选项，在【运算符】下拉列表框中选择"=等于"选项，在【值】文本框中输入数值 8，表示选择图形中的所有直径为 8 的圆。

（5）在【如何应用】选项区域中，选择【包括在新选择集中】单选按钮，按设定条件创建新的选择集。

（6）单击【确定】按钮，这时将选中图中所有符合要求的图形，如图 4-10 所示。

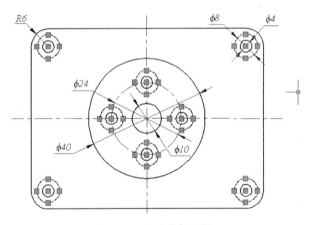

图 4-10　显示选择结果

此外，在 AutoCAD 2012 中，可以将图形对象进行编组以创建一种选择集，从而使编辑对象变得更为灵活。本书不作详细介绍。

4.2　删除、移动、旋转对象与删除重复对象

AutoCAD 2012 中，用户可以按 Delete 键删除不需要的对象，可以通过编辑命令来实现对象的移动和旋转等编辑操作；也可使用夹点对选择的对象实现这些操作；也可使用对象特性面板或者特性匹配来实现对象特性的修改；可以通过【修改】菜单来调用，也可通过【修改】和【修改 II】工具栏执行这些编辑命令，如图 4-11 所示。

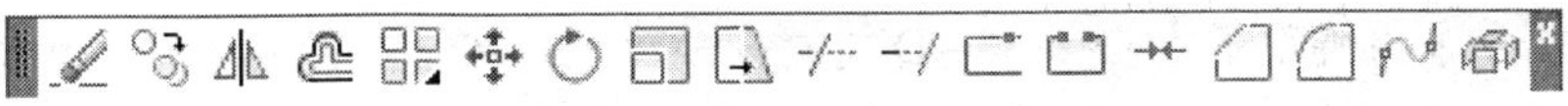

【修改】工具栏

【修改Ⅱ】工具栏

图 4-11 【修改】和【修改Ⅱ】工具栏

4.2.1 删除和恢复

在绘制图形过程中，经常会遇到操作失误或需要去除多余的对象等情况，这时就要用"恢复"命令或"删除"命令进行操作。

1. 删除对象

删除对象命令的调用方法如下：

（1）功能区：【常用】选项卡【修改】面板中【删除】按钮 🖉 。

（2）菜单栏：【修改】|【删除】命令。

（3）工具条：【修改】工具条|【删除】按钮 🖉 。

（4）命令行：输入并执行 ERASE 命令。

此外，还可以选择对象后，按键盘上的【Delete】键。

执行 ERASE 命令后，AutoCAD 提示：

选择对象：	//（选择要删除的对象）
选择对象：	//（Enter 也可继续选择对象）

按提示选择要删除的对象后，按 Enter 键，即可将这些对象删除。

2. 恢复删除对象

执行恢复删除操作，可在命令行中输入 OOPS 来恢复最后一次删除的对象。也可用【标准】工具栏中【放弃】按钮 ⟲ ，或者按下【Ctrl+Z】组合键恢复删除操作。

4.2.2 移动对象

移动对象命令的调用方法如下：

（1）功能区：【常用】选项卡|【修改】面板|【移动】按钮 ✛ 。

（2）菜单栏：【修改】|【移动】命令。

（3）工具条：【修改】工具条中【移动】按钮 ✛ 。

（4）命令行：输入并执行 MOVE 命令。

MOVE 命令可以在指定方向上按指定距离移动对象。执行 MOVE 命令后，AutoCAD 提示：

选择对象: 指定对角点: 找到 1 个
选择对象:
指定基点或 [位移(D)] <位移>:
指定第二个点或 <使用第一个点作为位移>:

如果在该提示下确定一点，AutoCAD 提示：

指定位移的第二点或<用第一点作位移>:

75

在此提示下再确定一点，AutoCAD 将对象从当前位置按由给定两点确定的位移矢量移动；如果直接按【Enter】键，AutoCAD 将第一点的各坐标分量（用点 delt-x, delt-y, delt-z 表示，其中 delt-x、delt-y、delt-z 分别是位移矢量的三个分量）作为移动位移量移动对象。

如果在"指定基点或位移："提示下直接给出位移量，那么在"指定位移的第二点或<用第一点作位移>："提示下直接按【Enter】键，AutoCAD 会按给定的位移量移动对象。

4.2.3　旋转对象

可以将对象绕基点旋转指定的角度。旋转对象命令的调用方法如下：

（1）功能区：【常用】选项卡 | 【修改】面板 | 单击【旋转】按钮 ○。

（2）菜单栏：【修改】 | 【旋转】命令。

（3）工具条：【修改】工具条中【旋转】按钮 ○。

（4）命令行：输入并执行 ROTATE 命令。

执行 ROTATE 命令后，AutoCAD 提示：

> UCS 当前的正角方向：ANGDIR=逆时针 ANGBASE＝0
>
> 选择对象：

上面提示的第一行说明当前的正角度方向为逆时针方向，零角度方向与 X 轴正方向的夹角为零度，即 X 轴正方向为零角度方向。"选择对象："提示要求用户选择要旋转的对象，在该提示下选择对象后，AutoCAD 继续提示：

> _rotate
>
> UCS 当前的正角方向：　ANGDIR=逆时针　ANGBASE=0
>
> 选择对象：
>
> 指定基点：//(确定旋转基点)
>
> 指定旋转角度，或 [复制(C)/参照(R)] <0>:

最后一行提示中各选项的意义如下：

（1）【指定旋转角度】：确定旋转角度。若直接在"指定旋转角度或[参照(R)]："提示下输入一个角度值，即执行默认项，AutoCAD 将对象绕基点转动该角度，角度为正值时逆时针旋转，为负值时顺时针旋转。

注意：用户可以用拖动的方式确定旋转角度。具体方法为：在"指定旋转角度或[参照(R)]："提示下拖动鼠标，AutoCAD 会从基点向光标处引出一条橡皮筋线。该橡皮筋线方向与零角度方向的夹角即为要转动的角度，同时所选对象会按此角度动态地转动。通过拖动鼠标使对象转到所需位置后，按空格键或 Enter 键即可实现旋转，并结束命令的执行。

（2）【参照(R)】：以参考方式旋转对象。执行该选项，AutoCAD 提示：

> 指定参照角<0>：//(输入参考方向的角度值)
>
> 指定新角度：//(输入相对于参考方向的新角度)

按提示指定参照角和新角度后，AutoCAD 将对象实际旋转的角度为新角度减去参考角度所得到的差。

4.2.4 删除重复对象

【删除重复对象】的功能是删除重复的几何图形以及重叠的直线、圆弧和多段线。此外，还能合并局部重叠或连续的对象。

删除多余的几何图形包括：删除重复的对象副本；删除在圆的某些部分上绘制的圆弧；以相同角度绘制的局部重叠的线被合并到单条线；删除与多段线线段重叠的重复的直线或圆弧段。

删除重复对象的调用方式：

（1）功能区：【常用】选项卡【修改】面板中【删除重复对象】按钮▲。

（2）菜单栏：【修改】|【删除重复对象】命令。

（3）工具条：【修改Ⅱ】工具条中【删除重复对象】按钮▲。

（4）命令行：输入并执行 OVERKILL 命令。

将显示【删除重复对象】对话框，如图 4-12 所示。对话框各选项的功能如下。

【对象比较设置】可以设置控制 OVERKILL 的公差、对象特性如颜色、线宽等。使用【选项】可以设置 OVERKILL 如何处理直线、圆弧和多段线。其中各项设置说明如下：

图 4-12 【删除重复对象】对话框

（1）【优化多段线中的线段】：选定后，将检查选定的多段线中单独的直线段和圆弧段。重复的顶点和线段将被删除。此外，OVERKILL 将各个多段线线段与完全独立的直线段和圆弧段相比较。如果多段线线段与直线或圆弧对象重复，其中一个会被删除。

（2）【忽略多段线的线段宽度】：忽略线段宽度，同时优化多段线线段。

（3）【不打断多段线】：多段线对象将保持不变。

（4）【合并局部重叠的共线对象】：重叠的对象被合并到单个对象。

（5）【合并端点对齐的对象】：当共线对象端点对齐时，合并这些对象，将具有公共端点的对象合并为单个对象。

（6）【保持关联对象】：不会删除或修改关联对象。

4.3 复制、偏移、镜像对象和阵列

在 AutoCAD 2012 中，用户可以方便地复制所绘制的对象，如直接复制、镜像复制、

偏移复制及阵列复制等。

4.3.1　复制对象

1. 通过剪切板复制图形

通过剪切板复制图形时，首先执行复制命令，再执行粘贴命令。执行剪切板复制图形的命令调用方法如下。

（1）功能区：【常用】选项卡【剪贴板】面板【复制剪裁】按钮□，选择对象后再单击【粘贴】按钮□。

（2）菜单栏：【编辑】|【复制】命令，再使用菜单栏【编辑】|【粘贴】命令。

（3）工具条：【标准】工具栏中的【复制】按钮□，选择对象后再单击【粘贴】按钮□。

（4）快捷菜单：选择要复制的对象，在绘图区域中单击鼠标右键，然后选择【剪贴板】再选择【复制】，选择对象后再选择快捷菜单【粘贴】。

（5）命令行：输入并执行 COPYCLIP 命令，选择对象后再输入并执行 PASTECLIP 命令。

2. 直接复制图形

通过剪切板复制图形时虽然方便，但是很难控制插入点与图形原先位置的一致，而直接复制图形可以很方便地控制插入点。调用方法如下。

（1）功能区：【常用】选项卡【修改】面板中【复制】按钮□。

（2）菜单栏：【修改】|【复制】命令。

（3）工具条：【修改】工具条中【复制】按钮□。

（4）快捷菜单：选择要复制的对象，在绘图区域中单击鼠标右键，选择单击【复制选择】。

（5）命令行：输入并执行 COPY 命令。

执行 COPY 命令后，AutoCAD 提示：

前设置：复制模式 = 多个

选择对象：//（使用对象选择方法并在完成选择后按【Enter】键）

指定基点或 [位移(D)/模式(O)] <位移>://（指定基点或输入选项）

指定第二个点或 [阵列(A)] <使用第一个点作为位移>://（指定第二个点或输入选项）

各选项的含义如下：

（1）【指定基点或位移】：如果在"指定基点或位移，或者[重复(M)："提示下直接确定一点的位置，则 AutoCAD 提示：

指定位移的第二点或<用第一点作位移>：

在此提示下再确定一点，AutoCAD 将所选择的对象按这两点确定的位移矢量进行复制；使用坐标指定相对距离和方向，指定的两点定义一个矢量，指示复制对象的放置离原位置有多远以及以哪个方向放置。

如果直接按【Enter】键，AutoCAD 将第一点的各坐标分量作为复制的位移量复制对象。如果在"指定第二个点"提示下按【Enter】键，则第一个点将被认为是相对"*X*,*Y*,*Z*"位移。例如，如果指定基点为"2,3"并在下一个提示下按【Enter】键，对象将被复制到距其当前位置在"*X*"方向上 2 个单位、在"*Y*"方向上 3 个单位的位置。

（2）【模式（O）】：控制命令是否自动重复（COPYMODE 系统变量）。单一：创建选定对象的单个副本，并结束命令。多个：替代"单个"模式设置。在命令执行期间，将 COPY 命令设定为自动重复。

（3）【阵列(A)】：指定在线性阵列中排列的副本数量。

4.3.2　镜像对象

执行镜像命令的调用方法：

（1）功能区：【常用】选项卡【修改】面板中【镜像】按钮 ⚖。

（2）菜单栏：【修改】|【镜像】命令。

（3）工具条：【修改】工具条中【镜像】按钮 ⚖。

（4）命令行：输入并执行 MIRROR 命令。

执行 MIRROR 命令后，AutoCAD 提示：

选择对象：//(选择欲镜像的对象)

选择对象：　　　　　　　　　// （Enter 也可以继续选择）

指定镜像线的第一点：　　　　//(确定镜像线上的一点：选择 A 点，如图 4-18（a）所示)

指定镜像线的第二点：　　　　//(确定镜像线上的另一点：选择 B 点，如图 4-18（a）所示)

是否删除源对象?[是(Y)/否(N)]<N>：//按【Enter】键结束命令

在最后一行提示下确定是否删除原对象。若直接按【Enter】键，即执行默认项，AutoCAD 镜像复制对象，并保留原来的对象；若执行"是(Y)"选项，AutoCAD 除镜像复制对象外，还要删掉原对象。

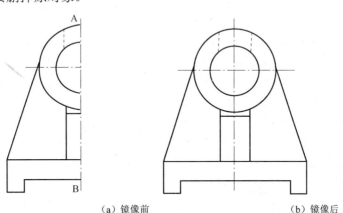

（a）镜像前　　　　　　　　　　（b）镜像后

图 4-18　使用【镜像】命令

文字镜像状态由系统变量 MIRRTEXT 控制。MIRRTEXT 值为 1 时，文字作完全镜像；MIRRTEXT 值为 0 时，文字按可读方式镜像，如图 4-19 所示。系统变量 MIRRTEXT 的默认初始值是 0。

4.3.3　偏移对象

偏移复制是指对指定的线、圆弧、圆等作同心复制。对于线而言，其圆心为无穷远，偏移是平行复制。

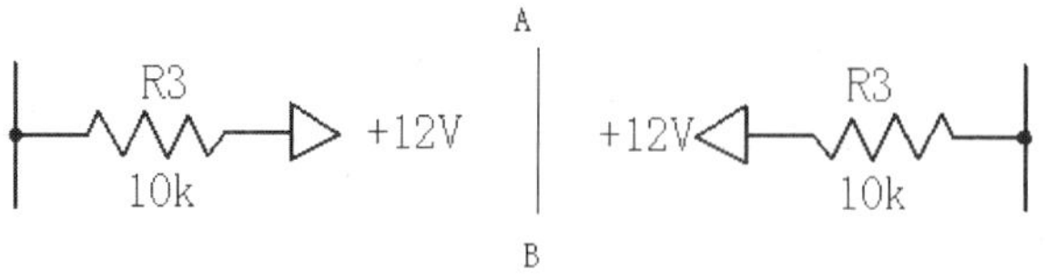

（a）MIRRTEXT = 0 时 镜像效果

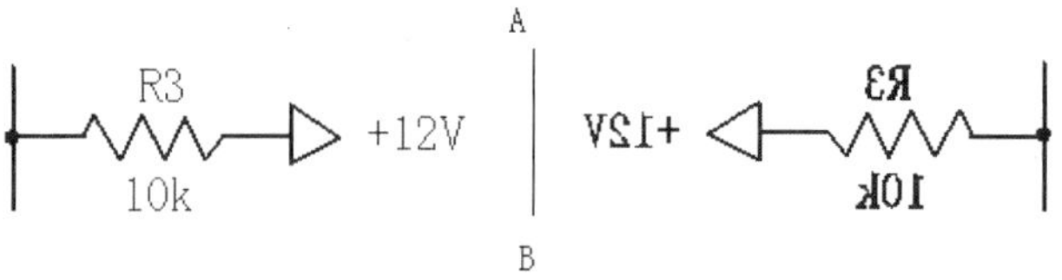

（b）MIRRTEXT = 1 时 镜像效果

图 4-19　系统变量 MIRRTEXT 控制的文字镜像效果图

执行偏移命令的调用方法：

（1）功能区：【常用】选项卡【修改】面板中【偏移】按钮。

（2）菜单栏：【修改】|【偏移】命令。

（3）工具条：【修改】工具条中【偏移】按钮。

（4）命令行：输入并执行 OFFSET 命令。

执行 OFFSET 命令后，AutoCAD 提示：

命令：_offset

当前设置：删除源=否　　图层=源　　OFFSETGAPTYPE=0

指定偏移距离或 [通过(T)/删除(E)/图层(L)] <通过>：

该提示中各选项意义如下：

（1）【定偏移距离】：根据偏移距离复制对象。输入距离值后，AutoCAD 提示：

命令：_offset

当前设置：删除源=否　　图层=源　　OFFSETGAPTYPE=0

指定偏移距离或 [通过(T)/删除(E)/图层(L)]：//（指定偏移距离）

选择要偏移的对象，或 [退出(E)/放弃(U)] <退出>：//(选择对象，也可以按【Enter】键退出命令的执行)

指定要偏移的那一侧上的点，或 [退出(E)/多个(M)/放弃(U)] <退出>：//(在要复制的一侧任意确定一点)

选择要偏移的对象，或 [退出(E)/放弃(U)] <退出>：//（/Enter 也可以继续选择对象进行复制）

（2）【过(T)】：使对象复制后通过指定的点。执行该选项后，AutoCAD 提示：

选择要偏移的对象或<退出>：//(选择对象，也可以按【Enter】键退出命令的执行)

指定通过点：//(确定对象要通过的点)

选择要偏移的对象或<退出>：//（Enter 也可以继续选择对象进行复制）

在偏移复制对象时，需注意下述几点：

（1）只能以直接拾取的方式选择对象。

（2）如果用给定偏移距离的方式复制对象，距离值必须大于零。

（3）如果给定的距离值或要通过的点的位置不合适、或指定的对象不能由【偏移】命令确认，AutoCAD 会给出相应提示。

（4）对不同的对象执行【偏移】命令后有不同的结果：

① 对圆弧作偏移复制后，新圆弧与旧圆弧有同样的包含角，但新圆弧的长度要发生改变。

② 对圆或椭圆作偏移复制后，新圆、新椭圆与旧圆、旧椭圆有同样的圆心，但新圆的半径或新椭圆的轴长要发生相应变化。

③ 对线段、构造线和射线进行偏移复制时，实际上是平行复制。

4.3.4 阵列对象

阵列命令创建按指定方式排列的多个对象副本，AutoCAD 2012 系统提供三种阵列选项：【矩形阵列】选项创建选定对象的副本的行和阵列；【环形阵列】选项通过围绕圆心选定对象来创建阵列;【路径阵列】选项通过选定预先确定好的路径再选定对象来创建阵列。

1. 矩形阵列

矩形阵列是通过指定行、列的数量及行、列间的距离，来复制对象。

执行矩形阵列命令的调用方法：

（1）功能区：【常用】选项卡【修改】面板中【矩形阵列】按钮。

（2）菜单栏：【修改】|【阵列】|【矩形阵列】命令。

（3）工具条：【修改】工具条【矩形阵列】按钮。

（4）命令行：输入并执行 ARRAYRECT 命令。

执行 ARRAYRECT 命令将显示以下提示：

选择对象://（使用对象选择方法）

指定项目数的对角点或 [基点(B)/角度(A)/计数(C)] <计数>://（输入选项或按【Enter】键）

按 Enter 键接受或 [关联(AS)/基点(B)/行数(R)/列数(C)/层级(L)/退出(X)] <退出>:

各个选项具体说明如下：

（1）【项目】：指定阵列中的项目数。使用预览网格以指定反映所需配置的点。

（2）【计数（C）】：分别指定行和列的值。

（3）【间隔项目】：指定行间距和列间距。使用预览网格以指定反映所需配置的点。

（4）【间距】：分别指定行间距和列间距。

注意：行间距为正值是向上阵列，列间距是正值是向右阵列。

（5）【基点】：指定阵列的基点。对于关联阵列，在源对象上指定有效的约束（或关键点）以用作基点。如果编辑生成的阵列的源对象，阵列的基点保持与源对象的关键点重合。

（6）【角度】：指定行轴的旋转角度，行和列轴保持相互正交。对于关联阵列，可以稍后编辑各个行和列的角度。

（7）【关联】：指定是否在阵列中创建项目作为关联阵列对象，或作为独立对象。其中：

【是:】包含单个阵列对象中的阵列项目，类似于块。这使您可以通过编辑阵列的特性和源对象，快速传递修改。【否:】创建阵列项目作为独立对象。更改一个项目不影响其他项目。

（8）【行数】：编辑阵列中的行数和行间距，以及它们之间的增量标高。

表达式：使用数学公式或方程式获取值。全部：设置第一行和最后一行之间的总距离。

（9）【列数】：编辑列数和列间距。全部：指定第一列和最后一列之间的总距离。

（10）【层级】：指定层数和层间距。

（11）【退出】：退出命令。

例4-3 将图4-20中的圆a用矩形阵列的方式，完成如图4-21所示的复制结果。

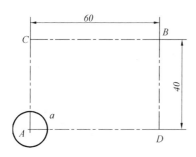

图 4-20　阵列前图形

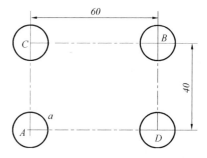

图 4-21　阵列后图形

绘图过程如下：

（1）功能区：【常用】选项卡【修改】面板中【阵列】中【矩形阵列】按钮▦，调用矩形阵列命令。系统提示：

> 命令：_arrayrect
>
> 选择对象：

（2）在绘图区选择要阵列的圆a，后按【Enter】键。系统提示：

> 类型 = 矩形　关联 = 是
>
> 为项目数指定对角点或 [基点(B)/角度(A)/计数(C)] <计数>：

（3）直接按【Enter】键或空格键，系统提示：

> 输入行数或 [表达式(E)]：
>
> 需要点或选项关键字。

（4）在命令行分别输入"2"（指定矩形阵列的行数和列数）后按【Enter】键，系统提示：

> 指定对角点以间隔项目或 [间距(S)] <间距>：

（5）在命令行输入"S"，按【Enter】键。系统提示：

> 指定行之间的距离或 [表达式(E)]：　　　//40
>
> 指定列之间的距离或 [表达式(E)]：　　　//60

（6）在命令行指定行间距为40，列间距为60。或在绘图窗口用鼠标直接指定行间距和列间距，完成阵列复制。如图4-22、图4-23所示。

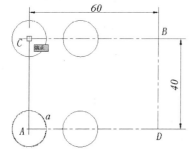

图 4-22　绘图窗口指定行间距

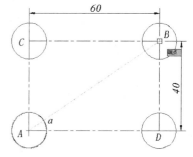

图 4-23　绘图窗口指定列间距

82

2. 环形阵列

环形阵列是围绕用户指定的圆心或一个基点在其周围以一定角度旋转复制对象。

执行环形阵列命令的调用方法：

（1）功能区：【常用】选项卡【修改】面板中【环形阵列】按钮 。

（2）菜单栏：【修改】|【阵列】|【环形阵列】命令。

（3）工具条：【修改】工具条【环形阵列】按钮 。

（4）命令行：输入并执行 ARRAYP.OLAR 命令。

执行 ARRAYPOLAR 命令后，将显示以下提示：

选择对象:使用对象选择方法

指定阵列的中心点或 [基点(B)/旋转轴(A)]:   //（指定中心点或输入选项）

输入项目数或 [项目间角度(A)/表达式(E)] <最后计数>：   //（指定项目数或输入选项）

指定要填充的角度（+ = 逆时针，－ = 顺时针）或 [表达式(E)]: //（输入填充角度或输入选项）

按【Enter】键接受或 [关联(AS)/基点(B)/项目(I)/项目间角度(A)/填充角度(F)/行(ROW)/层级(L)/旋转项目(ROT)/退出(X)] <退出>：   //（按【Enter】键或选择选项）

各主要选项说明如下：

（1）【中心点】：指定分布阵列项目所围绕的点。旋转轴是当前 UCS 的 Z 轴。

（2）【基点（B）】：指定阵列的基点。

对于关联阵列，在源对象上指定有效的约束（或关键点）以用作基点。如果编辑生成的阵列的源对象，阵列的基点保持与源对象的关键点重合。

（3）【旋转轴(A)】：指定由两个指定点定义的自定义旋转轴。

（4）【项目(I)】：指定阵列中的项目数。

（5）【表达式(E)】：使用数学公式或方程式获取值。

注意：当在表达式中定义填充角度时，结果值中的（+或－）数学符号不会影响阵列的方向。

（6）【项目间角度（A）】：指定项目之间的角度。

（7）【填充角度(F)】：指定阵列中第一个和最后一个项目之间的角度。

（8）【关联(AS)】：指定是否在阵列中创建项目作为关联阵列对象，或作为独立对象。

（9）【行数（ROW）】：编辑阵列中的行数和行间距，以及它们之间的增量标高。

（10）【层级（L）】：指定阵列中的层和层间距。

（11）【旋转项目（TOT）】：控制在排列项目时是否旋转项目。

例 4-4 将图 4-24 中的用环形阵列的命令，完成如图 4-25 所示的复制结果。

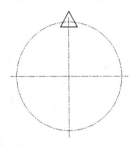

图 4-24 阵列前图形

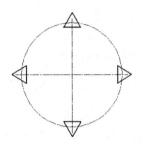

图 4-25 阵列后图形

绘图过程如下：

（1）功能区：【常用】选项卡【修改】面板【环形阵列】按钮，调用环形阵列命令。系统提示：

命令：_arraypolar

选择对象：

（2）在绘图窗口选择图 4-24 中的三角形后，按 Enter 键，系统提示：

类型 = 极轴　关联 = 是

指定阵列的中心点或 [基点(B)/旋转轴(A)]：

（3）指定圆心为阵列中心点，系统提示：

输入项目数或 [项目间角度(A)/表达式(E)]：

（4）在命令行输入"4"后，按 Enter 键，系统提示：

指定填充角度(+=逆时针、-=顺时针)或 [表达式(EX)] <360>：

按【Enter】键接受或 [关联(AS)/基点(B)/项目(I)/项目间角度(A)/填充角度(F)/行(ROW)/层(L)/旋转项目(ROT)/退出(X)]

<退出>：

（5）命令输入"ROT"，以确定项目是否旋转。系统提示：

是否旋转阵列项目？[是(Y)/否(N)] <是>：

（6）按 Enter 键完成阵列复制。如图 4-25 所示。

3．路径阵列

路径阵列是通过选定预先确定好的路径部分路径均匀分布对象副本。路径可以是直线、多段线、三维多段线、样条曲线、螺旋、圆弧、圆或椭圆。

执行路径阵列命令的调用方法：

（1）功能区：【常用】选项卡【修改】面板【路径阵列】按钮。

（2）菜单栏：【修改】｜【阵列】｜【路径阵列】命令。

（3）工具条：【修改】工具条【路径阵列】按钮。

（4）命令行：输入并执行 PATH 命令。

执行 ARRAYPATH 命令后，系统将依次提示：

命令：_arraypath

选择对象：　　　　　　　　　　　　　　　　　//（选择要阵列的对象）

类型 = 路径　关联 = 是

选择路径曲线：　　　　　　　　　　　　　　//（选择路径对象）

输入沿路径的项数或 [方向(O)/表达式(E)] <方向>://（输入阵列项目数或输入选项）

指定沿路径的项目之间的距离或 [定数等分(D)/总距离(T)/表达式(E)] <沿路径平均定数等分(D)>://（指定距离或输入选项）

按【Enter】键接受或 [关联(AS)/基点(B)/项目(I)/行(R)/层(L)/对齐项目(A)/Z 方向(Z)/退出(X)]

<退出>：　　　　　　　　　　　　　　　　//（按【Enter】键输入选项）

各主要选项说明如下：

（1）【路径曲线】：指定用于阵列路径的对象。可以选择直线、多段线、三维多段线、样条曲线、螺旋、圆弧、圆或椭圆。

（2）【项目数】：指定阵列中的项目数。

（3）【方向】：控制选定对象是否将相对于路径的起始方向重新选定方向（旋转），然后再移动到路径的起点。

（4）【基点（B）】：指定阵列的基点。

对于关联阵列，在源对象上指定有效的约束点（或关键点）以用作基点。如果编辑生成的阵列的源对象，阵列的基点保持与源对象的关键点重合。

（5）【项目之间的距离】：指定项目之间的距离。

（6）【定数等分(D)】：沿整个路径长度平均定数等分项目。

（7）【总距离（T）】：指定第一个和最后一个项目之间的总距离。

（8）【关联(AS)】：指定是否在阵列中创建项目作为关联阵列对象，或作为独立对象。

（9）【项目(I)】：编辑阵列中的项目数。如果"方法"特性设置为"测量"，则会提示用户重新定义分布方法（【项目之间的距离】、【定数等分】和【全部】选项）。

（10）【行数(R)】：指定阵列中的行数和行间距，以及它们之间的增量标高。

（11）【层级(L)】：指定阵列中的层数和层间距。

（12）【对齐项目(A)】：指定是否对齐每个项目以与路径的方向相切。对齐相对于第一个项目的方向（【方向】选项）。

（13）【Z 方向(Z)】：控制是否保持项目的原始 Z 方向或沿三维路径自然倾斜项目。

例 4-5 将图 4-26 中的用路径阵列的命令，完成如图 4-27 所示的复制结果。

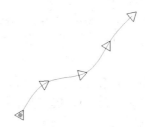

图 4-26　阵列前图形　　　　　图 4-27　　阵列后图形

绘图过程如下：

（1）功能区：【常用】选项卡【修改】面板中【路径阵列】按钮，调用路径阵列命令。系统提示：

命令：_ arraypath

选择对象：

（2）在绘图窗口选择图 4-26 中的三角形后，按【Enter】键，系统提示：

类型 = 路径　关联 = 是：

选择路径曲线：

（3）选择样条曲线，系统提示：

输入沿路径的项数或 [方向(O)/表达式(E)] <方向>：

（4）在命令行输入"5"后，按【Enter】键，系统提示：

指定沿路径的项目之间的距离或 [定数等分(D)/总距离(T)/表达式(E)] <沿路径平均定数等分(D)>：

按【Enter】键接受或 [关联(AS)/基点(B)/项目(I)/行(R)/层(L)/对齐项目(A)/Z 方向(Z)/退出(X)]

（5）按【Enter】键完成路径阵列复制。如图 4-27 所示。

注意：如在命令行直接输入 **ARRAY**，在选择对象后系统会提示：

输入阵列类型 [矩形(R)/路径(PA)/极轴(PO)] <路径>:

输入选项，选择阵列类型。也可实现三种阵列复制。

4．编辑阵列

编辑关联阵列对象及其源对象，通过编辑阵列属性、编辑源对象或使用其他对象替换项，修改关联阵列。

执行路径阵列命令的调用方法：

（1）功能区：【常用】选项卡【修改】面板中【编辑阵列】按钮 。

（2）菜单栏：【修改】|【对象】|【阵列】命令。

（3）工具条：【修改Ⅱ】工具条【路径阵列】按钮 。

（4）命令行：输入并执行 ARRAYEDIT 命令。

阵列类型决定接下来的提示。

对于矩形阵列：

输入选项 [源(S)/替换(REP)/基点(B)/行数(R)/列(C)/层级(L)/重置(RES)/退出(X)] <退出>:

对于环形阵列：

输入选项 [源(S)/替换(REP)/基点(B)/项目(I)/项目间角度(A)/填充角度(F)/行(R)/层(L)/旋转项目(ROT)/重置(RES)/退出(X)] <退出>:

对于路径阵列：

输入选项 [源(S)/替换(REP)/方法(M)/基点(B)/项目(I)/行(R)/层(L)/对齐项目(A)/Z 方向(Z)/重置(RES)/退出(X)] <退出>:

各选项说明如下：

（1）【源（S）】：激活编辑状态，在该状态下可以编辑选定项目的源对象（或替换源对象）。所有的修改（包括创建新的对象）将立即应用于参照相同源对象的所有项目。

在编辑状态处于活动状态时，"编辑阵列"上下文选项卡将显示在功能区上，而且自动保存处于禁用状态。在命令行输入"ARRAYCLOSE"保存或放弃修改，以退出编辑状态。

在源对象进行修改之后，这些更改将动态反映在阵列块上。

（2）【替换(REP)】：替换选定项目或引用原始源对象的所有项目的源对象。

用户可依提示，完成相应的操作。

4.4　修改对象的形状和大小

在 AutoCAD 2012 中，可以使用【修剪】、【延伸】命令缩短和拉长对象，使其与其他对象的边相接。也可以使用【缩放】、【拉伸】、【拉长】命令，在一个方向上调整对象的大小，按比例增大和缩小对象。

4.4.1　修剪对象

修剪图形是指用剪切对象（被剪边），即将修剪对象沿事先确定的修剪边界（剪切边）

断开，并删除位于剪切边一侧的部分。另外，执行修剪操作时，如果修剪对象没有与剪切边交叉，还可以延伸修剪对象，使其与剪切边相交。

执行修剪命令的调用方法：

（1）功能区：【常用】选项卡【修改】面板【修剪】按钮-/---。

（2）菜单栏：【修改】｜【修剪】命令。

（3）工具条：【修改】工具条【修剪】按钮-/---。

（4）命令行：输入并执行 TRIM 命令。

可以修剪对象。执行 TRIM 命令后，AutoCAD 提示：

当前设置:投影=UCS，边=无

选择剪切边...

选择对象或 <全部选择>:

上面提示的第一行说明当前的修剪模式。此时的"选择对象:"提示要求用户选择作为剪切边的对象，选择后按【Enter】键（请注意，此时是在选择作为剪切边的对象，所以选择各对象后要按【Enter】键，如果直接按【Enter】键，是选择所有对象互为剪切边），AutoCAD 提示：

选择要修剪的对象，或按住【Shift】键选择要延伸的对象，或[栏选(F)/窗交(C)/投影(P)/边(E)/删除(R)/放弃(U)]:

该提示中各选项的意义如下：

（1）【选择要修剪的对象，或按住【Shift】键选择要延伸的对象】：选择对象进行修剪或延伸它到剪切边，为默认项。用户在该提示下选择被修剪对象，AutoCAD 以剪切边为界，将被剪切对象上位于拾取点一侧的多余部分剪掉。如果修剪对象没有与剪切边交叉，在该提示下按 Shift 键，然后选择修剪对象，AutoCAD 则会将它延伸到修剪边。

（2）【投影（P）】：确定执行修剪操作的空间。执行该选项后，AutoCAD 提示：

输入投影选项 [无(N)/UCS(U)/视图(V)] <UCS>:

①【无（N）】：按实际三维空间的相互关系修剪，即只有在三维空间实际交叉的对象才能进行修剪。而不是按在平面上的投影关系修剪。

②【UCS（U）】：在当前 UCS（用户坐标系）的 *XY* 面上修剪。选择该选项后，可在当前 *XY* 平面上按投影关系修剪在三维空间中没有相交的对象。

③【视图（V）】：在当前视图平面上按相交关系修剪。

注意：上面各设置对按下【Shift】键使修剪对象延伸时也有效。

（3）【边（E）】：确定修剪边的隐含延伸模式。执行该选项后，AutoCAD 提示：

输入隐含边延伸模式[延伸(E)/不延伸(N)]<不延伸>:

①【延伸（E）】：按延伸方式实现修剪。即如果修剪边太短、没有与被剪边相交，那么 AutoCAD 会假想地将修剪边延长，然后再进行修剪。

②【不延伸（N）】：只按边的实际相交情况修剪，如果修剪边太短，没有与被剪边相交，则不进行修剪。

（4）【放弃（U）】：取消上一次的操作。

注意：AutoCAD 2012 允许用线段、圆弧、圆、椭圆、椭圆弧、多段线、样条曲线、构造线、射线以及文字等对象作为剪切边。另外，剪切边也可以同时作为被剪边。

4.4.2　延伸对象

执行延伸命令的调用方法：

（1）功能区：【常用】选项卡【修改】面板中【延伸】按钮。

（2）菜单栏：【修改】 | 【延伸】命令；

（3）工具条：【修改】工具条【延伸】按钮。

（4）命令行：输入并执行 EXTEND 命令。

可以延长指定的对象到指定的边界(又称为边界边)。执行延伸操作时，如果对象与边界边交叉，还可以对其进行修剪。

执行 EXTEND 命令后，AutoCAD 提示：

前设置:投影=UCS，边=无

选择边界的边...

选择对象或 <全部选择>:

上面提示的第一行表示当前延伸操作的设置。"选择对象:"提示要求用户选择作为边界边的对象，选择后按【Enter】键，AutoCAD 提示：

选择要延伸的对象，或按住【Shift】键选择要修剪的对象，或 [栏选(F)/窗交(C)/投影(P)/边(E)/放弃(U)]:

该提示中各选项意义如下：

（1）【选择要延伸的对象，或按住【Shift】键选择要修剪的对象】：选择对象进行延伸或修剪，为默认项。用户在该提示下选择要延伸的对象，AutoCAD 会把该对象延长到指定的边界边。如果延伸对象与边界边交叉，在该提示下按下【Shift】键，然后选择对象，AutoCAD 会修剪该对象。

（2）【投影（P）】：确定执行延伸操作的空间。执行该选项，AutoCAD 提示：

输入投影选项[无(N)/UCS(U)/视图(V)]<UCS>:

①【无（N）】：按实际三维关系(不是投影关系)延伸，即只有在三维空间中能够实际相交的对象才能延伸。

②【UCS（U）】：在当前 UCS 的 XY 平面上延伸，此时可在 XY 平面上按投影关系延伸在三维空间中并不相交的对象。

③【视图（V）】：在当前视图平面上延伸对象。

注意：上述各设置对按下【Shift】键进行修剪时同样有效。

（3）【边（E）】：确定延伸的模式。执行该选项后，AutoCAD 提示：

输入隐含边延伸模式[延伸(E)/不延伸(N)]<不延伸>:

①　【延伸（E）】：如果边界边太短、延伸边延伸后不能与其相交，AutoCAD 会假想将边界边延长，使延伸边伸长到与其相交的位置。

②　【不延伸（N）】:按边的实际位置进行延伸。

注意：上述各设置对按下【Shift】键进行修剪时同样有效。

（4）【放弃（U）】：取消上一次的操作。

注意：AutoCAD 2012 允许用线、圆弧、圆、椭圆、椭圆弧、多段线、样条曲线、构造线、射线以及文字等对象作为边界边。

4.4.3　缩放对象

执行缩放命令的调用方法：

（1）功能区：【常用】选项卡【修改】面板【缩放】按钮▢。

（2）菜单栏：【修改】｜【缩放】命令。

（3）工具条：【修改】工具条【缩放】按钮▢。

（4）命令行：输入并执行 SCALE 命令。

可以将对象按指定的比例因子相对于基点放大或缩小。执行 SCALE 命令后，AutoCAD 提示：

> 选择对象：//(选择要缩放的对象)
>
> 选择对象：//Enter(也可以继续选择对象)
>
> 指定基点：//(确定基点)
>
> 指定比例因子或[参照(R)]:

最后一行提示中各选项的意义如下：

（1）【指定比例因子】：确定缩放的比例因子，为默认项。输入比例因子后，AutoCAD 将根据该比例因子并相对于基点缩放对象。当 0<比例因子<1 时，缩小对象；当比例因子>1 时，放大对象。

（2）【参照（R）】：将对象按参考的方式缩放。执行该选项后，AutoCAD 提示：

> 指定参照长度<1>:　　　　　　　　　　　　　　　//(输入参考长度的值) Enter
>
> 指定新长度：　　　　　　　　　　　　　　　//(输入新的长度值)　　Enter

按提示指定参照长度和新长度的值后，AutoCAD 根据这两个值自动计算比例因子（比例因子＝新长度值/参考长度值），然后对对象进行相应的缩放。

4.4.4　拉伸对象

执行拉伸命令的调用方法：

（1）功能区：【常用】选项卡【修改】面板【拉伸】按钮▢。

（2）菜单栏：【修改】｜【拉伸】命令。

（3）工具条：【修改】工具条【拉伸】按钮▢。

（4）命令行：输入并执行 STRETCH 命令。

STRETCH 命令可以移动或拉伸对象，与 MOVE 命令类似，它可以移动部分图形。但用 STRETCH 命令移动图形时，所移动图形与其他图形的连接元素有可能受到拉伸或压缩。

执行 STRETCH 命令后，AutoCAD 提示：

> _stretch
>
> 以交叉窗口或交叉多边形选择要拉伸的对象…选择对象：

上面提示表示只能以交叉窗口方式或交叉多边形方式（即不规则交叉窗口方式）选择对象。在"选择对象："提示下用某一种方式选择对象后，AutoCAD 提示：

> 指定基点或位移：//(确定位移基点或位移量)
>
> 指定位移的第二个点或<用第一个点作位移>：//(确定位移的第二点或直接按【Enter】键)

按提示执行操作后，AutoCAD 将位于选择窗口之内的对象移动，将与窗口边界相交的对象按规则拉伸（或压缩）或移动。

在"选择对象："提示下选择对象时，对于由直线、圆弧、三维填充命令和多段线等命令绘制的直线或圆弧来说，若其整个对象均在选择窗口内，执行的结果是对它们进行移动。若其一端在选择窗口内，另一端在选择窗口外，即对象与选择窗口的边界相交，则遵循以下拉伸规则。

（1）直线：位于窗口外的端点不动、而位于窗口内的端点移动，直线由此而改变。

（2）圆弧：与直线类似，但在圆弧改变的过程中，圆弧的弦高保持不变，同时由此来调整圆心的位置和圆弧起始角、终止角的值。

（3）区域填充：位于窗口外的端点不动，位于窗口内的端点移动，由此来改变图形。

（4）多段线：与直线或圆弧相似，但多段线两端的宽度、切线方向以及曲线拟合信息均不改变。

（5）其他对象：如果其定义点位于选择窗口内，则对象发生移动，否则不发生移动。其中，圆对象的定义点为圆心，形和块对象的定义点为插入点，文字和属性定义的定义点为字符串基线的左端点。

4.4.5　拉长对象

执行拉伸命令的调用方法：

（1）功能区：【常用】选项卡【修改】面板【拉长】按钮 。

（2）菜单栏：【修改】|【拉长】命令。

（3）命令行：输入并执行 LENGTHEN 命令。

【拉长】命令可以改变线段或圆弧的长度，执行 LENGTHEN 命令后，AutoCAD 提示：

```
_lengthen
选择对象或[增量(DE)/百分数(P)/全部(T)/动态(DY)]:
```

该提示中各选项意义如下：

（1）【选择对象】：选择线段或圆弧，为默认项。用户选择后，AutoCAD 会显示出所选对象的当前长度和包含角（对于圆弧而言），并继续出现"选择对象或[增量(DE)/百分数(P)/全部(T)/动态(DY)]:"提示。

（2）【增量(DE)】：通过设定长度或角度增量来改变对象的长度。执行该选项，AutoCAD 提示：

```
输入长度增量或[角度(A)]:
```

① 输入长度增量。要求输入要改变的长度增量，为默认项。执行该选项，即输入长度改变增量后，AutoCAD 提示：

```
选择要修改的对象或[放弃(U)]:
```

在该提示下选择线段或圆弧被选择对象按给定的长度增量在离拾取点近的一端变长或变短，且长度增量为正值时变长，为负值时变短。

② 角度(A)。根据圆弧的包含角增量改变弧长。执行该选项，AutoCAD 提示：

```
输入角度增量:
```

输入圆弧的角度增量后，AutoCAD 提示：

> 选择要修改的对象或[放弃(U)]:

在该提示下选择圆弧，该圆弧会按指定的角度增量在离拾取点近的一端变长或变短，且角度增量为正值时圆弧变长；为负值时圆弧变短。

（3）【百分数(P)】：输入新长度是原长百分之多少的百分数，使直线或圆弧按此百分数改变长度。执行该选项后，AutoCAD 提示：

> 输入长度百分数<100.0000>:　　　　　　　　　　　　//(输入百分数值)　　　　Enter
> 选择要修改的对象或[放弃(U)]:　　　　　　　　　//选择对象或输入"U"取消上次操作)

按提示执行操作后，所选对象在离拾取点近的一端按指定的百分数值变长或变短。

（4）【全部(T)】：通过输入直线或圆弧的新长度或圆弧的新包含角改变直线或圆弧的长度。执行该选项后，AutoCAD 2012 提示：

> 指定总长度或[角度(A)]<1.0000>:

① 指定总长度。指定直线或圆弧的新长度为默认项。执行该选项，即输入新长度值后，AutoCAD 提示：

> 选择要修改的对象或[放弃(U)]:

在该提示下选择线段或圆弧，AutoCAD 将所选对象在离拾取点近的一端按新长度变长或变短。

② 角度(A)。确定圆弧的新包含角度（该选项只适用于圆弧）。执行该选项后，AutoCAD 提示：

> 指定总角度:　　　　　　　　　　　　　　　　　　　　　　　　　　　//(输入角度)
> 选择要修改的对象或[放弃(U)]:

在该提示下选择圆弧后，该圆弧在离拾取点近的一端按新包含角变长或变短。

（5）【动态(D)】：动态地改变圆弧或直线的长度。执行该选项后，AutoCAD 提示：

> 选择要修改的对象或[放弃(U)]:

在该提示下选择对象后，AutoCAD 提示：

> 指定新端点:

在该提示下确定圆弧或线段的新端点位置，圆弧或线段长度发生相应变化。

4.5 倒角和圆角

在 AutoCAD 2012 中，可以使用【倒角】、【圆角】命令修改对象使其以平角或圆角相接，也可以使用【打断】或【合并】命令在对象上添加或取消间距。

4.5.1 倒角对象

执行倒角命令的调用方法：

（1）功能区：【常用】选项卡【修改】面板中【倒角】按钮◿。

（2）菜单栏：【修改】|【倒角】命令。

（3）工具条：【修改】工具条【倒角】按钮◿。

（4）命令行：输入并执行 CHAMFER 命令。

可以给对象加倒角。执行 CHAMFER 命令后，AutoCAD 提示：

_chamfer

("修剪"模式) 当前倒角距离 1 = 0.0000，距离 2 = 0.0000

选择第一条直线或 [放弃(U)/多段线(P)/距离(D)/角度(A)/修剪(T)/方式(E)/多个(M)]:

上面提示的第一行说明当前倒角时的修剪设置。第二行中各选项意义如下：

（1）【选择第一条直线】：要求选择进行倒角的第一条线段，为默认项。选择某一线段后，AutoCAD 提示：

选择第二条直线：

在该提示下选择相邻的另一条线段，AutoCAD 按当前的倒角设置对这两条线倒角。

（2）【多段线(P)】：对整条多段线倒角。执行该项后，AutoCAD 提示：

选择二维多段线：

在该提示下选择多段线后，AutoCAD 在此多段线的各顶点处倒角。

（3）【距离(D)】：确定倒角距离。执行该选项，AutoCAD 依次提示：

指定第一个倒角距离：   //(确定第一个倒角距离)

指定第二个倒角距离：   //(确定第二个倒角距离)

依次确定倒角距离后，AutoCAD 2010 继续提示。

选择第一条直线或 [放弃(U)/多段线(P)/距离(D)/角度(A)/修剪(T)/方式(E)/多个(M)]:

选择第二条直线，或按住【Shift】键选择直线以应用角点或 [距离(D)/角度(A)/方法(M)]:

用户可以进行相应的操作。另外，执行倒角操作时，AutoCAD 对拾取的第一、第二条直线分别按第一、第二倒角距离倒角；如果将两个距离都设置为零，AutoCAD 将延长或修剪相应的两条线，使二者相交于一点。

（4）【角度(A)】：根据第一条直线的倒角长度和倒角角度进行倒角。执行该选项，AutoCAD 依次提示：

指定第一条直线的倒角长度：   //(指定第一条直线的倒角长度)

指定第一条直线的倒角角度：   //(指定第一条直线的倒角角度)

倒角长度与倒角角度的解释如图 4-28 所示。

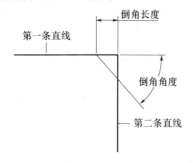

图 4-28　倒角长度与倒角角度示意图第二条直线

用户依次输入倒角长度与倒角角度后，AutoCAD 继续给出"选择第一条直线或[多段线(P)/距离(D)/角度(A)/修剪(T)/方式(M)/多个(U)]: "的提示。

（5）【修剪(T)】：用于确定倒角后是否对相应的倒角边进行修剪。执行该选项后，AutoCAD 提示：

输入修剪模式选项[修剪(T)/不修剪(N)]<修剪>:

其中，【修剪(T)】选项表示倒角后对倒角边进行修剪；【不修剪(N)】选项表示倒角后不对倒角边进行修剪，具体效果如图 4-29 所示。

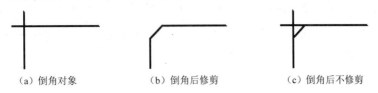

（a）倒角对象　　　　　　　（b）倒角后修剪　　　　　　　（c）倒角后不修剪

图 4-29　倒角示例图

（6）【方式(E)】：指定【倒角】命令是使用两个距离还是一个距离和一个角度的方式来创建倒角。执行该选项后，AutoCAD 提示：

输入修剪方法[距离(D)/角度(A)]<距离>：倒角对象

其中，【距离(D)】选项表示按两条边的倒角距离设置进行倒角；【角度(A)】选项表示按边的倒角距离和倒角角度设置进行倒角。

（7）【多个(M)】：用于对多个对象进行倒角。执行该选项后，用户可在依次出现的主提示和"选择第二条直线："提示下连续选择直线，直到按 Enter 键为止。

对对象倒角时，应注意以下几点。

（1）倒角时，若设置的倒角距离太大或倒角角度无效时，AutoCAD 会分别给出提示。

（2）如果因两条直线平行、发散等原因不能倒角，AutoCAD 也会给出提示。

（3）对相交边倒角，且倒角后修剪倒角边时，AutoCAD 总是保留所选取的那部分对象。

（4）当两个倒角距离均为零时，CHAMFER 命令延伸两条直线使之相交，不产生倒角。

4.5.2　圆角对象

圆角命令的调用方法如下：

（1）功能区：【常用】选项卡【修改】面板中【圆角】按钮◻。

（2）菜单栏：【修改】｜【圆角】命令。

（3）工具条：【修改】工具条【圆角】按钮◻。

（4）命令行：输入并执行 FILLET 命令。

可以给对象圆角。执行 FILLET 命令后，AutoCAD 提示：

当前设置：模式＝修剪，半径=0

选择第一个对象或 [放弃(U)/多段线(P)/半径(R)/修剪(T)/多个(M)]：

上面提示的第一行说明给对象圆角的当前设置，第二行提示中各选项意义如下：

（1）【选择第一个对象】：要求选择圆角的第一个对象，为默认项。选择对象后，AutoCAD 提示：

选择第二个对象：

在此提示下选择另一个对象，AutoCAD 按当前的圆角设置对它们圆角。

（2）【多段线(P)】：对二维多段线圆角，执行该选项后，AutoCAD 提示：

选择二维多段线：

在此提示下选择二维多段线后，AutoCAD 按当前的圆角设置在多段线各顶点处圆角。

（3）【半径(R)】：确定圆角的圆角半径，执行该选项后，AutoCAD 提示：

指定圆角半径<10.0000>：

即要求输入圆角的圆角半径值。输入后 AutoCAD 继续给出"选择第一个对象或[多段线(P)/半径(R)/修剪(T)多个(U)]：提示。

（4）【修剪(T)】：确定圆角操作的修剪模式。执行该选项后，AutoCAD 提示：

输入修剪模式选项[修剪(T)/不修剪(N)]<修剪>：

"修剪(T)"选项表示在圆角的同时对相应的两个对象作修剪，"不修剪(N)"选项则表示在圆角的同时不对相应的两个对象作修剪，如图 4-30 所示。

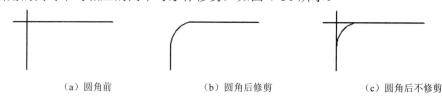

（a）圆角前 （b）圆角后修剪 （c）圆角后不修剪

图 4-30　圆角示例图

（5）【多个(M)】：用于对多个对象圆角。执行该选项后，用户可在依次出现的提示和"选择第二个对象："提示下连续选择对象，直到按 Enter 键为止。

对象圆角时，应注意以下几点：

（1）圆角对象不同，圆角后的效果也不同。

（2）若圆角半径设置太大，倒不出圆角，执行圆角操作后，AutoCAD 会给出提示。

（3）令对相交对象圆角时，如果修剪，倒出圆角后，AutoCAD 总是保留所选取的那部分对象。

（4）AutoCAD 允许，对两条平行线圆角，圆角的结果是 AutoCAD 自动将圆角半径设为两条平行线距离的一半，如图 4-31 所示。

（5）当圆角半径为零时，AutoCAD 将延伸两条直线使之相交，不产生圆角。

（a）　圆角前 （b）圆角后

图 4-31　平行线倒圆角后的结果

4.6　打断、合并和分解

4.6.1　打断对象

执行打断命令的调用方法：

（1）功能区：【常用】选项卡【修改】面板中【打断】按钮。

（2）菜单栏：【修改】｜【打断】命令。

（3）工具条：【修改】工具条【打断】按钮。

（4）命令行：输入并执行 BREAK 命令。

可以删除对象上的某一部分或把对象分成两部分。执行 BREAK 命令后 AutoCAD 提示：

> 选择对象：//(选择对象。注意：此时只能用直接拾取方式选择一次对象)
> 指定第二个打断点或[第一点(F)]:

最后一行提示中各选项意义如下：

（1）【指定第二个打断点】：以选择对象时的拾取点作为第一断点，然后确定第二断点。此时，用户可进行以选择：

① 若直接选取对象上的另一点，AutoCAD 将对象上所选取的两个点之间的那部分对象删除。

② 若输入@，AutoCAD 将对象在选择对象时的拾取点处一分为二。

③ 若在对象的一端之外选取一点，AutoCAD 将位于两个拾取点之间的那段对象删除。

（2）【第一点（F）】：重新确定第一断点。执行该选项后，AutoCAD 提示：

> 指定第一个打断点：

重新确定第一个打断点后，AutoCAD 提示：

> 指定第二个打断点：

此时，用户可按照前面介绍的三种方法指定第二个打断点。

注意：①对圆执行打断命令后，AutoCAD 沿逆时针方向将圆上从第一断点到第二断点之间的那段圆弧删除掉。

②在【修改】工具栏中单击【打断于点】按钮 ，可以将对象在一点处断开成两个对象。

4.6.2　合并对象

合并线性和弯曲对象的端点，以便创建单个对象。如果需要连接某一连续图形上的两个部分，或者将某段圆弧闭合为整圆，可以使用【合并】命令，

执行合并命令的调用方法：

（1）功能区：【常用】选项卡【修改】面板中【合并】按钮 。

（2）菜单栏：【修改】｜【合并】命令。

（3）工具条：【修改】工具条【合并】按钮 。

（4）命令行：输入并执行 JOIN 命令。

执行 JOIN 命令后，AutoCAD 命令行依次提示：

> JOIN 选择源对象或要一次合并的多个对象：　　　 //(选择需要合并的源对象后，按【Enter】键)

按提示选择要合并的对象后，按【Enter】键，即可将这些对象合并。如果选择了圆弧作为源对象，按【Enter】键，系统提示：

> 选择圆弧，以合并到源或进行[闭合(L)]: //(可以继续选择需要合并的另一部分对象；也可输入 L，
> 将圆弧闭合)，

【闭合(L)】选项表示可以将选择的任意一段圆弧闭合为一个整圆。只有圆弧可以合并到源圆弧。所有的圆弧对象必须具有相同半径和中心点，但是它们之间可以有间隙。

从源圆弧按逆时针方向合并圆弧。

如图 4-32 所示，先选择图中左边圆弧 1，再选择圆弧 2，图中右边合并后的效果。

如果选择图 4-32 中右边圆弧，执行【闭合(L)】后，效果如图 4-33 所示。

图 4-32　合并圆弧　　　　　　　　　图 4-33　将圆弧闭合为整圆

4.6.3　分解对象

对于矩形、块等对象，它们是由多个对象组成的组合对象，如果用户需要对单个成员进行编辑，就需要先将它分解开。

执行分解命令的调用方法：

（1）功能区：【常用】选项卡【修改】面板中【分解】按钮。

（2）菜单栏：【修改】|【分解】命令。

（3）工具条：【修改】工具条【分解】按钮。

（4）命令行：输入并执行 EXPLODE 命令。

执行 EXPLODE 命令后，AutoCAD 提示：

选择对象：　　　　　　　　　　　　　　　//选择要分解的对象

在该提示下选择要分解的矩形、多边形、图案填充或块等对象后，按【Enter】键即可将对象分解。

4.7　编辑对象特性

对象特性一般情况下包括对象的一般特性和几何特性两个方面。如对象的图层、颜色、线型、线宽等属于一般特性；对象的尺寸和位置属于对象的几何特性。

用户可在【特性】工具栏中修改对象的特性，也可使用【特性】选项板来修改对象特性。还可使用【特性匹配功能】来修改对象特性。

AutoCAD 2012 中，用户可以通过调出【特性】工具栏修改对象的一般特性，也可以使用功能区【常用】选项卡下的【特性】面板来修改对象的一般特性。如图 4-34 所示为【特性】工具栏；图 4-35 所示为【特性】面板。

图 4-34　【特性】工具栏　　　　　　　　图 4-35　【特性】面板

96

当用户只选一个对象时，工具栏上的控制项将显示这个对象的相应特性。当用户选择多个对象时，工具栏上的控制项将显示所选择的对象都具有的相同特性。如果这些对象所具有的特性不同，相应的控制项显示为空白。如果没有选择对象，控制项显示当前层的特性，包括图层的颜色、线型、线宽等。若要改变某个对象特性时，先选择该对象，然后在相应的控制项中选择所需的特性即可。

4.7.1　利用【特性】选项板

【特性】选项板可以对选择的对象的特性进行观察和修改。既可以修改对象的一般特性，也可修改对象的几何特性。如图 4-36 所示为【特性】选项板面板。调出【特性】选项板的方式：

（1）功能区：【常用】选项卡【特性】面板中【特性】按钮。

（2）菜单栏：【工具】|【选项板】|【特性】命令。

（3）快捷菜单：选择要修改的对象，在绘图区域中单击鼠标右键，选择【特性】命令。

（4）命令行：输入并执行 PROPERTIES 命令。

用户选择的对象不同，【特性】选项面板显示的内容也不同。选择多个对象时，仅显示所有选定对象的公共特性。未选定任何对象时，仅显示常规特性的当前设置。可以指定新值以修改任何可以更改的特性。

图 4-36　【特性】面板

4.7.2　利用特性匹配

【特性匹配】在对象之间复制特性，即将一个对象的特性复制到另一个对象中，使两个对象具有相同的特性。

使用【特性匹配】，可以将一个对象的某些特性或所有特性复制到其他对象。可以复制的特性类型包括（但不仅限于）：颜色、图层、线型、线型比例、线宽、打印样式、透明度、视口特性替代和三维厚度。

默认情况下，所有可用特性均可自动从选定的第一个对象复制到其他对象。如果不希望复制特定特性，请使用"设置"选项禁止复制该特性。可以在执行命令过程中随时选择"设置"选项。

使用【特性匹配】将特性从一个对象复制到其他对象的步骤：

（1）功能区：【常用】选项卡【剪贴板】面板【特性匹配】按钮圆。

（2）选择要复制其特性的对象（源对象）。

（3）如果要控制传输的特性，请输入 S（设置）。在【特性匹配】对话框中，清除不希望复制的项目（默认情况下所有项目均处于打开状态），单击【确定】键。

（4）选择要应用选定特性的对象（目标对象），然后单击【确定】键。

将选定对象的特性应用于其他对象。

4.8　使用夹点编辑图形

在 AutoCAD 2012 中，夹点是控制对象的位置和大小的关键点。它提供了一种方便快捷的编辑操作途径。在选取图形对象后，就可以使用夹点对其进行拉伸、移动、旋转和缩放等操作。

4.8.1　控制夹点显示

选择对象时，在对象上将显示出若干个小方框，这些小方框用来标记被选中对象的夹点，如图 4-37 所示。

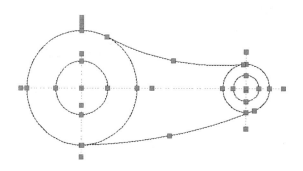

图 4-37　显示对象夹点

默认情况下，夹点始终是打开的。用户可以通过【选项】对话框的【选择集】选项卡设置夹点的显示和大小，如图 4-38 所示。

在【选择集】选项卡中包含了多种夹点设置选项，如下所示。

（1）【夹点大小】：确定夹点小方格的大小，可通过调整滑块的位置来设置。

（2）【未选中夹点颜色】：控制未选中夹点方格的颜色。

（3）【选中夹点颜色】：控制选中夹点方格的颜色。

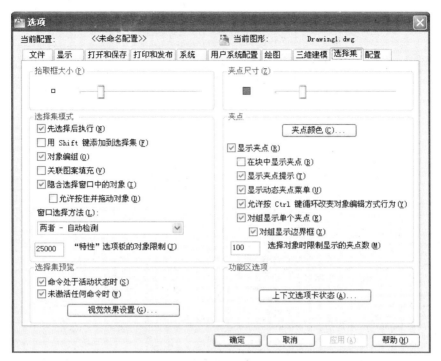

图 4-38 【选择集】选项卡

（4）【在块中启用夹点】：设置块的夹点显示方式。启用该功能后，所选块中的对象均显示其本身的夹点，否则只显示插入点。

（5）【启用夹点】：设置 AutoCAD 的夹点功能是否有效。

对不同的对象来说，用来控制其特征的夹点的位置和数量也不相同。如对直线而言，其中心点可以控制位置，而两个端点可以控制其长度和位置，所以直线有三个夹点。

4.8.2 使用夹点编辑

使用夹点可以在不调用编辑命令的情况下，对需要编辑的对象进行修改。使用夹点编辑对象的步骤如下：将靶框光标"+"移至要进行编辑的对象上并单击，显示该对象上的夹点，然后拾取其中的一个夹点作为操作点（此时该夹点会以高亮度显示，如图 4-39 所示矩形右上方的点），接下来按空格键切换不同的编辑命令，或在命令行输入相应命令，也可单击右键在弹出的快捷菜单中选择相应命令来编辑对象。

1．拉伸对象

拉伸或移动对象，其作用与 STRETCH 命令相同。选择操作点后，AutoCAD 提示：

拉伸

指定拉伸点或[基点(B)/复制(C)/放弃(U)/退出(X)]：

该提示中各选项意义如下：

（1）【指定拉伸点】：要求确定对象被拉伸后的拉伸点新位置，为默认项。用户可以通过输入点的坐标或直接拾取点的方式来确定。指定拉伸点后，AutoCAD 把选择的对象拉伸或移动(取决于操作点)到新位置。因为对于某些夹点，移动它们时只能移动对象而不能拉伸对象，如文字、块、直线中点、圆心、椭圆中心和点对象上的夹点。

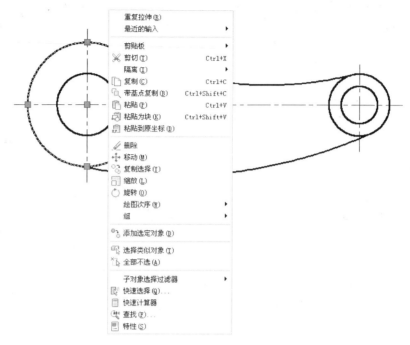

	重复拉伸(R)	
	最近的输入	▶
	剪贴板	▶
✂	剪切(T)	Ctrl+X
	隔离(I)	▶
🗐	复制(C)	Ctrl+C
🗐	带基点复制(B)	Ctrl+Shift+C
🗐	粘贴(P)	Ctrl+V
🗐	粘贴为块(K)	Ctrl+Shift+V
🗐	粘贴到原坐标(D)	
🗑	删除	
✛	移动(M)	
🗗	复制选择(Y)	
🗖	缩放(L)	
↻	旋转(O)	
	绘图次序(W)	▶
	组	▶
🖉	添加选定对象(D)	
🖉	选择类似对象(T)	
🗙	全部不选(A)	
	子对象选择过滤器	▶
🖉	快速选择(Q)...	
🖩	快速计算器	
🔍	查找(F)...	
🗐	特性(S)	

图 4-39　确定操作点

（2）【基点（B）】：重新确定拉伸基点。如果没有指定基点，执行拉伸操作时，AutoCAD将操作点作为拉伸点，并按基点与拉伸点新位置之间的位移矢量拉伸图形。如果指定了基点，则将基点作为创建点，并按操作点与拉伸点新位置之间的位移矢量拉伸图形。执行此选项后，AutoCAD 提示：

指定基点：

在此提示下确定新点，就可以将该点作为基点进行拉伸操作。

（3）【复制（C）】：允许用户进行多次拉伸操作。执行该选项后，AutoCAD 提示：

拉伸(多重)
指定拉伸点或[基点(B)/复制(C)/放弃(U)/退出(X)]：

此时用户可确定一系列的拉伸点新位置，以实现多次拉伸。

（4）【放弃(U)】：取消上一次操作。

（5）【退出(X)】：退出当前的操作。

2．移动对象

在对象上确定操作点后，在"指定拉伸点或[基点(B)/复制(C)/放弃(U)/退出(X)]："提示下直接按【Enter】键或输入 MO 后按【Enter】键，可以把对象从当前位置移到新位置。此时 AutoCAD 提示：

移动
指定移动点或[基点(B)/复制(C)//放弃(U)/退出(X)]：

在该提示中，"指定移动点"用于确定移动操作的目的点，为默认项。用户可以通过输入点的坐标或拾取点的方式确定目的点。确定目的点后，AutoCAD 以操作点或基点（如果指定了基点）为位移的起始点，以目的点为终止点，将所选对象移动到新的位置。

注释：该提示中的其他选项的意义与拉伸模式类似。

3．旋转对象

在对象上确定操作点后，在

指定拉伸点或[基点(B)/复制(C)/放弃(U)/退出(X)]:

提示下连续按两次【Enter】键或直接输入 RO 后按【Enter】键，可以把对象绕操作点或基点旋转。此时 AutoCAD 提示：

旋转

指定旋转角度或[基点(B)/复制(C)/放弃(U)/参照(R)/退出(X)]:

该提示中"指定旋转角度"和"参照（R）"选项的意义如下：

（1）【指定旋转角度】：确定旋转的角度为默认项。用户可以直接输入角度值，也可以采用"拖动"方式确定旋转角度。确定角度后，AutoCAD 把对象绕操作点或基点(如果指定了基点的话)旋转指定的角度。

（2）【参照(R)】：以参考方式旋转对象，与执行 ROTATE 命令后的"参照(R)"选项的功能相同。

4．比例缩放对象

在对象上确定操作点后，在

指定拉伸点或[基点((B)/复制(C)/放弃(U)/退出(X)]:

提示下连续按三次【Enter】键或输入 SC 后按【Enter】键，可以把对象相对于操作点或基点进行缩放。此时 AutoCAD 提示：

比例缩放

指定比例因子或[基点(B)/复制(C)/放弃(U)/参照(R)/退出(X)]:

该提示中"指定比例因子"和"参照(R)"选项的意义如下：

（1）【指定比例因子】：确定缩放的比例因子为默认项。指定比例因子后，AutoCAD 将按照比例因子，并相对于操作点或基点（如果指定了基点的话）缩放对象。且当比例因子>1 时放大对象；0<比例因子<1 时缩小对象。

（2）【参照(R)】：以参考方式对所选对象进行缩放，与执行 SCALE 命令后的"参照((R)"选项的功能相同。

5．镜像对象

该功能与 MIRROR 命令的功能类似，即把对象按指定的镜像线作镜像变换，且镜像变换后删除原对象。

在对象上确定操作点后，在

指定拉伸点或[基点(B)/复制(C)/放弃(U)/退出(X)]:

提示下连续按 4 次【Enter】键或输入 MI 后按【Enter】键，可以镜像对象。此时 AutoCAD 提示：

镜像

指定第二点或[基点(B)/复制(C)/放弃(U)/退出(X)]:

该提示中的"指定第二点"选项用于确定镜像线上的第二个点，为默认项。指定第二点后，AutoCAD 把操作点或基点(如果指定了基点的话)作为镜像线上的第一点，并由这两点确定的镜像线将对象镜像。

4.9 实训项目——绘制吊钩

4.9.1 实训目的

（1）熟练使用绘图命令。

（2）掌握图形的基本编辑方法，提高绘图速度。

4.9.2 实训准备

（1）复习教材第 3 章绘图命令。

（2）阅读教材 4.1 节~4.8 节的内容。

4.9.3 实训指导

实训项目：绘制如图 4-40 所示的吊钩零件图。

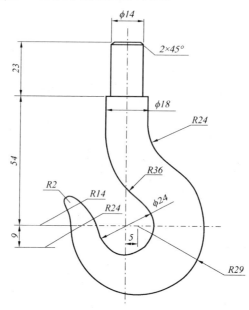

图 4-40 吊钩零件图及尺寸

1．绘图环境设置

创建一个空白文档，以"吊钩.dwg"为文件名另存为图形文件。并进行绘图环境设置。

1）单位调整

单击菜单栏【格式】|【单位】，在弹出的【图形单位】对话框中，将【长度】选项区域【精度】选项调整为"0.0"。

2）设置图形界线

单击菜单栏【格式】|【图形界线】，进行"A4 图纸横放（297×210）"的设置。

3）设置图层

单击菜单栏【格式】|【图层】，弹出【图层特性管理器】对话框，完成图层设置，

并将"细线"图层设置为当前，如图 4-41 所示。

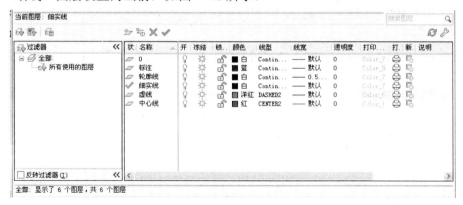

图 4-41　图层设置

2．绘制图形

做好绘图前的准备工作后，可以绘制图形了，其绘图步骤如下：

（1）功能区：【常用】选项卡【绘图】面板【直线】按钮，以圆 $\phi24$ 的圆心为基准绘制两条垂直相交的直线，作为基准定位辅助线，如图 4-42（a）所示。

（2）单击【修改】工具条上的 按钮，激活【偏移】命令，对垂直线进行多次偏移。命令行具体操作如下：

指定偏移距离或 [通过(T)/删除(E)/图层(L)]：	//7　Enter
选择要偏移的对象，或 [退出(E)/放弃(U)] <退出>：	//选择垂直线　Enter
指定要偏移的那一侧上的点，或 [退出(E)/多个(M)/放弃(U)]	//在左侧空白区分别单击 Enter
选择要偏移的对象，或 [退出(E)/放弃(U)] <退出>：	//选择垂直线　Enter
指定要偏移的那一侧上的点，或[退出(E)/多个(M)/放弃(U)]	//在右侧空白区分别单击 Enter

（如图 4-42 (b)所示）

按【Enter】键，重复【偏移】命令，将垂直线分别向左右各偏移 8；按【Enter】键，重复【偏移】命令，将水平线分别向上偏移 54 和 77，如图 4-42（c）所示。

（3）选择【修改】｜【修剪】命令，将多余线条修剪，如图 4-42（d）所示。

（4）将垂直基准线右偏移 5，为 $R29$ 的圆定位圆心，如图 4-42（e）所示。

（5）单击【绘图】工具条中的 按钮，使用"交点捕捉"功能，以圆心半径方式分别绘制 $\phi24$ 和 $R29$ 的圆，绘制结果 4-42（f）所示。

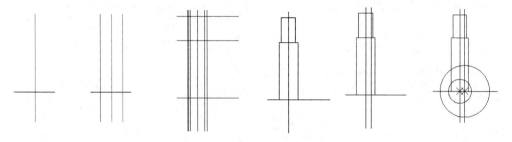

（a）绘基准线　（b）左右各偏移 7　（c）左右各偏移 8　（d）修剪结果　（e）右偏 5　（f）绘制 $\phi24$ 和 $R29$ 的圆

图 4-42　绘制过程

（6）绘制 $R14$ 和 $R24$ 两个圆。将当前层切换到中心线层把过 $R29$ 圆心的基准线向左偏移 43，与水平基准线相交于点 1，并将偏移得到的线改至中心线层，点 1 就是 $R14$ 的圆心。

将水平基准线下偏移 9；将当前层切换到中心线层，以 $\phi24$ 的圆心为圆心，以 $\phi24$ 和与它相外切的 $R24$ 两个圆的半径和 36 为半径作圆，与下偏移 9 的水平线相交于点 2；交点 2 即是 $R24$ 的圆心。

以点 1 为圆心，选择"圆心，半径"方式，绘制与 $R29$ 相外切的 $R14$ 的圆；以点 2 为圆心，选择"圆心，半径"方式，绘制与 $\phi24$ 相外切的 $R14$ 的圆。绘制结果如图 4-43 所示。

注意：$R24$ 的圆与 $\phi24$ 的圆相外切，$R14$ 的圆与 $R29$ 的圆相外切。两外切圆的圆心距是两圆的半径和。

（7）功能区：【常用】选项卡【绘图】面板按钮 ⊙，选择"相切、相切、半径"方式分别绘制 $R24$、$R36$、$R2$ 的圆。 绘制结果如图 4-44 所示。

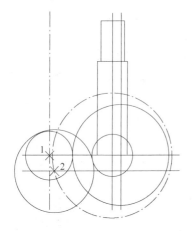

图 4-43　绘制 $R14$ 和 $R24$ 的圆

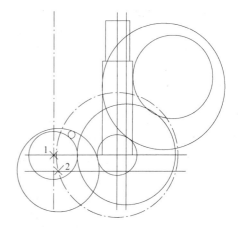

图 4-44　绘制 $R24$，$R36$，$R2$ 的圆

（8）功能区：【常用】选项卡【修改】面板【修剪】按钮 ⊹，修剪图形多余线条，修剪结果如图 4-45 所示。

（9）选择【修改】|【倒角】命令，做出吊钩上方的倒角。命令行操作过程如下：

> 命令：_chamfer
>
> （"修剪"模式）当前倒角距离 $1 = 0.0000$，距离 $2 = 0.0000$
>
> 选择第一条直线或 [放弃(U)/多段线(P)/距离(D)/角度(A)/修剪(T)/方式(E)/多个(M)]：
>
> 　　　　　　　　　　　　　　　　　　　　　//（输入 D，指定倒角距离）
>
> 指定第一个倒角距离 <0.0000>：　　　　　//（指定倒角距离为 2）
>
> 指定第二个倒角距离 <2.0000>：　　　　　//（Enter，指定另一倒角距离也是 2）
>
> 选择第一条直线或 [放弃(U)/多段线(P)/距离(D)/角度(A)/修剪(T)/方式(E)/多个(M)]：
>
> 　　　　　　　　　　　　　　　　　　　　　//（选择倒角的第一条直线）
>
> 选择第二条直线，或按住【Shift】键选择要应用角点的直线://（选择倒角的第二条直线）

按【Enter】重复执行倒角命令，或在上面的过程中在选择直线前输入 M，可实现连续对多个对象倒角。启用直线命令绘制，连接倒角的端点，如图 4-46 所示。

（10）吊钩的外轮廓线改到粗线层，将基准线改到中心线层，最终完成吊钩的绘制，最后保存图形，如图 4-47 所示。

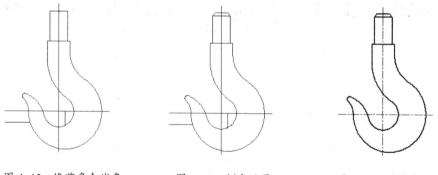

图 4-45 修剪多余线条   图 4-46 倒角结果   图 4-47 吊钩完成图

4.10 实训项目——绘制零件轴测图

4.10.1 实训目的

（1）熟悉利用三视图绘制轴测图的基本方法。
（2）学习圆与弧正等测投影图的绘制方法及技巧。
（3）熟悉使用直线命令和多段线命令轴测图的方法。
（4）学习平行线轴测投影图的绘制方法和绘制技巧。

4.10.2 实训准备

（1）复习直线、多段线、矩形、正多边形、圆等基本绘图命令的使用；
（2）复习栅格、正交、极轴、对象步骤、对象追踪的使用。

4.10.3 实训指导

实训项目：按照图 4-48（a）所示的三视图，绘制如图 4-48（b）所示的正等轴测图。

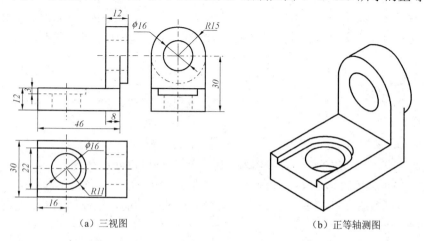

（a）三视图   （b）正等轴测图

图 4-48 三视图及正等轴测图

1．绘图环境设置

（1）快速创建一个公制单位的空白文件。

（2）选择【工具】|【草图设置】命令，在打开的【草图设置】对话框中设置【捕捉类型】为【等轴测捕捉】，并开启"端点捕捉"、"圆心捕捉"等功能。

（3）建立如图 4-49 所示的图层，并设置"细实线"为当前层。

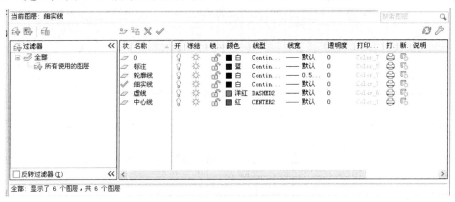

图 4-49　图层设置

（4）按【F5】键，将轴测面设置为<等轴测平面　右>。

（5）按【F8】键，打开状态栏上的【正交】功能。

2．绘制图形

做好绘图前的准备工作后，开始绘制图形，绘图步骤如下：

（1）选择【绘图】|【直线】命令，配合【正交】功能，按【F5】键切换<等轴测平面　右>，绘制底板侧面轮廓。具体操作过程如下：

```
命令: _line
指定第一点:                          //在空白位置拾取一点
指定下一点或 [放弃(U)]:              //向右引导光标，输入 46    Enter
指定下一点或 [放弃(U)]:              //向上引导光标，输入 12    Enter
指定下一点或 [闭合(C)/放弃(U)]:      //向左引导光标，输入 46    Enter
指定下一点或 [闭合(C)/放弃(U)]:      //c   Enter ，绘制结果如图 4-52 所示
```

（2）选择【修改】|【复制】命令，将刚绘制的闭合轮廓线进行复制。具体操作过程如下：

```
命令: _copy
选择对象:                                    //使用窗交选择框
选择对象:                                    //Enter，结束选择
指定基点或[位移（D）]<位移>:                 //捕捉任意一点
指定第二个点或 <使用第一个点作为位移>:       //@30<-30   Enter
指定第二个点或 [退出(D)/放弃(U)] <退出>:     //Enter，结束命令 ，绘制结果如图 4-53 所示
```

（3）选择【绘图】|【直线】命令，配合端点捕捉功能，绘制底板的其他轮廓线，如图 4-54 所示。

（4）在无命令执行的情况下选择如图 4-55 所示的三条图线，进行夹点显示。

106

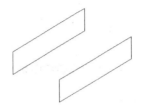

图 4-52　底板侧面轮廓　　　　　　　　图 4-53　底板两侧面轮廓

（5）按"删除"键，将三条夹点显示的图线进行删除，结果如图 4-56 所示。

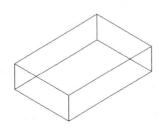

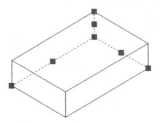

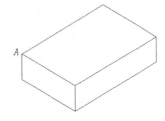

图 4-54　绘制底板轮廓　　　　　图 4-55　夹点显示直线　　　　图 4-56　删除结果

（6）将当前轴测面切换为<等轴测平面　左>，然后使用【直线】命令，配合"正交"功能绘制内部轮廓线。命令行具体操作过程如下：

命令：_line

指定第一点：　<对象捕捉 开> //以图 4-56 所示 A 点为起点，所示的方向矢量，然后输入 4　Enter

　　　　　　　定位第一点　如图 4-57 所示

指定下一点或 [放弃(U)]：　//向下引出如图 4-58 所示方向矢量，输入 3　Enter　定位第二点

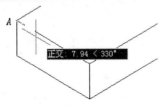

图 4-57　起点捕捉　　　　　　　　图 4-58　引出向下方向矢量

指定下一点或 [放弃(U)]：//向右引出如图 4-59 所示方向矢量，输入 22　Enter　定位第三点

指定下一点或 [闭合(C)/放弃(U)]://向上引出如图 4-60 所示方向矢量，输入 3　Enter　定位第四点

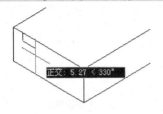

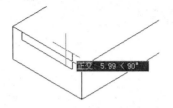

图 4-59　引出 330°方向矢量　　　　　图 4-60　引出向上方向矢量

指定第一点或 [闭合(C)/放弃(U)]://将轴测面切换为<等轴测平面　上>，然后引出如图 4-61 所示方向矢量，输入 16　Enter　定位第六点

指定下一点或 [闭合(C)/放弃(U)]：//引出如图 4-62 所示方向的矢量，输入 22　Enter　定位第六点

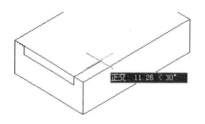

图 4-61 引出 30°方向矢量

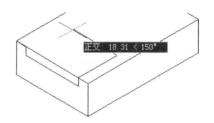

图 4-62 引出 150°方向矢量

指定下一点或 [闭合(C)/放弃(U)]://向上引出如图 4-63 所示方向矢量,输入 16　Enter 定位第七点
指定下一点或 [闭合(C)/放弃(U)]://Enter　绘制结果如图 4-64 所示

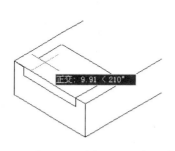

图 4-63 引出 210°方向矢量

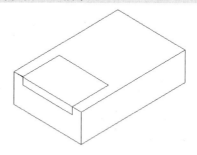

图 4-64 绘制结果

(7)【绘图】|【椭圆】命令,配合"中点捕捉"和"圆心捕捉"功能,绘制"等轴测圆"。命令行具体操作过程如下:

命令: _ellipse
指定椭圆轴的端点或 [圆弧(A)/中心点(C)/等轴测圆(I)]://i　Enter　激活"等轴测圆"选项
指定等轴测圆的圆心:　　　　　　　　//捕捉如图 4-65 所示的中点
指定等轴测圆的半径或 [直径(D)]:　　//d　Enter　激活"直径"选项
指定等轴测圆的直径:　　　　　　　　//16　Enter　输入直径
命令:　　　　　　　　　　　　　　　//Enter　重复执行命令
ELLIPSE
指定椭圆轴的端点或 [圆弧(A)/中心点(C)/等轴测圆(I)]: //i　Enter　激活"等轴测圆"选项
指定等轴测圆的圆心:　　　　　　　　//捕捉如图 4-66 所示的圆心
指定等轴测圆的半径或 [直径(D)]:　　//d　Enter　激活"直径"选项
指定等轴测圆的直径:　　　　　　　　//22　　Enter　输入直径,结果如图 4-67 所示

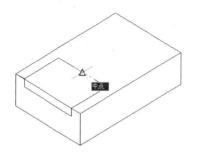

图 4-65 捕捉中心

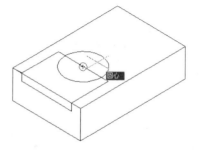

图 4-66 捕捉圆心

108

（8）使用快捷启动方式 TR 激活"修剪"命令，对轮廓线进行修剪，并删除多余图线，结果如图 4-68 所示。

图 4-67　绘制结果

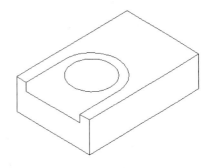

图 4-68　修剪结果

（9）单击【修改】|【复制】命令，对编辑后的轮廓线进行复制。命令行具体操作过程如下：

```
命令: _COPY
选择对象:                                   //选择如图 4-69 所示的轮廓线
选择对象:                                   //Enter  结束选择
指定基点或 [位移(D)/模式(O)] <位移>:        //捕捉任意一点
指定第二个点或 <使用第一个点作为位移>:      //@3<-90   Enter
指定第二个点或 [退出(E)/放弃(U)] <退出>:    //Enter  结束命令
命令:                                       //Enter  重复执行命令
COPY
选择对象:                                   //选择如图 4-70 所示的轴测圆
选择对象:                                   //Enter  结束选择
指定基点或 [位移(D)/模式(O)] <位移>:        //捕捉任意一点
指定第二个点或 <使用第一个点作为位移>:      //@3<-90   Enter
指定第二个点或 [退出(E)/放弃(U)] <退出>:    //@12<-90   Enter
指定第二个点或 [退出(E)/放弃(U)] <退出>:    //Enter  结束命令，复制结果如图 4-71 所示
```

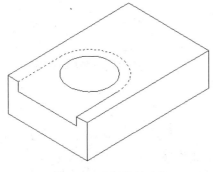

图 4-69　选择复制对象

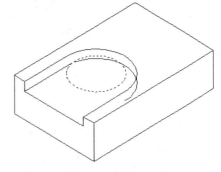

图 4-70　选择轴测圆

（10）综合使用【修剪】和【删除】命令，对各轮廓线进行修剪，并删除多余图线，操作结果如图 4-72 所示。

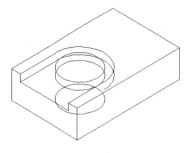

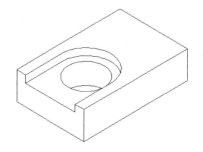

图 4-71　复制结果图　　　　　　　　　图 4-72　操作结果

（11）将轴测面切换为<等轴测平面　右>，然后使用【直线】命令，配合【正交】和【对象捕捉】功能，绘制支架轮廓线。命令行具体操作过程如下：

命令：_line
指定第一点：　　　　　　　　　//捕捉上角点，引出如图 4-73 所示的方向矢量，然后输入 8　Enter
指定下一点或 [放弃(U)]：//引出如图 4-74 所示的方向矢量，输入 18　Enter

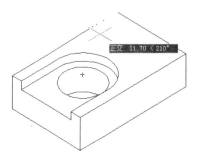

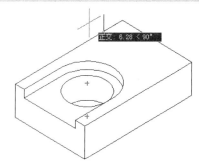

图 4-73　引出 210°方向矢量　　　　　　图 4-74　引出 90°方向矢量

指定下一点或 [放弃(U)]：　//<等轴测平面　左>引出如图 4-75 所示的方向矢量，输入 30　Enter
指定下一点或 [闭合(C)/放弃(U)]：　　//引出如图 4-76 所示的方向矢量，输入 18　Enter
指定下一点或 [闭合(C)/放弃(U)]：　//Enter，结束命令，绘制结果如图 4-77 所示

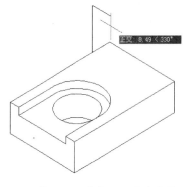

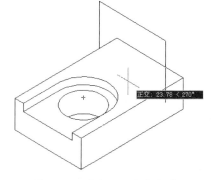

图 4-75　引出 330°方向矢量　　　　　　图 4-76　引出 270°方向矢量

（12）将轴测面切换为<等轴测平面　左>。单击【绘图】工具条上的 ⬭ 按钮，激活【椭圆】命令，配合【中点捕捉】和【圆心捕捉】功能，绘制直径为 16 和 30 的等轴测圆，绘制结果如图 4-78 所示。

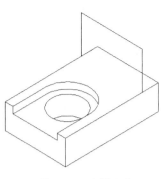

图 4-77　绘制结果

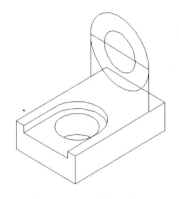

图 4-78　绘制轴测圆

（13）综合使用【修剪】和【删除】命令，对支架轮廓线进行修剪，并删除多余图线，操作结果如图 4-79 所示。

（14）使用快捷命令方式输入"CO"　激活【复制】命令，对弧形轮廓线进行复制。命令行具体操作过程如下：

命令: _copy	
选择对象:	//选择 φ30 的椭圆弧
选择对象:	//Enter
指定基点或 [位移(D)/模式(O)] <位移>:	//捕捉任意一点
指定第二个点或 <使用第一个点作为位移>:	//@12<30　Enter
指定第二个点或 [退出(E)/放弃(U)] <退出>:	//Enter ，结束命令，复制结果如图 4-80 所示

图 4-79　编辑结果图

图 4-80　选择对象

（15）选择【修改】|【拉长】命令，对垂直轮廓线进行拉长。命令行操作过程如下：

命令: _lengthen	
选择对象或 [增量(DE)/百分数(P)/全部(T)/动态(DY)]:	//DE　Enter　激活"增量"选项
输入长度增量或 [角度(A)] <0.0>:	//14　Enter　设置长度增量
选择要修改的对象或 [放弃(U)]:	//在图 4-81 所示的对象上单击鼠标左键
选择要修改的对象或 [放弃(U)]:	// Enter　拉长结果如图 4-82 所示

（16）单击【修改】工具条上的 按钮，激活【延伸】命令，对图 4-83 所示椭圆弧进行延伸，延伸结果如图 4-84 所示。

图 4-81　拉长对象

图 4-82　拉长结果

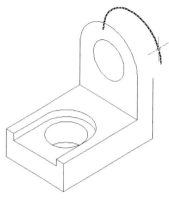

图 4-83　延伸对象

图 4-84　延伸结果

（17）选择【工具】｜【草图设置】命令，修改对象捕捉为【切点捕捉】；使用【直线】命令，配合【切点捕捉】功能绘制两个φ30的椭圆弧的外公切线，绘制结果如图4-85所示。

（18）使用【修剪】命令，修建图形中多余轮廓线，将修剪后图形轮廓线调整到"粗实线"图层，最终结果如图4-86所示。

图 4-85　绘制公切线

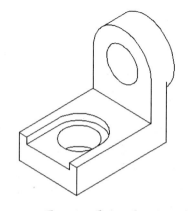

图 4-86　最终结果

（19）按【Crtl+Shift+S】组合键，将图形命名存储为"支架轴测图.dwg"。

4.11 自 我 检 测

4.11.1 填空题

（1）要移到对象可以使用_____；要旋转对象可以使用_____命令；要删除对象可以使用_____命令。

（2）在 AutoCAD 中有_____和_____两种倒角方式。

（3）拉伸图形时必须采用_____选择方式。

（4）_____是将源对象的特性，包括颜色、图层、线型等，全部赋予目标对象。

（5）使用环形阵列时，如果在"项目间角度"文本框输入的角度为负值，则对象沿_____复制，若输入的角度为正值，则对象沿_____复制。

4.11.2 选择题

（1）下面操作中不能实现复制操作的是_____。

A．复制　　　B．镜像　　C．偏移　　D．分解

（2）使用夹点不可以_____实现操作。

A．拉伸　　　B．打断　　　C．移动　　　D．旋转

（3）用户需要将源对象向右下阵列，则在指定"行偏移"量时应输入_____；在指定"列偏移"量时应输入_____。

A．负数　　正数　　　B．负数　　负数　　　C．正数　　正数　　　D．正数　　负数

（4）使用偏移命令时，下列说法正确的是_____。

A．偏移值可以小于0，这是向反向偏移　B．可以框选对象进行一次偏移多个对象

C．一次只能偏移一个对象　　　　　　　D．偏移命令执行时不能删除原对象

（5）如图 4-87 所示，利用圆角命令（Fillet）将图 4-87 中左图改成右图，圆角编辑模式应将_____设置_____。

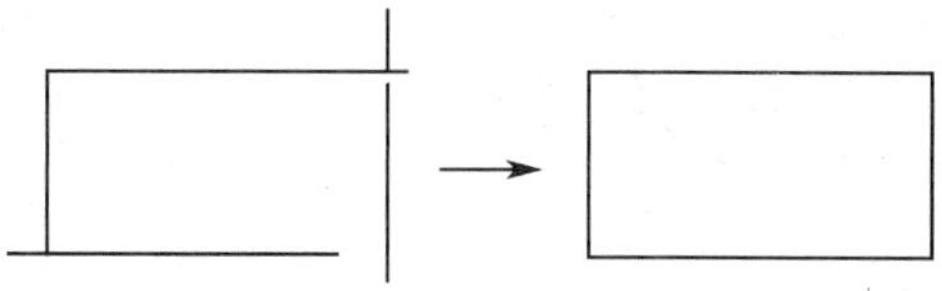

（修改前）　　　　　　　　　　　（修改后）

图 4-87　题图

A．模式=修剪，半径=0　　　　　　　B．模式=不修剪，半径=0

C．模式=修剪，半径≠0　　　　　　　D．模式=不修剪，半径≠0

4.11.3 操作题

使用绘图和编辑命令绘制如图 4-88 中视图及轴测图（未注明尺寸的读者可自行确定其尺寸）。

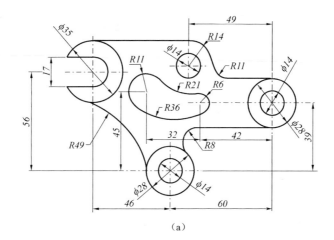

（a）

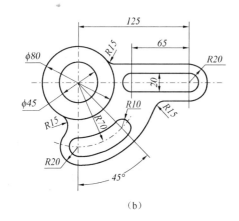

（b）

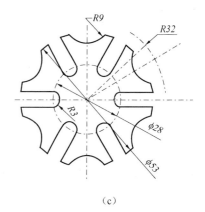

（c）

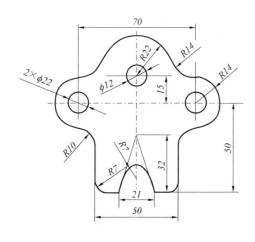

（d）

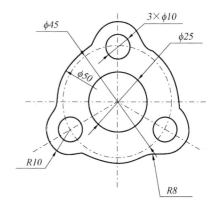

（e）

114

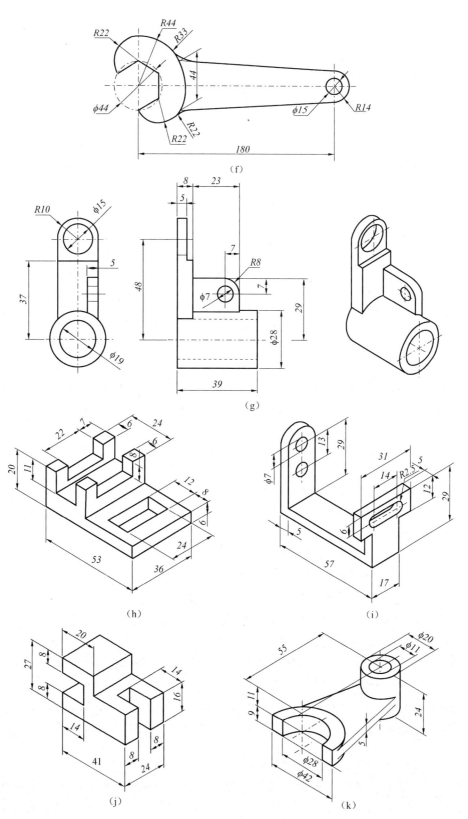

图 4-88 绘制图形

115

第5章　使用文字与表格

【知识目标】

（1）掌握文字样式的设置。

（2）掌握单行文字和多行文字的创建与编辑。

（3）掌握表格样式的设置。

（4）掌握表格的创建与编辑。

【相关知识】

文字对象是 AutoCAD 图形中很重要的图形元素，是机械制图和工程制图中不可缺少的组成部分。在一个完整的图样中，通常都包含一些文字注释，用于标注图样中的一些非图形信息，例如工程图形中的技术要求、装配说明、材料说明、施工要求等。另外，用户可以使用创建表格命令自动生成数据表格。使用绘制表格功能，不仅可以直接使用软件默认的格式制作表格，还可以根据需要自定义表格。

5.1　设置文字样式

【文字样式】是对同一类文字的格式设置的集合，包括字体、字高、显示效果等。在标注文字前，应首先定义文字样式，以指定字体、高度等参数，然后用定义好的文字样式进行标注。

文字样式的启动有以下四种方式：

（1）菜单栏：【格式】|【文字样式】。

（2）工具栏：单击【文字】工具栏上【文字样式】按钮。

（3）功能区：单击【常用】选项卡【注释】面板下【文字样式】按钮。

（4）命令行：输入并执行 STYLE 命令。

执行该命令后，AutoCAD 2012 将打开如图 5-1 所示的【文字样式】对话框，在此对话框中定义和修改文字样式。

在此对话框中设置样式名、字体、字号、效果、宽度因子等以满足使用要求。

5.1.1　设置样式名

【文字样式】对话框中的各项含义如下。

（1）【样式名】下拉列表框：列出了当前可以使用的文字样式，默认文字样式为 Standard（标准）。

116

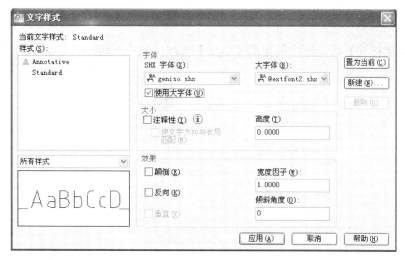

图 5-1 【文字样式】对话框

（2）【新建】按钮：单击该按钮，AutoCAD 将打开【新建文字样式】对话框，如图 5-2 所示。在该对话框的【样式名】文本框中输入新建文字样式名称后，单击【确定】按钮，可以创建新的文字样式，新建文字样式将显示在【样式名】下拉列表框中。

图 5-2 【新建文字样式】对话框

注意：如果要重命名文字样式，可在【样式】列表中用鼠标右键单击要重命名的文字样式，在弹出的快捷菜单中选择【重命名】命令即可，但无法重命名默认的 Standard 样式。

（3）【删除】按钮：单击该按钮，可以删除所选择的文字样式，但无法删除已经被使用了的文字样式和默认的 Standard 样式。

5.1.2 设置字体和大小

【文字样式】对话框中的【字体】选项区域用于设置文字样式使用的字体属性。其中，【字体名】下拉列表框用于选择字体；【字体样式】下拉列表框用于设置某些字体的格式，如斜体、粗体和常规字体等。如果选择【使用大字体】复选框，则【字体样式】下拉列表框将显示为【大字体】，用于选择大字体文件。在 AutoCAD 中除了它固有的 SHX 字体文件外，还可以使用 TrueType 字体。取消【使用大字体】复选框，可以在【字体名】下拉列表中显示 TrueType 字体和 SHX 字体列表。

【大小】选项区域用于设置文字样式使用的字高属性。【高度】文本框用于设置文字的高度。如果将文字的高度设为 0，在使用 TEXT 命令标注文字时，命令行将显示【指定高度：】提示，要求用户指定文字的高度；如果在【高度】文本框中输入了文字高度，AutoCAD 将按此高度标注文字，而不再提示指定高度。

注意：在设置文字样式时，文字高度一般使用默认值为 0，使文字高度可变。

5.1.3 设置文字效果

在【文字样式】对话框中的使用【效果】选项区域中，可以设置文字的显示效果，如图 5-3 所示。

图 5-3　文字的各种效果

（1）【颠倒】：用于设置是否将文字倒过来书写。

（2）【反向】：用于设置是否将文字反向书写。

（3）【垂直】：用于设置是否将文字垂直书写，但垂直效果对汉字字体无效。

（4）【宽度比例】：用于设置文字字符的高度和宽度之比。当宽度比例为 1 时，将按系统定义的高宽比书写文字；当宽度比例小于 1 时，字符会变窄；当宽度比例大于 1 时，字符会变宽。

（5）【倾斜角度】：用于设置文字的倾斜角度。角度为 0 时文字不倾斜，角度为正值时（逆时针为正）向右倾斜；角度为负值时向左倾斜。

注意：文字的倾斜角度为相对于 Y 轴正方向的倾斜角度，其值在±85°之间选取。

5.1.4 预览与应用文字样式

在【文字样式】对话框中的【预览】选项区域用于预览所选择或所设置的文字样式效果。在【预览】按钮左侧的文本框中输入要预览的字符后，单击【预览】按钮，可以将输入的字符按当前文字样式显示在预览框中。

设置好文字样式后，单击【应用】和【置为当前】按钮可使用该文字样式。

5.2　创建与编辑单行文字

设置好文字样式后，就可以在图形中输入各种文本信息了。在 AutoCAD 中，可以创建两种类型的文字，一种是单行文字，主要用于制作不需要使用多种字体的简短内容，应用比较灵活；另一种是多行文字，主要用于制作一些复杂的说明性文字。

5.2.1 创建单行文字

启用单行文字命令有以下四种方法。

（1）菜单栏：【绘图】|【文字】|【单行文字】命令。

（2）功能区：【注释】面板（图 5-4）【单行文字】按钮AI。

（3）工具栏：【文字】工具栏中【单行文字】按钮AI。

（4）命令行：输入并执行 DTEXT 或 DT 命令。

执行该命令后，AutoCAD 提示：

当前文字样式："样式1" 文字高度：2.5 注释性：否

指定文字的起点或[对正（J）/样式（S）]:

确定文字行基线的始点位置为默认项。AutoCAD 为文字行定义了顶线、中线、基线和底线四条线，用于确定文字行的位置。这四条线与文字串的关系如图 5-5 所示。

图 5-4 【注释】中文字【面板】 图 5-5 文字标注参考线

在确定文字的起点位置后，AutoCAD 依次提示：

指定高度：（输入文字的字高）

指定文字的旋转角度：（输入文字行的旋转角度）

输入文字：（输入要标注的文字）

当在【输入文字:】提示下输入文字时，AutoCAD 会在屏幕上显示出一个工字形标记，它反映将要输入文字的位置、大小以及文字行的旋转角度等。当输入一个字符时，AutoCAD 会在该标志处动态地显示该字符。同时，此标记会向后移动一个字符，以指明下一个字符的位置。当输入一行文字后按【Enter】键，屏幕上表示文字位置的标记也会另起一行，且 AutoCAD 在命令窗口会另起一行继续提示"输入文字:"，这样可标注出多行文字。如果在【输入文字:】提示下按 Enter 键，则完成标注文字的输入。

1.【对正文字（J）】

控制文字的对正方式，类似于用 Word 进行排版时使文字左对齐、居中对齐、右对齐等，但 AutoCAD 提供了更多的对正方式。执行【对正】选项，AutoCAD 提示：

输入选项[对齐（A）/布满（F）/居中（C）/中间（M）/右对齐（R）/左上（TL）/中上（TC）/右上（TR）/左中（ML）/正中（MC）/右中（MR）/左下（BL）]:

此提示中的各选项含义如下。

（1）【对齐（A）】：输入文本基线的起点和终点后，所输入的文字字符均匀分布于指定的两点之间，且文字行的旋转角度由两点间连线的倾斜角度确定；字高、字宽是根据两点间的距离与字符的多少按字的宽度比例自动调整。

（2）【布满（F）】：此选项要求用户确定文字行基线的始点、终点位置以及文字的字高。按提示操作后，所输入的文字字符均匀分布于指定的两点之间，且文字行的旋转角度由两点间连线的倾斜角度确定，文字高度为用户指定的高度，文字宽度由所确定两点间的距离与文字的多少自动确定。

（3）【居中（C）】：此选项要求确定一点，AutoCAD 把该点作为所标注文字行基线的中点，即所输入文字的基线将以该点居中对齐。

（4）【中间（M）】：此选项要求确定一点，AutoCAD 把该点作为所标注文字行的中间点，即以该点作为文字行在水平、垂直方向上的中点。

（5）【右对齐（R）】：此选项要求确定一点，AutoCAD 把该点作为文字行基线的右端点。

在与【对正（J）】选项对应的其他提示中，【左上（TL）】、【中上（TC）】和【右上（TR）】选项分别表示将以所确定点作为文字行顶线的始点、中点和终点；【左中（ML）】、【正中（MC）】、【右中（MC）】选项分别表示将以所确定点作为文字行中线的始点、中点和终点；从【左下（BL）】、【中下（BC）】、【右下（BR）】选项分别表示将以所确定点作为文字行底线的始点、中点和终点。图 5-6 显示了上述文字对正示例。

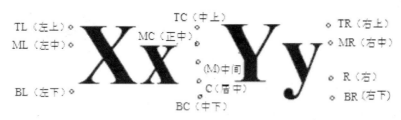

图 5-6　文字对正示例

2．文字样式（S）

确定所标注文字的样式。执行该选项后，AutoCAD 提示：

输入样式名或[[?]<Standard>：

此时，用户可直接输入当前要使用的文字样式的名称，也可输入【?】后按【Enter】键，来显示当前已有的文字样式。若直接按【Enter】键，则使用默认样式。

在标注文字时，用户应注释以下几点：

（1）在输入文字的过程中，可以随时改变文字的位置。方法是将光标移到新位置后单击。此时反映文字位置的小标记会出现在新确定的位置，而后用户可以继续输入文字。

（2）在标注文字时，用户可以根据需要改正刚才输入的字符，只需按一次【Backspace】键，就可以把该字符删除，同时小标记也回退一步。用这种方法可以从后向前删除已输入的多个字符。

（3）标注文字时，不论采用哪种文字对正方式，在屏幕上动态显示的文字都是临时按基线左对齐的方式排列。结束 DTEXT 命令后，输入的文字从屏幕上消失，然后按指定的排列方式重新生成。

5.2.2　使用文字控制符

实际绘图时，有时需要标注一些特殊字符。例如，在一段文字的上方或下方加划线，标注"°"（度）、"±"、"φ"符号等。由于这些特殊字符不能从键盘上直接输入，因此 AutoCAD 提供了相应的控制符，以实现这些特殊标注要求，如表 5-1 所列。在输入控制符时，这些控制符也临时显示在屏幕上。结束 DTEXT 命令后，控制符才从屏幕上消失，换成相应的特殊符号。

表 5-1　常用特殊符号

代码输入	特殊字符	说明	代码输入	特殊字符	说明
%%P	±	正负号	%%D	°	度数
\U+00D7	×	乘号	%%C	φ	直径
%%%	%	百分号	\U+2092	2	下标 2
%%O	—	上划线	\U+00B2	2	上标 2
%%U	—	下划线	\U+2260	≠	不相等

5.2.3　编辑单行文字

编辑单行文字包括文字的内容、对正方式以及缩放比例，可以选择菜单【修改】|【对象】|【文字】子菜单中的命令进行设置。

（1）编辑：进入文字编辑状态，可以重新输入文本内容。

（2）比例：需要输入缩放的基点以及指定新高度、匹配对象（M）、缩放比例（S）。

（3）对正：可以重新设置文字的对正方式。

5.3　创建与编辑多行文字

"多行文字"又称为段落文字，是一种更易于管理的文字对象，它可以由两行以上的文字组成，而且各行文字都是作为一个整体处理。在机械制图中，常使用多行文字功能创建较为复杂的文字说明，如图样的技术要求。

启用多行文字命令有以下四种方法。

（1）菜单栏：【绘图】|【文字】|【多行文字】命令。

（2）工具栏：单击【文字】工具栏中【多行文字】。

（3）功能区：单击【注释】面板中【多行文字】按钮 A。

（4）命令行：输入并执行 MTEXT（MT 或 T）命令。

启用多行文字命令后，在绘图区指定一个区域，系统将弹出设置文字格式的文字编辑器，其中包括【样式】、【格式】、【段落】、【插入】、【拼写检查】、【工具】、【选项】、【关闭】面板。如果【文字格式】工具栏打开，也将显示，如图 5-7 所示。

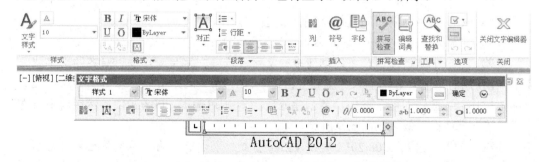

图 5-7　文字编辑器、【文字格式】工具栏和文字输入窗口

5.3.1 文字编辑器

（1）【样式】面板：可以设置当前使用的文本样式，可以从下拉列表中选取一种已设置好的文本样式作为当前样式；还可以设置文字高度，可以在下拉列表中选取一种合适的高度，也可以直接输入数值。

（2）【格式】面板：可以设置文本是否加粗、倾斜、加下划线和加上划线。反复单击这些按钮，可以在打开与关闭相应功能之间进行切换；还可以设置文字类型、颜色、更改大小写和设置文字背景。

（3）【段落】面板：可以设置文字对正方式、添加项目符号和编号、设置行距和段落等。

（4）【插入】面板：可以设置分栏、添加各种符号和字段。

（5）【拼写检查】面板：可以确定键入文字时拼写检查为打开或关闭状态及进行拼写检查设置。

（6）【工具】面板：可以进行查找和替换文本的操作。

（7）【选项】面板：设置标尺是否打开、撤销和恢复命令，还可以设置【文字格式】工具栏是否显示等操作，如图 5-8 所示。

图 5-8   【选项】面板中显示更多选项

5.3.2 【文字格式】工具栏

【文字格式】工具栏中各主要选项的功能如下。

（1）文字样式：用于选择用户设置的文字样式。

（2）文字字体：用于为新输入的文字指定字体或改变选定文字的字体。

（3）文字高度：用于按图形单位设置新文字的字符高度或更改选定文字的高度。

（4）加粗、倾斜和下划线按钮：单击它们，可以为新输入文字或选定文字设置加粗、倾斜，或加下划线效果。

（5）取消：单击该按钮可以取消前一次操作。

（6）重做：单击该按钮可以重复前一次取消的操作。

（7）   ：单击该按钮，可以创建堆叠文字（堆叠文字是一种垂直对齐的文字或分数）。在使用时，需要分别输入分子和分母，其间使用/、#或^分隔，然后选择这一部分文字，单击 ⓑ 按钮即可。例如，要创建分数 $\frac{2008}{2012}$，则可输入 2008/2012，然后选中该文字并单击 ⓑ 按钮，效果如图 5-9 所示。

注意：如果在输入 2008/2012 后按【Enter】键，将打开【自动堆叠特性】对话框，如图 5-10 所示。可以设置是否需要在输入 x/y、x#y 和 x^y 的表达式时自动堆叠，用鼠标左键双击可以对堆叠特性进行设置，如图 5-11 所示。

图 5-9　文字堆叠效果　图 5-10　【自动堆叠特性】对话框　图 5-11　【堆叠特性】对话框

（8）文字颜色：用于为新输入文字指定颜色或修改选定文字的颜色。可以为文字指定与所在图层关联的颜色（BYLAYER）或与所在块关联的颜色（BYBLOCK），也可以从颜色列表中选择一种颜色。

（9）标尺：用于打开或关闭输入窗口上方的标尺。

（10）确定：单击该按钮，可以关闭多行文字创建模式并保存用户的设置。

5.3.3　选项菜单

在【文字格式】工具栏中单击【选项】按钮 ⊙，打开如图 5-12 所示的多行文字的选项菜单，使用它可以对多行文本进行更多的设置。另外，在文字输入窗口中单击鼠标右键，将弹出一个快捷菜单，该快捷菜单与选项菜单中的主要命令一一对应。

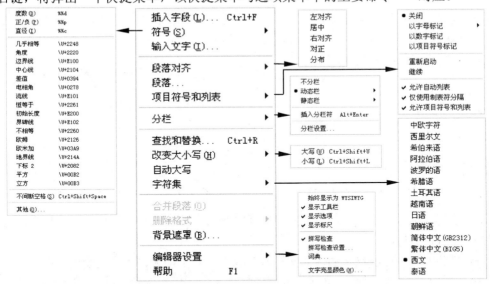

图 5-12　多行文字的选项菜单

在多行文字选项菜单中，主要命令的功能如下。

（1）插入字段：选择该命令将打开【字段】对话框，可以从中选择需要插入的字段，如图 5-13 所示。

（2）符号：选择该命令的子命令，可以在实际设计绘图中插入一些特殊的字符。例如，度数、正/负、直径等符号。如果选择【其他】命令，将打开【字符映射表】对话框，可以插入其他特殊字符，如图 5-14 所示。

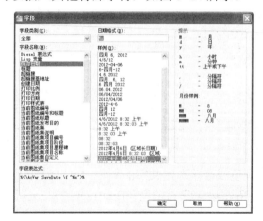

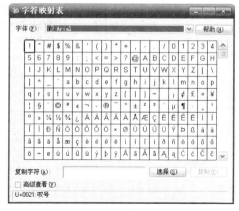

图 5-13　【字段】对话框　　　图 5-14　使用【字符映射表】对话框插入特殊字符

（3）段落对齐：选择该命令的子命令，可以设置段落的对齐方式。

（4）项目符号和列表：可以使用字母（包括大小写）、数字作为段落文字的项目符号。

（5）分栏：在该命令的子命令中，可以设置分栏类型。

（6）查找和替换令：选择该命令将打开【查找和替换】对话框，如图 5-15 所示。用户可以从中搜索或同时替换指定的字符串，也可以设置查找的条件，例如是否全字匹配、是否区分大小写等。

（7）背景遮罩：选择该命令将打开【背景遮罩】对话框，可以设置是否使用背景遮罩、边界偏移因子（1～5），以及背景遮罩的填充颜色，如图 5-16 所示。

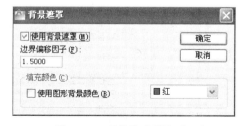

图 5-15　【查找和替换】对话框　　　图 5-16　【背景遮罩】对话框

（8）改变大小写：该命令包括"大写"和"小写"两个子命令，使用它们可以改变文字中字符的大小写。

（9）自动大写：可以将新输入的文字转换成大写，自动大写不会影响已有的文字。

（10）删除格式：可以删除文字中应用的格式，如加粗、倾斜等。

（11）合并段落：可以将选定的多个段落合并为一个段落，并用空格代替每段的回车符。

（12）字符集：在该命令的子命令中，可以选择字符集。

5.3.4　输入和编辑多行文字

在多行文字的文字输入窗口中，用户可以直接输入多行文字，也可以在文字输入窗口中单击鼠标右键，从弹出的快捷菜单中选择【输入文字】命令，将已经在其他文字编

124

辑器中创建的文字内容直接导入到当前图形中。

要编辑创建的多行文字，可选择菜单【修改】|【对象】|【文字】|【编辑】命令或在命令行输入 DDEDIT 命令，并单击创建的多行文字，打开多行文字编辑窗口，然后参照多行文字的设置方法，修改并编辑文字。

在绘图窗口中双击输入的多行文字，或在输入的多行文字上单击鼠标右键，从弹出的快捷菜单中选择【重复编辑多行文字】命令或【编辑多行文字】命令，也可以打开多行文字编辑窗口。

5.4　创建与标注注释性文字

根据 AutoCAD 软件的特点，用户可以直接按 1∶1 比例绘制图形，输出时，在打印机或绘图仪上设置图形的比例，这样绘图时就不需要考虑图形尺寸的换算问题，而且同一幅图形可以按不同的比例多次输出。但如果采用的是非注释性标注时，文字、尺寸数字等字体大小也会和图形一起按输出比例放大或缩小。当希望文字等内容按 1∶1 比例大小输出时，就不能满足要求。为了解决此问题，就需要采用注释性标注。例如：当希望以 1∶2 比例输出图形时，将图形按 1∶1 比例绘制，通过设置，将文字大小 2∶1 比例标注或输入绘制，这样在输出时，图形按比例缩小一倍，相关注释性对象按比例缩小后正好为 1∶1 比例，以满足绘图标准的要求。

注释性属于通常用于图形加以注释的对象的特性，该特性使用户可以自动完成注释缩放过程。当前注释比例将自动确定文字在模型空间视口或图纸空间视口中的显示大小。

AutoCAD 2012 可以将文字、尺寸、形位公差等指定为注释性对象。本节只介绍注释性文字的设置与使用。

5.4.1　创建注释性文字样式

为方便操作，用户可以专门定义注释性文字样式。用于定义注释性文字样式的命令也是 STYLE，其定义过程与 5.1 节介绍内容相似，在图 5-1 中，选中【注释性】复选框即可。选中该复选框后，会在【文字样式】列表框中的对应样式名称前显示▲图标，表示该样式属于注释性文字样式。

5.4.2　标注注释性文字

将【注释性】文字样式设为当前样式，然后利用状态栏上的【注释比例】列表选择注释比例，如图 5-17 所示，然后使用创建单行文字和多行文字命令标注文字即可。

对于已经标注的非注释性文字，可以通过特性窗口将其设置为注释性文字。选择【修改】|【特性】命令，选择该文字，则可以利用特性窗口将【注释性】设为"是"，如图 5-18 所示。通过状态栏选择注释比例即可。这时将鼠标移动到该对象上，该对象上就会显示有注释性标识▲，如图 5-19 所示。同样，也可以将注释性文字属性取消，变成非注释性文字。

图 5-17　注释比例列表

图 5-18　利用特性设置文字注释性

图 5-19　带有注释性的文字

5.5　创建表格样式和表格

在中文版 AutoCAD 2012 中，可以使用创建表格命令创建表格，还可以从 Microsoft Excel 中直接复制表格，并将其作为 AutoCAD 表格对象粘贴到图形中，也可以从外部直接导入表格对象。此外，还可以输出来自 AutoCAD 的表格数据，以供在 Microsoft Excel 或其他应用程序中使用。

5.5.1　新建表格样式

表格样式控制一个表格的外观。使用表格样式，可以保证标准的字体、颜色、文本、高度和行距。用户可以使用默认的表格样式或自定义样式来满足绘制需要。

新建表格样式命令有以下三种方法。

（1）菜单栏：【格式】|【表格样式】命令。

（2）命令行：输入并执行 TABLESTYLE/TS 命令。

（3）功能区：【注释】选项卡【表格】面板右下角 ⊾ 按钮。

执行该命令后打开【表格样式】对话框，如图 5-20 所示。在该对话框中，单击【新建】按钮，可以使用打开的【创建新的表格样式】对话框创建新的表格样式，如图 5-21 所示。

在【新样式名】文本框中输入新的表样式名，在【基础样式】下拉列表中选择默认的表格样式、标准的或者任何已经创建的样式，新样式将在该样式的基础上进行修改。然后单击【继续】按钮，将打开【新建表格样式】对话框，用户可以通过它指定表格的行格式、表格方向、边框特性和文本样式等内容，如图 5-22 所示。

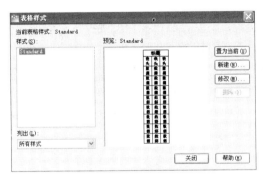

图 5-20 【表格样式】对话框

图 5-21 【创建新的表格样式】对话框

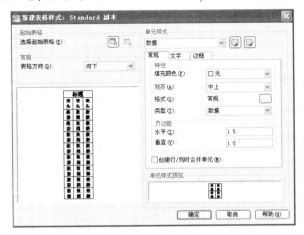

图 5-22 【新建表格样式】对话框

5.5.2 设置表格的数据、列标题和标题样式

在【新建表格样式】对话中，可以在【单元样式】选项区域的下拉列表框中选择"数据"、"标题"和"表头"选项来分别设置表的数据、标题和表头对应的样式，如图5-23所示。

"数据"、"标题"和"表头"这三个选项卡的内容基本相似，可以分别指定单元基本特性、文字特性和边界特性。

（1）常规：包含【特性】和【页边距】两个选项组，其中【特性】选项组用于设置表格的填充颜色、对齐方向、格式、类型等；【页边距】选项组用于设置单元边框和单元内容之间的水平和垂直间距。如图5-24所示。

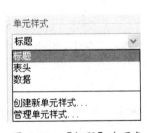

图 5-23 【标题】选项卡

图 5-24 【常规】选项卡

（2）文字：设置表格单元中的文字样式、高度、颜色和角度等特性。数据和列标题单元的默认文字高度为 0.18，表标题的默认文字高度为 0.25。如图 5-25 所示。

（3）边框：单击边框设置按钮，可以设置表格的边框是否存在。当表格具有边框时，还可以设置表格的线宽、线型、颜色和间距等特性。如图 5-26 所示。

图 5-25　【文字】选项卡

图 5-26　【边框】选项卡

5.5.3　管理表格样式

在 AutoCAD 2012 中，还可以使用【表格样式】对话框来管理图形中的表格样式。在该对话框的【当前表格样式】后面，显示当前使用的表格样式（默认为 Standard）；在【样式】列表中显示了当前图形所包含的表格样式；在【预览】窗口中显示了选中表格的样式；在【列出】下拉列表中，可以选择【样式】列表是显示图形中的所有样式，还是正在使用的样式。

此外，在【表格样式】对话框中，用户还可以单击【置为当前】按钮，将选中的表格样式设置为当前；单击【修改】按钮，在打开的【修改表格样式】对话框中修改选中的表格样式；单击【删除】按钮，删除选中的表格样式。

5.5.4　创建表格

创建表格命令有以下三种方法。

（1）菜单栏：【绘图】|【表格】命令。

（2）功能区：在【注释】功能区选择表格按钮。

（3）命令行：输入并执行 TABLE 命令。

执行命令后打开【插入表格】对话框，如图 5-27 所示。

（1）表格样式：用户可以从【表格样式】下拉列表框中选择表格样式，也可以在【表格样式】选项区域中单击【表格样式】下拉列表框后面的 　 按钮，打开【表格样式】对话框。

（2）插入选项：选择【从空表格开始】单选按钮，可以创建一个空的表格；选择【自数据链接】单选按钮，可以从外部导入数据来创建表格；选择【自图形中的对象数据（数据提取）】单选按钮，可以用于从可输出到表格或外部文件的图形中提取数据来创建表格。

在【插入方式】选项区域中，选择【指定插入点】单选按钮，可以在绘图窗口中的某点插入固定大小的表格；选择【指定窗口】单选按钮，可以在绘图窗口中通过拖动表格边框来创建任意大小的表格。

在【列和行设置】选项区域中，可以通过改变"列"、"列宽"、"数据行"和"行高"文本框中的数值来调整表格的外观大小。

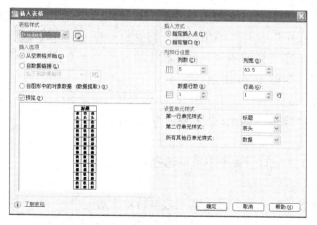

图 5-27 【插入表格】对话框

5.5.5 编辑表格和表格单元

在中文版 AutoCAD 2012 中，用户还可以使用表格的快捷菜单来编辑表格。当选中整个表格时，其快捷菜单如图 5-28 所示，当选中表格单元时，其快捷菜单如图 5-29 所示。

图 5-28 选中整个表格时的快捷菜单

图 5-29 表格单元时的快捷菜单

1. 编辑表格

从表格的快捷菜单中可以看到，用户可以对表格进行剪切、复制、删除、移动、缩放、旋转等简单操作，还可以均匀调整表格的行、列大小、删除所以特性替代。当选择"输出"命令时，还可以打开"输出数据"对话框，以.csv格式输出表格中的数据。

当选中表格后，在表格的四周、标题行上将显示许多夹点，用户也可以通过拖动这些夹点来编辑表格，如图5-30所示。

2. 编辑表格单元

使用表格单元快捷菜单单元，其主要命令选项的功能说明如下。

（1）对齐：在该命令的子命令中可以选择表格单元对齐方式，如左上、左下等。

图5-30　显示表格的夹点

（2）边框：选择该命令将打开【单元边框特性】对话框，可以设置单元格边框的线宽、颜色等特性，如图5-31所示。

（3）匹配单元：用当前选中的表格单元格式（源对象）匹配其他表格单元（目标对象），此时鼠标指针变为刷子形状，单击目标对象即可进行匹配。

（4）插入点：选择该命令的子命令，可以从中选择插入到表格中的块、字段和公式。例如选择"块"命令，将打开【在表格单元中插入块】对话框。可以从中设置插入的块在表格单元中的对齐方式、比例和旋转角度等特性，如图5-32所示。

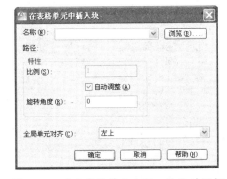

图5-31　【单元边框特性】对话框　　　图5-32　【在表格单元中插入块】对话框

（5）合并：当选中多个连续的表格单元格后，使用该命令的子命令，可以全部、按列或按行合并表格单元。

5.6　实训项目——标题栏和明细表

5.6.1　实训目的

（1）熟悉文字样式的设置方法。

（2）掌握书写单行和多行文字的方法。

（3）熟悉创建表格样式的方法。

（4）掌握创建表格的方法。

（5）熟悉编辑表格和文字。

5.6.2　实训准备

（1）阅读教材 5.1 节～5.4 节。

（2）复习 AutoCAD 2012 图形的绘制与编辑。

5.6.3　实训指导

实训项目 1：用文字命令方式完成零件图标题栏的绘制，如图 5-33 所示。

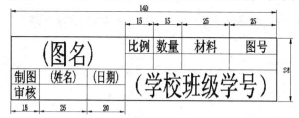

图 5-33　零件图标题栏

操作步骤：

1．用直线命令完成表格样式的绘制

（1）按尺寸利用直线命令绘制表格。外框粗实线，内框细实线（绘图过程略）。

（2）选择【格式】|【文字样式】命令，打开【文字样式】对话框，如图 5-34 所示。单击【新建】按钮，创建文字样式如下：

图 5-34　【文字样式】对话框

创建新的文字样式名称为"5 号字"，设定字体名为"新宋体"，高度 5，文字倾斜角度为 0°，宽度因子 0.7。用于"制图"等内容的填写。

创建新的文字样式名称为"10 号字"，设定字体名为"新宋体"，字高 10，文字倾斜角度为 0°，宽度因子为 0.7。用于"图名、学校等"内容的填写。

（3）使用单行文字或多行文字命名填写文字。

① 使用单行文字。

命令行输入 DTEXT 命令，AutoCAD 提示：

当前文字样式：5 号字　　文字高度：5

指定文字的起点或[对正（J）/样式（S）]：

选择文字所放置的位置，在对正方式中选择正中。利用中文输入法输入文字，如"制图"、"比例"等即可。

② 使用多行文字。

执行 MTEXT 命令，AutoCAD 提示：

当前文字样式：5 号字　　文字高度：5

指定第一角点：　　　　　　　　　　　　　// 在平面上选定文字所放置的矩形框

AutoCAD 将弹出【文字格式】对话框，在此对话框中选择对正方式为"正中"，选择所需样式后输入文字内容即可，如图 5-35 所示。

图 5-35　【文字格式】工具栏和文字输入窗口

（4）按此方法完成整个表格的填写。

实训项目 2：用表格命令方式绘制明细表，如图 5-36 所示。

序号	代号	名称	数量	材料
1	GB/T8-1988	轴承座	1	HT150
2	GB/T700-1988	固定套	1	ZQAL9-4
3	GB/T1700-168	上轴衬	1	ZQAL9-4
4	GB/T1700-168	下轴衬	1	HT150
5	GB/T600-1988	轴承盖	1	HT200

图 5-36　明细表

操作步骤：

（1）单击【样式】工具栏上的█按钮，激活【表格样式】命令，在打开的对话框中单击【新建】按钮，将打开【创建新的表格样式】对话框，如图 5-37 所示。命名新样式名为明细表，单击【继续】按钮，打开如图 5-38 所示的【新建表格样式：明细表】对话框。

（2）在单元样式中选择"标题"。 在常规【对齐】下拉列表框中设置文字的对齐方式为"正中"。

（3）展开【文字】选项卡，然后单击"文字样式"列表框右侧的▢按钮，在打开的"文字样式"对话框中新建"仿宋"样式，选择字体为"仿宋_GB2312"宽度因子设为 0.7，如图 5-39 所示。

（4）单击【应用】按钮并关闭对话框，返回【修改表格样式：明细表】对话框，设置文字样式、文字高度和对正方式等参数，如图 5-40 所示。

132

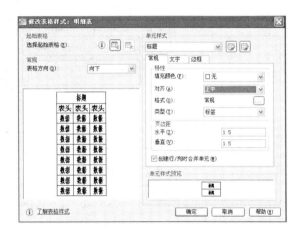

图 5-38 新建标注样式【明细表】对话框

图 5-37 新样式命名

图 5-39 设置文字样式

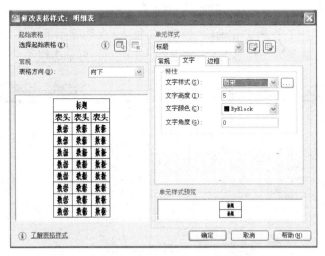

图 5-40 设置数据参数

（5）展开"单元样式"下拉列表，选择"数据"，设置其文字样式为仿宋，字号为4。

（6）单击【确定】按钮返回"表格样式"对话框，将刚设置的表格样式设置为当前样式，如图 5-41 所示。

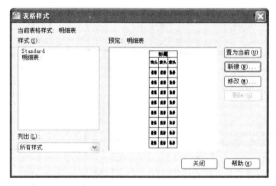

图 5-41 【表格样式】对话框

（7）选择面板上![]按钮，在打开的【插入表格】对话框中设置参数：列数为 5、列宽为 28；数据行数设为 4、行高为 1；第二行单元格样式改为"数据"，如图 5-42 所示。

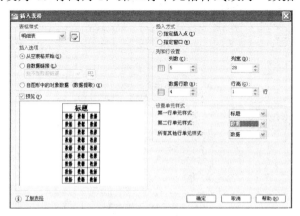

图 5-42 设置表格参数

（8）单击【确定】按钮，在命令行"指定插入点："提示下，在绘图区拾取一点，插入表格。把鼠标放在第一行单击后，如图 5-43 所示，再单击取消合并单元按钮![]，完成表格的编辑。

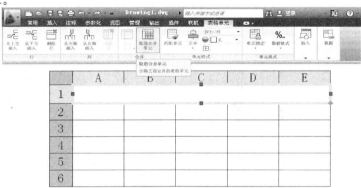

图 5-43 插入表格

（9）将鼠标放在第一行第一列，双击鼠标左键，将打开【文字样式】对话框，然后在表格内输入"序号"，按 TAB 键移动到下一单元格，再输入"代号"，如图 5-44 所示。同样的方法完成第一行的填写。

134

图 5-44　输入表头文字

（10）其余文字，通过按【Tab】键或四个方向键选择单元格位置，选字号为 4 号字，对第二行至第六行文字内容进行填写，如图 5-45 所示。

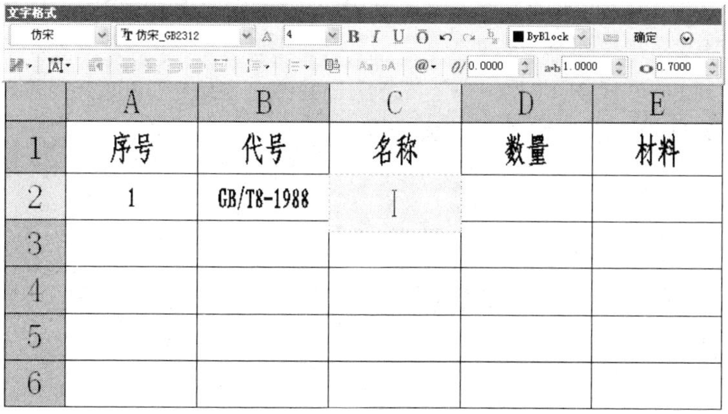

图 5-45　输入其他文字

（11）将表格内容全部输入完成（图 5-46），然后单击【确定】按钮结束命令，最终效果如图 5-36 所示。

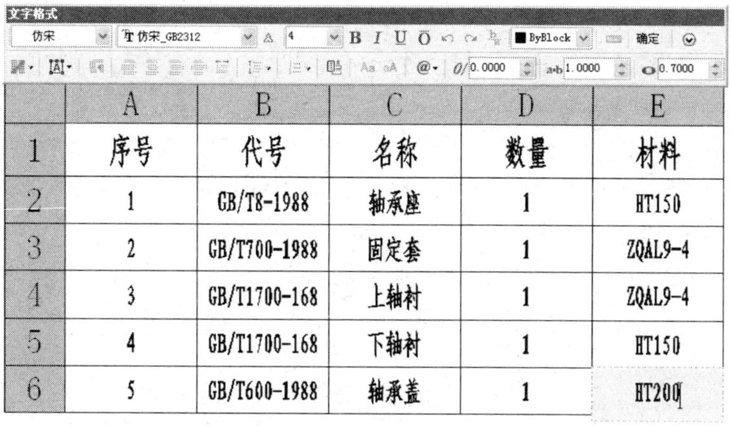

图 5-46　完成表格输入

（12）最后使用【另存为】命令，将当前文件命名存储为"明细表.dwg"。

5.7　自　我　检　测

5.7.1　填空题

（1）对于较长、较复杂的文字内容，可以使用＿＿＿＿＿＿＿＿＿＿＿＿，布满指定宽度，同时还可以在垂直方向上无限延伸，用户可以设置文字对象中单个字或字符的格式。

（2）对于文字样式来说，文字的特性主要包括：＿＿＿＿＿＿、＿＿＿＿＿＿和＿＿＿＿＿＿。

（3）一个完整的表格由＿＿＿＿＿、＿＿＿＿＿和＿＿＿＿＿组成。

（4）DT 为＿＿＿＿＿＿命令，MT 为＿＿＿＿＿＿命令。

5.7.2　选择题

（1）对于已经存在的文字对象，可以使用多种编辑工具对其进行编辑，使其适应图形的要求，编辑文本内容的命令为＿＿＿＿＿。

A.DDEDIT　　　　B.DEDIT　　　　C.MDEDIT　　　D.DEDDIT

（2）要创建并填充表格应使用的命令是＿＿＿＿＿。

A.TA　　　　B.TB　　　　C.TS　　　　D.MT

（3）文字样式不可以设置文字的＿＿＿＿＿。

A.字体　　　B.对齐方式　　　C.字高　　　D.倾斜角度

（4）变量 MIRRTEXT 控制着镜像文字的可读性，当此变量值为＿＿＿＿＿时，镜像文字具有可读性。

A.1　　　　　B.-1　　　　　C.0　　　　　D.2

5.7.3　简答题

（1）在 AutoCAD 2012 中，如何创建文字样式？

（2）在 AutoCAD 2012 中，如何创建多行文字？

（3）如何修改已经存在的文本对象的内容？

（4）在 AutoCAD 2012 中，如何创建表格样式？

5.7.4　操作题

（1）创建多行文字，其中要求文字采用"仿宋_GB2312"，"技术要求"字高 7 并加粗，其余文字，字高 5，效果如图 5-47 所示。

技术要求

1.齿在加工后进行调质处理220～250HBS。

2.不得有气孔、砂眼、缩孔等。

3.未注圆角半径为R1.5～R2。

图 5-47　注写多行文字

（2）绘制图形并添加文字，文字字高为 5 和 4，字体为"黑体"和"宋体"。效果如图 5-48 所示。

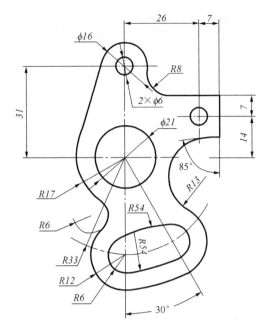

技术要求
1. 铸件应经实效处理，不得有砂眼、裂纹等。
2. 未注倒角为 1.5×45°。

图 5-48　绘制图形并注写多行文字

（3）创建如图 5-49 所示的明细表。要求字体采用"宋体"，"标题"字高 7 并加粗，"表头"和"数据"字高采用 5。

直齿圆柱齿轮参数表 / mm			
	模数	齿宽	周孔直径	键槽宽
大齿轮	4	24	24	6
小齿轮	4	24	20	6

图 5-49　创建明细表

（4）绘制房屋平面图（图 5-50），尺寸自定。

图 5-50　房屋平面图

第6章　尺寸标注与参数化约束

🔒【知识目标】

（1）掌握设置标注样式的方法。

（2）进行尺寸标注的方法。

（3）尺寸公差和形位公差的标注。

（4）编辑尺寸标注的方法。

（5）应用几何约束的方法。

（6）应用标注约束的方法。

🔑【相关知识】

在图形设计中，标注尺寸是绘图设计工作中的一项重要内容，因为用户绘制图形主要是用来反映物体的真实形状，而物体的真实大小和相互之间的位置关系只有在标注尺寸之后才能确定下来。AutoCAD 包含了一套完整的尺寸标注命令和实用程序，可以轻松完成图纸中要求的尺寸标注。

6.1　创建与设置标注样式

使用标注样式可以控制尺寸标注的格式和外观，建立和强制执行图形的绘图标准，并有利于对标注格式及用途进行修改。在中文版 AutoCAD 2012 中，用户可使用【标注样式管理器】对话框创建和设置标注样式。

6.1.1　新建标注样式

（1）菜单栏：【格式】|【标注样式】命令。

（2）功能区：【注释】|【标注】右下角按钮 ⬛。

（3）命令行：输入并执行 DIMSTYLE 或 D 命令。

（4）工具栏：【标注】工具栏上【标注样式】按钮 ◢。

执行命令后打开【标注样式管理器】对话框，如图 6-1 所示。单击【新建】按钮，AutoCAD 将打开【创建新标注样式】对话框，如图 6-2 所示，使用该对话框即可新建标注样式。

【创建新标注样式】对话框中各选项的意义如下。

（1）【新样式名】：用于输入新标注样式的名字。

（2）【基础样式】：用于选择一种基础样式，新样式将在该基础样式上进行修改。

（3）【用于】：指定新建标注样式的适用范围。可适用的范围有"所有标注"、"线性标注"、"角度标注"、"半径标注"、"直径标注"、"坐标标注"和"引线和公差"等。

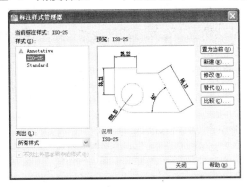

图 6-1　【标注样式管理器】对话框

图 6-2　【创建新标注样式】对话框

设置了新标注样式的名字（如 mydim）、基础样式和适用范围后，单击对话框中的【继续】按钮，将打开【新建标注样式】对话框，如图 6-3 所示。使用该对话框，用户就可以对新建的标注样式进行具体的设置了。

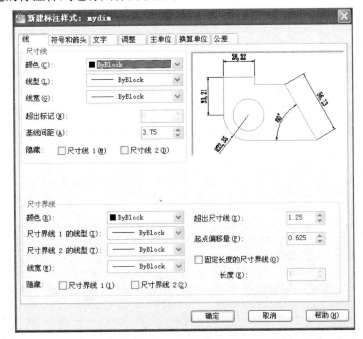

图 6-3　【新建标注样式】对话框

6.1.2　设置线

在【新建标注样式】对话框中，使用【线】选项卡可以设置尺寸线和尺寸界线的格式和位置。

1. 尺寸线

在【尺寸线】选项区域中，可以设置尺寸线的颜色、线宽、超出标记以及基线间距等属性。

（1）【颜色】：用于设置尺寸线的颜色，默认情况下，尺寸线的颜色随块。也可以使

139

用变量 DIMCLRD 设置。

（2）【线型】：用于设置尺寸界线的线型，该选项没有对应的变量。

（3）【线宽】：用于设置尺寸线的宽度，默认情况下，尺寸线的线宽也是随块，也可以使用变量 DIMLWD 设置。

（4）【超出标记】：当尺寸线的终端采用倾斜、建筑标记、小点、积分或无标记等样式时，使用该文本框可以设置尺寸线超出尺寸界线的长度，也可以使用系统变量 DIMDLE 设置，如图 6-4 所示。

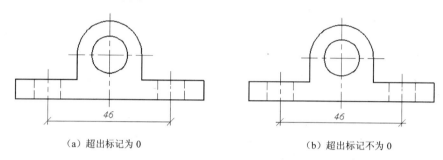

（a）超出标记为 0   （b）超出标记不为 0

图6-4　超出标记为 0 与不为 0 时的效果对比

（5）【基线间距】：进行基线尺寸标注时，可以设置各尺寸线之间的距离，也可以用变量 DIMDLI 设置。尺寸数字为 7 和 16 的尺寸线之间的距离为基线间距，如图 6-5 所示。《机械制图》国家标准规定基线间距不小于 8mm。

（6）【隐藏】：通过选择【尺寸线 1】或【尺寸线 2】复选框，可以隐藏第 1 段或第 2 段尺寸线及其相应的箭头。也可以使用变量 DIMSDI 和 D1MSD2 设置，如图 6-6 所示。

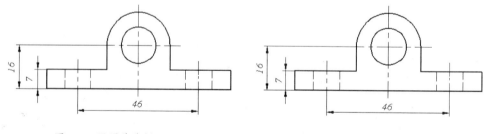

图6-5　设置基线间距　　　　　图6-6　隐藏尺寸线效果

2. 尺寸界线

在【尺寸界线】项区域中，可以设置尺寸界线的颜色、线宽、超出尺寸线的长度和起点偏移量，隐藏控制等属性。

（1）【颜色】：用于设置尺寸界线的颜色，也可以用变量 DIMCLRE 设置。

（2）【线宽】：用于设置尺寸界线的宽度，也可以用变量 DIMLWE 设置。

（3）【尺寸界线 1 和尺寸界线 2】：用于设置尺寸界线的线型。

（4）【超出尺寸线】：用于设置尺寸界线超出尺寸线的距离，也可以用变量 DIMEXE 设置，如图 6-7 所示。

（5）【起点偏移量】：用于设置尺寸界线的起点与标注定义点的距离，也可以用变量 DIMEXO 控制，如图 6-8 所示。

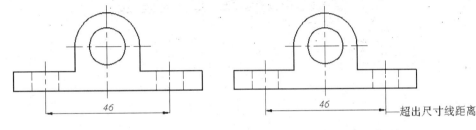

（a）超出尺寸线距离为 0　　　　　　　　（b）超出尺寸线距离不为 0

图 6-7　超出尺寸线距离为 0 与不为 0 时的效果对比

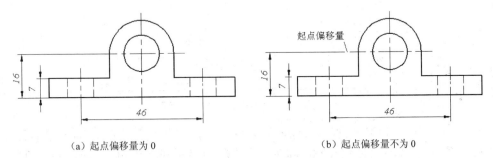

（a）起点偏移量为 0　　　　　　　　（b）起点偏移量不为 0

图 6-8　起点偏移量为 0 与不为 0 时的效果对比

（6）【隐藏】：通过选择【尺寸界线 1】或【尺寸界线 2】复选框，可以隐藏尺寸界线，也可以用变量 DIMSE 1 和 DIMSE 2 设置，如图 6-9 所示。

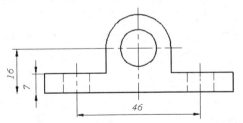

图 6-9　隐藏尺寸界线效果

（7）【固定长度的尺寸界线】：选择该选项，用来绘制具有特定长度的尺寸界线，其中在【长度】文本框中可以输入尺寸界线的数值。

6.1.3　设置符号和箭头

在【新建标注样式】对话框中，使用【符号和箭头】选项卡可以设置箭头、圆心标记、弧长符号和半径标注折弯的格式与位置，如图 6-10 所示。

（1）【箭头】：可以设置尺寸线和引线箭头的类型及尺寸大小等。通常情况下，尺寸线的两个箭头应一致。为了适用于不同类型的图形标注需要，AutoCAD 提供了 20 多种箭头样式，用户可以从对应的下拉列表框中选择箭头，并在【箭头大小】文本框中设置它们的大小（也可以用变量 DIMASE 设置）。用户也可以使用自定义的箭头，此时可在下拉列表框中选择【用户箭头】选项，打开【选择自定义箭头块】对话框，如图 6-11 所示，在【从图形块中选择】文本框内输入当前图形中已有的块名，然后单击【确定】按钮，AutoCAD 将以该块作为尺寸线的箭头样式，此时块的插入基点与尺寸线的端点重合。

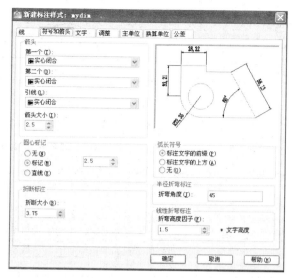

图 6-10 【符号和箭头】选项卡

（2）【圆心标记】：设置圆心标记的类型和大小。【标记】选项，对圆或圆弧绘制圆心标记；【直线】选项，对圆或圆弧绘制中心线；【无】选项则没有任何标记，如图 6-12 所示。当选择【标记】或【直线】单选按钮时，可以在后面的文本框中设置圆心标记的大小。

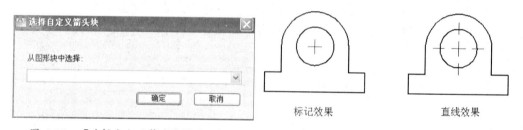

图 6-11 【选择自定义箭头块】对话框   图 6-12 圆心标记类型

（3）【弧长符号】：设置弧长符号显示的位置和折弯标注的角度数值，包括【标注文字的前缀】、【标注文字的上方】和【无】三种方式，用于在标注弧长时，设置弧长符号的显示位置。如图 6-13 所示为分别选择三种选项的效果图。

图 6-13 设置弧长符号的位置

（4）【半径折弯标注】：设置标注圆弧半径时标注线的折弯角度大小。

（5）【折断标注】：设置折断标注时标注线段长度大小。

（6）【线性折弯标注】：设置折弯标注打断时折弯线的高度大小。

6.1.4 设置文字

在【新建标注样式】对话框中，使用【文字】选项卡，可以设置标注文字的外观、位置和对齐方式，如图 6-14 所示。

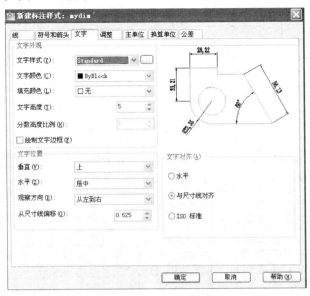

图 6-14 【文字】选项卡

（1）文字外观。在【文字外观】选项区域中，可以设置文字的样式、颜色、高度和分数高度比例，以及控制是否绘制文字边框等。各选项的功能说明如下。

①【文字样式】：选择标注的文字样式。也可以单击其后的 按钮，打开【文字样式】对话框，选择文字样式或新建文字样式。

②【文字颜色】：设置标注文字的颜色，也可以用变量 DIMCLRT 设置。

③【填充颜色】：设置标注文字的背景色。

④【文字高度】：设置标注文字的高度，也可以用变量 DIMTXT 设置。

⑤【分数高度比例】：设置标注文字中的分数相对于其他标注文字的比例，AutoCAD 将该比例值与标注文字高度的乘积作为分数的高度。

⑥【绘制文字边框】：设置是否给标注文字加边框，如图 6-15 所示。

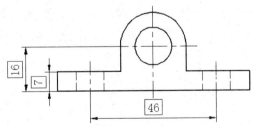

图 6-15 给标注文字加边框

（2）文字位置：设置文字的垂直、水平位置以及距离尺寸线的偏移量。各选项的功能说明如下。

①【垂直】：设置标注文字相对于尺寸线在垂直方向的位置。【置中】选项可以把标注文字放在尺寸线中间；【上方】选项，将把标注文字放在尺寸线的上方；【外部】选项可以把标注文字放在远离第一定义点的尺寸线一侧；选择 JIS 选项则按 JIS 规则放置标注

文字，如图 6-16 所示。

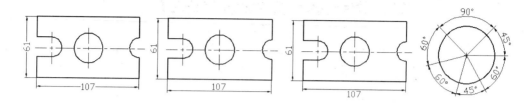

图 6-16　文字垂直位置的四种形式

②【水平】：设置标注文字相对于尺寸线和尺寸界线在水平方向的位置，【置中】、【第一条尺寸界线】、【第二条尺寸界线】、【第一条尺寸界线上方】、【第二条尺寸界线上方】，如图 6-17 所示。

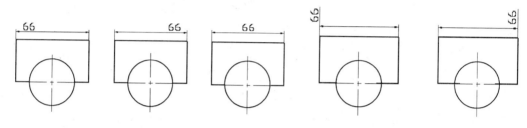

（a）第一条尺寸界线　（b）第二条尺寸界线　（c）置中　（d）第一条尺寸界线上方　（e）第二条尺寸界线上方

图 6-17　文字水平位置

③【从尺寸线偏移】：设置标注文字与尺寸线之间的距离。如果标注文字位于尺寸线的中间，则表示断开处尺寸线端点与尺寸文字的间距。若标注文字带边框可以控制文字边框与其中文字的距离。

④【文字对齐】：可以设置标注文字是保持水平还是与尺寸线平行。其中三个选项的意义如下：

（a）【水平】：使标注文字水平放置。

（b）【与尺寸线对齐】：使标注文字方向与尺寸线方向一致。

（c）【ISO 标准】：使标注文字按 ISO 标准放置，当标注文字在尺寸界线之内时，它的方向与尺寸线方向一致，而在尺寸界线之外时将水平放置。图 6-18 显示了上述三种文字对齐方式。

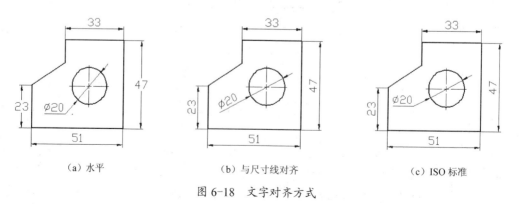

（a）水平　　　　　　　　（b）与尺寸线对齐　　　　　　　　（c）ISO 标准

图 6-18　文字对齐方式

6.1.5 设置调整

在【新建标注样式】对话框中，使用【调整】选项卡，可以设置标注文字、尺寸线、尺寸箭头的位置，如图 6-19 所示。

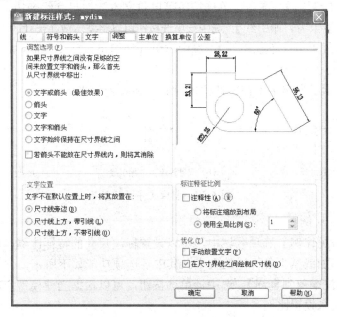

图 6-19 【调整】选项卡

1. 调整选项

在【调整选项】选项区域中，可以确定当尺寸界线之间没有足够的空间来同时放置标注文字和箭头时，应首先从尺寸界线之间移出的对象。该选项区域中各选项意义如下。

（1）【文字或箭头（最佳效果）】：按最佳效果自动移出文本或箭头。

（2）【箭头】：首先将箭头移出。

（3）【文字】：首先将文字移出。

（4）【文字和箭头】：将文字和箭头都移出。

（5）【文字始终保持在尺寸界线之间】：将文本始终保持在尺寸界限之内，相关的标注变量为 DIMTIX。

若不能放在尺寸界线内，则消除箭头：如果选中该复选框可以抑制箭头显示，也可以使用变量 DIMSOXD 设置。

图 6-20 显示了从尺寸界线之间移出不同对象的效果。

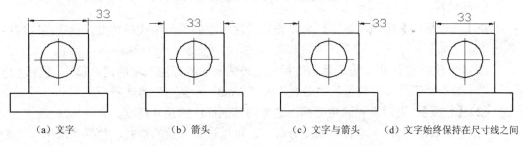

（a）文字　　　　（b）箭头　　　　（c）文字与箭头　　（d）文字始终保持在尺寸线之间

图 6-20 标注文字和箭头在尺寸界线间的放置

2. 文字位置

在【文字位置】选项区域中，可以设置当文字不在默认位置时的位置。其中各选项意义如下。

（1）【尺寸线旁边】：选中该单选按钮可以将文本放在尺寸线旁边。

（2）【尺寸线上方，加引线】：选中该单选按钮可以将文本放在尺寸的上方，并加上引线。

（3）【尺寸线上方，不加引线】：选中该单选按钮可以将文本放在尺寸的上方，但不加引线。

图 6-21 显示了当文字不在默认位置时的上述设置效果。

（a）尺寸线旁边　　　　　　（b）尺寸线上方，加引线　　　　　（c）尺寸线上方，不加引线

图 6-21　标注文字的位置

3. 标注特征比例

在【标注特征比例】选项区域中，可以设置标注尺寸的特征比例，以便通过设置全局比例因子来增加或减少各标注的大小。其中各选项功能如下所示。

（1）【将标注缩放到全局】：选中该单选按钮，可以根据当前模型空间视口与图纸空间之间的缩放关系设置比例。

（2）【使用全局比例】：选择该单选按钮，可以对全部尺寸标注设置缩放比例，该比例不改变尺寸的测量值。

4. 优化

在【优化】选项区域中，可以对标注文字和尺寸线进行细微调整，该选项区域包括以下两个复选框。

（1）【手动放置文字】：选中该复选框，则忽略标注文字的水平设置，在标注时将标注文字放置在用户指定的位置。

（2）【在尺寸界线之间绘制尺寸线】：选中该复选框，当尺寸箭头放置在尺寸界线之外时，也在尺寸界线之内绘制出尺寸线。

6.1.6　设置主单位

在【新建标注样式】对话框中，使用【主单位】选项卡，可以设置主单位的格式与精度等属性，如图 6-22 所示。

1. 线性标注

在【线性标注】选项区域中，可以设置线性标注的单位格式与精度，该选项区域中各选项意义如下。

（1）【单位格式】：用于设置除角度标注之外的其余各标注类型的尺寸单位，包括"科学"、"小数"、"工程"、"建筑"、"分数"及"Windows 桌面"等选项。

（2）【精度】：用于设置除角度标注之外的其他标注的尺寸精度。

（3）【分数格式】：当单位格式是分数时，可以设置分数的格式，包括"水平"、"对角"和"非堆叠"三种方式。

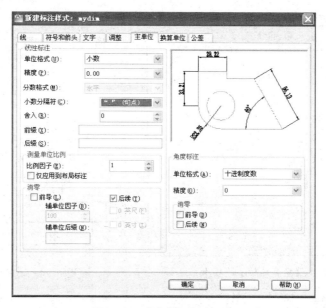

图 6-22 【主单位】选项卡

（4）【小数分隔符】：用于设置小数的分隔符，包括"逗点"、"句点"和"空格"三种方式。

（5）【舍入】：用于设置除角度标注外的尺寸测量值的舍入值。

（6）【前缀】：用于设置标注文字的前缀。

（7）【后缀】：用于设置标注文字的后缀。

（8）【测量单位比例】：用于设置测量尺寸的缩放比例。AutoCAD 的实际标注值为测量值与该比例的积。选择"仅应用到布局标注"复选框，可以设置该比例关系是否仅适用于布局。

（9）【消零】：可以设置是否显示尺寸标注中的"前导"零和"后续"零。

2. 角度标注

在【角度标注】选项区域中，可以使用【单位格式】下拉列表框设置标注角度时的单位；使用【精度】下拉列表框设置标注角度的尺寸精度；使用【消零】选项区域设置是否消除角度尺寸的前导零和后续零。

6.1.7　设置单位换算

在【新建标注样式】对话框中，使用【换算单位】选项卡可以设置换算单位的格式，如图 6-23 所示。

在 AutoCAD 2012 中，通过换算标注单位，可以转换使用不同测量单位制的标注，通常是显示英制标注的等效公制标注，或公制标注的等效英制标注。在标注文字中，换算标注单位显示在主单位旁边的方括号[ ]中，如图 6-24 所示。

选中【显示换算单位】复选框后，对话框的其他选项才可用，用户可以在【换算单位】选项区域中设置换算单位的"单位格式"、"精度"、"换算单位倍数"、"舍入精度"、"前缀"及"后缀"等，方法与设置主单位的方法相同。

【位置】选项区域用于设置换算单位的位置，包括"主值后"和"主值下"两种方式。

147

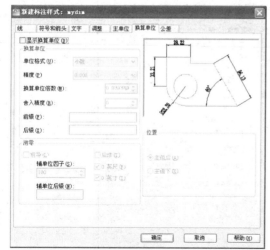

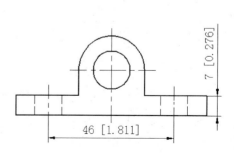

图 6-23 【换算单位】选项卡   图 6-24 使用换算单位

6.1.8 设置公差

在【新建标注样式】对话框中，使用【公差】选项卡，可以设置是否在尺寸标注中标注公差，以及以何种方式进行标注，如图 6-25 所示。

图 6-25 【公差】选项卡

在【公差格式】选项区域中，可以设置公差的标注格式，其中各选项意义如下。

（1）【方式】：确定以何种方式标注公差，包括"无"、"对称"、"极限偏差"、"极限尺寸"和"基本尺寸"选项，如图 6-26 所示。

图 6-26 公差标注

148

（2）【精度】：用于设置尺寸公差的精度。

（3）【上偏差】：用于设置尺寸的上偏差，相应的系统变量为 DIMTP。

（4）【下偏差】：用于设置尺寸的下偏差，相应的系统变量 DIMTM。

（5）【高度比例】：用于确定公差文字的高度比例因子，AutoCAD 将该比例因子与尺寸文字高度的乘积作为公差文字的高度。AutoCAD 将高度比例因子储存在系统变量 DIMTFAC 中。

（6）【垂直位置】：用于控制公差文字相对于尺寸文字的位置，包括"下"、"中"、"上"三种方式。

（7）【消零】：用于设置是否消除公差值的前导零或后续零。

（8）【换算单位公差】：当标注换算单位时，可以设置换算单位的精度和是否消零。

6.2 标 注 尺 寸

在了解了尺寸标注的相关概念及标注样式的创建和设置方法后，本节介绍如何在中文版 AutoCAD 2012 中标注图形尺寸。

6.2.1 线性标注

使用线性标注可以标注长度类型的尺寸，用于标注垂直、水平和旋转的线性尺寸，线性标注可以水平、垂直或对齐放置。创建线性标注时，可以修改文字内容、文字角度或尺寸线的角度。

线性标注命令调用方式有：

（1）菜单栏：【标注】|【线性】命令。

（2）命令行：输入并执行 DIMLINEAR 或 DLI 命令。

（3）功能区：【注释】选项卡【标注】面板中【线性】按钮┝┥ 。

（4）工具栏：【标注】工具栏【线性】按钮┝┥。

执行命令后，AutoCAD 提示：

指定第一条尺寸界线原点或<选择对象>：

在此提示下用户有两种选择，即确定一点作为第一条尺寸界线的起始点或按 Enter 键选择对象。这两个选项的意义如下。

（1）【指定第一条尺寸界线原点】。如果在"指定第一条尺寸界线原点或<选择对象>："提示下确定第一条尺寸界线的原点，AutoCAD 将提示：

指定第二条尺寸界线原点：

即要求用户确定另一条尺寸界线的原点位置。用户响应后，AutoCAD 提示：

指定尺寸线位置或

[多行文字（M）/文字（T）/角度（A）/水平（H）/垂直（V）/旋转（R）]：

该提示中各选项意义如下。

①【指定尺寸线位置】：确定尺寸线的位置。用户响应后，AutoCAD 根据自动测量出的两尺寸界线原点间的水平或垂直距离值标出尺寸。

注意：两尺寸界线的起点不在同一水平线或同一垂直线上时，可通过拖动鼠标的方式确定是实现水平标注还是垂直标注。方法为：确定两尺寸界线的原点后，使光标位于两尺寸界线的原点之间，上下拖动鼠标，可引出水平尺寸线；左右拖动鼠标，则可引出垂直尺寸线。

②【多行文字（M）】：执行该选项，将进入多行文字编辑模式，用户可以使用"文字格式"工具栏和文字输入窗口输入并设置标注文字。其中，文字输入窗口中的尖括号"<>"表示系统测量值。

③【文字（T）】：用于输入标注文字。执行该选项后，AutoCAD 提示：

输入标注文字：

在该提示下输入标注文字即可。

④【角度（A）】：用于确定标注文字的旋转角度。执行该选项，AutoCAD 提示：

指定标注文字的角度：

输入文字的旋转角度后，所标注的文字将旋转该角度。

⑤【水平（H）】：用于标注水平尺寸，即沿水平方向的尺寸。执行该选项后，AutoCAD 提示：

指定尺寸线位置或[多行文字（M）/文字（T）/角度（A）]：

用户可在此提示下直接确定尺寸线的位置，也可以用"多行文字（M）"、"文字（T）"和"角度（A）"选项先确定要标注的尺寸值或标注文字的旋转角度。

⑥【垂直（V）】：用于标注垂直尺寸，即沿垂直方向的尺寸。执行该选项后，AutoCAD 提示：

指定尺寸线位置或[多行文字（M）/文字（T）/角度（A）]：

用户可在此提示下直接确定尺寸线的位置，也可以用"多行文字（M）"、"文字（T）"、"角度（A）"选项确定要标注的尺寸文字或尺寸文字的旋转角度。

⑦【旋转（R）】：用于旋转标注，即标注沿指定方向的尺寸。执行该选项后，AutoCAD 提示：

指定尺寸线的角度：

此提示确定尺寸线的旋转角度后，AutoCAD 继续提示：

指定尺寸线位置或
[多行文字（M）/文字（T）/角度（A）/水平（H）/垂直（V）/旋转（R）]：

用户按提示执行操作即可。

（2）【选择对象】：如果在"指定第一条尺寸界线起点或<选择对象>："提示下直接按 Enter 键，即执行"选择对象"选项，AutoCAD 提示：

选择标注对象：

此提示要求用户选择要标注尺寸的对象。选择对象后，AutoCAD 将该对象的两端点作为两条尺寸界线的原点，并提示：

指定尺寸线位置或
[多行文字（M）/文字（T）/角度（A）/水平（H）/垂直（V）/旋转（R）]：

用户根据需要响应即可。如图 6-27 所示的"尺寸 90"。

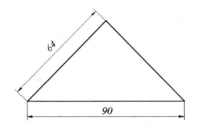

图 6-27　线性标注和对齐标注

6.2.2　对齐标注

对齐标注是线性标注的一种形式，是指尺寸线始终与标注对象保持平行，若是标注圆弧，对对齐尺寸标注的尺寸线与圆弧的两个端点所连接的弦保持平行。

启用对齐标注命令有以下四种方式。

（1）菜单栏：【标注】｜【对齐】命令。

（2）命令行：输入并执行 DIMALIGNED 命令。

（3）功能区：【注释】选项卡【标注】面板上【对齐】按钮。

（4）工具栏：【标注】工具栏中的【对齐】按钮 。

执行命令后，根据命令提示，参照【线性】标注的步骤，就可以进行【对齐】标注了，如图 6-27 所示"尺寸 64"。

6.2.3　角度标注

角度标注命令可以准确地标注对象之间的夹角，如图 6-28 所示。

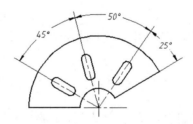

图 6-28　角度标注

启用角度标注命令的方式有以下四种。

（1）菜单栏：【标注】｜【角度】命令。

（2）命令行：输入并执行 DIMANGULAR 命令。

（3）功能区：【注释】选项卡【标注】面板中【角度】按钮 。

（4）工具栏：【标注】工具栏中的【角度】按钮 。

执行命令后，AutoCAD 提示：

选择圆弧、圆、直线或<指定顶点>：

在此提示下，可以选择需要标注的对象。其功能说明如下。

（1）【标注圆弧的包含角】：在"选择圆弧、圆、直线或<指定顶点>："提示下选择圆弧，AutoCAD 提示：

指定标注弧线位置或[多行文字（M）/文字（T）/角度（A）/象限点（Q）]：

如果在该提示下直接确定标注弧线的位置，AutoCAD 会按实际测量值标注出角度。另外，可以通过"多行文字（M）"、"文字（T）"、"角度（A）" 以及象限点（Q）选项确定尺寸文字及其旋转角度。

（2）【标注圆上某段圆弧的包含角】：在"选择圆弧、圆、直线或<指定顶点>:"提示下选择圆，AutoCAD 提示：

> 指定角的第二个端点：（确定另一点作为角的第二个端点，该点可以在圆上，也可以不在圆上）
> 指定标注弧线位置或 [多行文字（M）/文字（T）/角度（A）/象限点（Q）]

如果在此提示下直接确定标注弧线的位置，AutoCAD 标注出角度值，该角度的顶点为圆心，尺寸界线（或延伸线）通过选择圆时的拾取点和指定的第二个端点。

（3）【标注 2 条不平行直线之间的夹角】：在"选择圆弧、圆、直线或<指定顶点>:"提示下选择直线，AutoCAD 提示：

> 选择第二条直线：（选择第二条直线）
> 指定标注弧线位置或[多行文字（M）/文字（T）/角度（A）/象限点（Q）]：

如果在此提示下直接确定标注弧线的位置，AutoCAD 标注出这两条直线的夹角。

（4）【根据 3 个点标注角度】：在"选择圆弧、圆、直线或<指定顶点>:"提示下按 Enter 键，AutoCAD 提示：

> 指定角的顶点：（确定角的顶点）
> 指定角的第一个端点：（确定角的第一个端点）
> 指定角的第二个端点：（确定角的第二个端点）
> 指定标注弧线位置或[多行文字（M）/文字（T）/角度（A）/象限点（Q）]：

如果在此提示下直接确定标注弧线的位置，AutoCAD 根据给定的三点标注出角度。

注意：当通过"多行文字（M）"或"文字（T）"选项重新确定尺寸文字时，只有给新输入的尺寸文字加后缀"%%D"，才能使标注出的角度值有"°"符号，否则没有"°"符号。

6.2.4　直径标注

直径标注用于标注圆或圆弧的直径，直径标注是由一条具有指向圆或圆弧箭头的直径尺寸线组成，如图 6-29 所示。

启用直径标注命令有以下四种方式。

（1）菜单栏：【标注】|【直径】命令。

（2）命令行：输入并执行 DIMDIAMETER 命令。

（3）功能区：【注释】选项卡【标注】面板中【直径】按钮 ⊘ 。

（4）工具栏：【标注】工具栏中的【直径】按钮 ⊘ 。

执行命令后，AutoCAD 依此提示：

> 选择圆弧或圆：（选择要标注直径的圆或圆弧）
> 指定尺寸线位置或[多行文字（M）/文字（T）/角度（A）]：

若此时用户直接确定尺寸线的位置，AutoCAD 按实际测量值标注出圆或圆弧的直径。用户也可以通过"多行文字（M）"、"文字（T）"以及"角度（A）"选项确定尺寸文字和尺寸文字的旋转角度。

注意：当通过"多行文字（M）"或"文字（T）"选项重新确定尺寸文字时，只有给输入的尺寸文字加前缀"%%C"，才能使标出的直径尺寸有直径符号ϕ，否则没有此符号。

6.2.5 半径标注

半径标注用于标注圆或圆弧底半径，半径标注是由一条具有指向圆或圆弧箭头的半径尺寸线组成，如图6-30所示。

启用半径标注命令有以下四种方式。

（1）菜单栏：【标注】|【半径】命令。

（2）命令行：输入并执行 DIMRADIUS 命令。

（3）功能区：【注释】选项卡【标注】面板中【半径】按钮◎。

（4）工具栏：【标注】工具栏中的【半径】按钮◎。

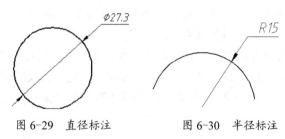

图 6-29　直径标注　　　　图 6-30　半径标注

执行命令后，AutoCAD 提示：

选择圆弧或圆：（选择要标注半径的圆弧或圆）

指定尺寸线位置或[多行文字（M）/文字（T）/角度（A）]：

若用户此时直接确定尺寸线的位置，AutoCAD 按实际测量值标注出圆或圆弧的半径。另外，可以使用"多行文字（M）"、"文字（T）"以及"角度（A）"选项确定尺寸文字及其旋转角度。

注意：当通过"多行文字（M）"或"文字（T）"选项重新确定尺寸文字时，只有给输入的尺寸文字加前级 R，才能使标出的半径尺寸有该符号，否则没有此符号。

6.2.6 圆心标记

圆心标记用于标注圆或圆弧的圆心点方式，如图6-31所示。

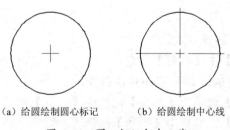

（a）给圆绘制圆心标记　　　（b）给圆绘制中心线

图 6-31　圆心标记与中心线

启用圆心标记方式有以下四种。

（1）菜单栏：【标注】|【圆心标记】命令。

（2）命令行：输入并执行 DIMCENTER 命令。

（3）功能区：【注释】选项卡【标注】面板中【圆心标记】按钮 ⊕ 。

（4）工具栏：【标注】工具栏【圆心标记】按钮 ⊕ 。

可绘制圆心标记或中心线。

圆心标记可以是小十字也可以是中心线，由系统变量【DIMCEN】确定；当该值等于 0 时，没有圆心标记；当该值大于 0 时，圆心标记为小十字；当该值小于 0 时，圆心标记为中心线，数值绝对值的大小决定标记的大小。

6.2.7　弧长标注

弧长标注可以标注出一段圆弧的长度。启用弧长标注的方式有以下四种。

（1）菜单栏：【标注】|【弧长】命令。

（2）命令行：输入并执行 DIMARC 命令

（3）功能区：【注释】选项卡【标注】面板中【弧长】按钮 ⌒ 。

（4）工具栏：【标注】工具栏【弧长】按钮 ⌒ 。

执行 DIMARC 命令选择对象后，系统将按测量值标注出圆弧的长度。也可以利用"多行文字（M）"、"文字（T）"或"角度（A）"选项，确定尺寸文字或尺寸文字的旋转角度。另外，如果选择"部分（P）"选项，可以标注选中圆弧某一部分的弧长，如图 6-32 所示。

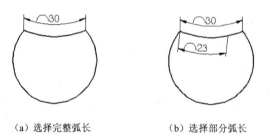

（a）选择完整弧长　　　　　　（b）选择部分弧长

图 6-32　弧长标注

【DIMARCSYM】命令可以控制弧长标注中圆弧符号的显示，该值等于 0 时，将弧长符号放在标注文字的前面；该值等于 1 时，将弧长符号放在标注文字的上方；该值等于 2 时，将不显示弧长符合。

6.2.8　折弯标注

启用折弯标注有以下四种方式。

（1）菜单栏：【标注】|【折弯】命令。

（2）命令行：输入并执行 DIMJOGGED 命令。

（3）功能区：【注释】选项卡【标注】面板中【折弯】按钮 ⌐ 。

（4）工具栏：【标注】工具栏中【折弯】按钮 ⌐ 。

执行命令后，AutoCAD 提示：

选择圆弧或圆：

在该提示下选择圆弧或圆即可，如图 6-33 所示。这样在图形比较复杂时，可以更好地使用有限空间标注图形。

（a）折弯标注样式1　　　（b）折弯标注样式2

图 6-33　折弯标注

6.2.9　连续标注

连续标注是指相邻两尺寸线共用同一尺寸界线，如图 6-34 所示。

注意：执行连续标注前，必须先创建一个线性、坐标或角度标注作为基准标注，以确定连续标注所需要的前一尺寸标注的尺寸界线。

启用连续标注有以下四种方式。

（1）菜单栏：【标注】|【连续】命令。

（2）命令行：输入并执行 DIMCONTINUE 或 DCO 命令。

（3）功能区：【注释】选项卡【标注】面板中【连续标注】按钮 ｜⁺⁺｜ 。

（4）工具栏：【标注】工具栏【连续标注】按钮 ｜⁺⁺｜ 。

执行命令后，AutoCAD 提示：

指定第二条尺寸界线原点或[放弃（U）/选择（S）]<选择>:

在此提示下确定下一个尺寸的第二条尺寸界线的原点，AutoCAD 按连续标注方式标注出尺寸，即把上一个尺寸的第二条尺寸界线作为新尺寸标注的第一条尺寸界线标注尺寸。确定下一个尺寸的第二条尺寸界线的原点后，AutoCAD 会继续出现上述提示。当标注出全部尺寸后，按 Enter 键可结束命令的执行。

"指定第二条尺寸界线起点或[放弃（U）/选择（S）]<选择>:"提示中的"放弃（U）"选项用于放弃前一次操作；"选择（S）"选项则用于重新确定连续标注时共用的尺寸界线。执行"选择（S）"选项后，AutoCAD 提示：

选择连续标注:

在该提示下选择尺寸界线后，AutoCAD 会继续提示"指定第二条尺寸界线起点或[放弃（U）/选择（S）]<选择>:"。如图 6-34 所示为连续标注示例。

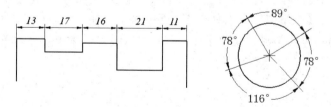

图 6-34　连续标注示例

6.2.10　基线标注

基线标注指各尺寸线从同一尺寸界线处引出，如图 6-35 所示。

注意：在执行基线标注前，也必须先标注出一个尺寸，以确定基线标注所需要的前一标注尺寸的尺寸界线。

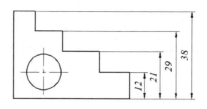

图 6-35　基线标注范例

启用基线标注命令的方式有以下四种。

（1）菜单栏：【标注】｜【基线】命令。

（2）命令行：输入并执行【DINIBASELINE】命令。

（3）功能区：【注释】选项卡【标注】面板中【基线标注】按钮 ，。

（4）工具栏：【标注】工具栏【基线标注】按钮 。

执行命令后，AutoCAD 提示：

指定第二条尺寸界线原点或[放弃（U）/选择（S）]<选择>：

在此提示下确定下一个尺寸的第二条尺寸界线原点后，AutoCAD 按基线标注方式标注出尺寸，而后继续出现上述提示。此时可再确定下一个尺寸的第二条尺寸界线起点位置。标注出全部尺寸后，在上述提示下按 Enter 键，结束命令。

"指定第二条尺寸界线起点或[放弃（U）/选择（S）]<选择>："提示中的"放弃（U）"选项用于放弃前一次操作；"选择（S）"选项则用于重新确定基线标注时作为基线的尺寸界线。执行该选项后，AutoCAD 提示：

选择基准标注：

在该提示下选择尺寸界线后，AutoCAD 会继续提示"指定第二条尺寸界线起点或[放弃（U）/选择（S）]<选择>："。

6.2.11　多重引线标注

启用多重引线命令的方式有以下四种。

（1）菜单栏：【标注】｜【多重引线】命令。

（2）命令行：输入并执行 MLEADER 命令。

（3）功能区：【注释】选项卡【引线】面板中【多重引线】按钮 ，如图 6-36 所示。

（4）工具栏：【多重引线】工具栏【多重引线】按钮 ，如图 6-36 所示。

执行命令后均可以创建引线和注释，并且可以设置引线和注释的样式。

图 6-36　【多重引线】面板和工具栏

1．创建多重引线标注

执行"多重引线"命令后，AutoCAD 提示：

指定引线箭头的位置或 [引线基线优先（L）/内容优先（C）/选项（O）] <选项>：

156

在图形中单击确定引线箭头的位置，然后在打开的文字输入窗口输入注释内容，如图 6-37 所示。

在【多重引线】下拉项中单击【添加引线】按钮$\nearrow$，可以为图形继续添加多个引线和注释。执行该选项后，AutoCAD 提示：

选择多重引线：

当选择多重引线后，命令行提示：

指定引线箭头的位置：

添加引线注释结果如图 6-38 所示。

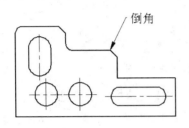

图 6-37 多重引线

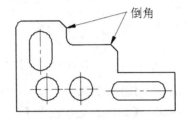

图 6-38   添加引线注释

2. 管理多重引线标注

在【注释】功能区中单击【多重引线样式】按钮$\oslash$，将打开【多重引线样式管理器】对话框，如图 6-39 所示。该对话框和【标注样式管理器】对话框类似，可以设置多重引线的格式、结构和内容。单击【新建】按钮，在打开的【创建新多重引线样式】对话框中可以创建多重引线样式，如图 6-40 所示。

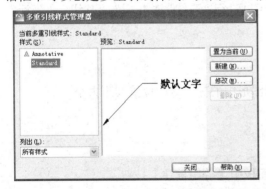

图 6-39   【多重引线样式管理器】对话框

图 6-40   【创建新多重引线样式】对话框

设置了新样式的名称和基础样式后，单击该对话框中的【继续】按钮，将打开【修改多重引线样式】对话框，可以创建多重引线的格式、结构和内容，如图 6-41 所示。用户自定义多重引线样式后，单击【确定】按钮。然后在【多重引线样式管理器】对话框将新样式置为当前。

6.2.12 快速标注

启用快速标注命令的方式有以下四种。

（1）菜单栏：【标注】│【快速标注】命令。

（2）命令行：输入并执行 QDIM 命令 。

图 6-41　【修改多重引线样式】对话框

（3）功能区：【注释】选项卡【标注】面板中【快速标注】按钮。

（4）工具栏：【标注】工具栏中【快速标注】按钮。

执行命令后均可以快速创建成组的基线、连续、阶梯标注，以及快速标注多个圆、圆弧以及编辑现有标注的布局。执行【快速标注】命令后，AutoCAD 提示：

选择要标注的几何图形：

用户在该提示下选择需要标注尺寸的各图形对象，并按 Enter 键后，AutoCAD 提示：

指定尺寸线位置或[连续（C）/并列（S）/基线（B）/坐标（O）/半径（R）/直径（D）/基准点（P）/编辑（E）/设置（T）]：<连续>：

在该提示下，通过选择相应选项，用户可以进行"连续"、"并列"、"基线"、"坐标"、"半径"及"直径"等一系列标注。

6.2.13　标注间距和标注打断

【标注间距】命令可以修改已经标注的图形中的标注线的位置间距大小。

启用标注间距命令的方式有以下四种。

（1）菜单栏：【标注】|【标注间距】命令。

（2）命令行：输入并执行 DIMSPACE 命令。

（3）功能区：【注释】选项卡【标注】面板中【等距标注】按钮。

（4）工具栏：【标注】工具栏中【等距标注】按钮。

执行【标注间距】命令，命令行将提示：

选择基准标注：

在图形中选择第一个标注线，然后命令行提示：

选择要产生间距的标注：

这时再选择第二个标注线，接下来命令行提示：

输入值或[自动（A）]<自动>：

输入标注线的间距数值，按 Enter 键完成标注间距。该命令可以选择连续设置多个标注线之间的间距。图 6-42 所示为图 6-42（a）中 1、2、3 处的标注线设置标注间距后的效果对比。

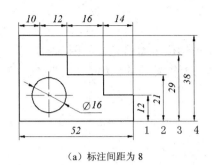

（a）标注间距为 8

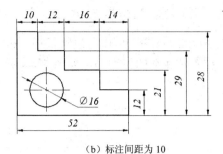

（b）标注间距为 10

图 6-42　标注间距

【标注打断】命令可以在标注线和图形之间产生一个隔断。

启用标注打断命令的方式有以下四种。

（1）菜单栏：【标注】|【标注打断】命令。

（2）命令行：输入并执行 DIMBREAK 命令 。

（3）功能区：【注释】选项卡【标注】面板中【标注打断】按钮 。

（4）工具栏：【标注】工具栏中【标注打断】按钮 。

执行该命令，命令行将提示：

选择标注或[多个（M）]:

在图形中选择需要打断的标注线，然后命令行提示：

选择要打断标注的对象或[自动（A）/恢复（R）/手动（M）]<自动>:

这时选择该标注对应的线段，按 Enter 键完成标注打断。图 6-43 所示为图 6-43（a）的 1、2 处的标注线设置打断后的效果对比。

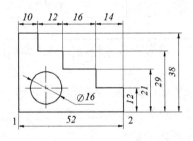

（a）尺寸界线打断前

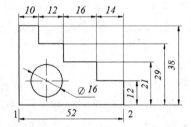

（b）尺寸界线打断后

图 6-43　标注打断

6.3　形位公差

零件加工过程中，不仅会产生尺寸误差，也会出现形状和相对位置误差。因此限定零件的实际形状和实际位置对理想形状和理想位置的变动量是十分重要的，这种允许的变动量就是形状公差和位置公差，简称形位公差。合理地确定形位公差是保证产品质量的重要措施。尤其对于某些高精度的零件，在图样中不仅要规定尺寸公差，还应该规定形位公差。

6.3.1 形位公差的符号表示

在 AutoCAD 中，可以通过特征控制框来显示形位公差信息，如图形的形状、轮廓、方向、位置和跳动的偏差等，如图 6-44 所示。公差符号的意义如表 6-1 所列。

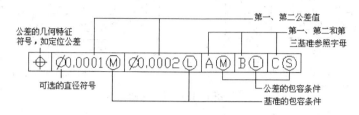

图 6-44 特征控制框架

表 6-1 公差符号

符 号	含 义	符 号	含 义
⊕	位置度	⌒	面轮廓度
◎	同轴度	⌒	线轮廓度
=	对称度	⭷	圆跳动
//	平行度	⭷	全跳动
⊥	垂直度	⌀	直径
∠	倾斜度	Ⓜ	最大包容条件（MMC）
⌀	圆柱度	Ⓛ	最小包容条件（LMC）
▱	平面度	Ⓢ	不考虑特征尺寸（RFS）
○	圆度	Ⓟ	投影公差
—	直线度		

在形位公差中，特征控制框至少包含几何特征符号和公差值两部分，各组成部分的意义如下。

（1）【几何特征符号】：用于表明位置、同心度或共轴性、对称性、平行性、垂直性、倾斜度、圆柱度、平直度、圆度、直线度、面剖、线剖、环形偏心度及总体偏心度等。

（2）【直径】：用于指定一个图形的公差带，并放于公差值前。

（3）【公差值】：用于指定特征的整体公差的数值。

（4）【包容条件】：用于表示大小可变的几何特征，有 Ⓜ、Ⓛ、Ⓢ 和空白四个选择。其中，Ⓜ 表示最大包容条件，几何特征包含规定极限尺寸内的最大包容量，孔应具有最小直径，而轴应具有最大直径；Ⓛ 表示最小包容条件，几何特征包含规定极限尺寸内的最小包容量，在 Ⓛ 中，孔应具有最大直径，而轴应具有最小直径；Ⓢ 表示不考虑特征尺寸，这时几何特征可以是规定极限尺寸内的任意大小。

（5）【基准】：特征控制框中的公差值最多可跟随三个可选的基准参照字母及其修饰符号。基准是用来测量和验证标注在理论上精确的点、轴或平面。通常，两个或三个相互垂直的平面效果最佳，它们共同称作基准参照边框。

（6）【投影公差带】：除指定位置公差外，还可以指定投影公差以使公差更加明确。

6.3.2　标注形位公差

启用标注形位公差的命令有以下四种。

（1）菜单栏：【标注】|【公差】命令。

（2）命令行：输入并执行 TOLERANCE 命令。

（3）工具栏：【标注】工具栏中【公差】按钮 ⊞ 。

（4）功能区：【注释】选项卡【标注】面板中【公差】按钮 ⊞

执行命令后，AutoCAD 将打开【形位公差】对话框。使用该对话框，用户可以设置公差的符号、值及基准等参数，如图 6-45 所示。各选项的意义如下。

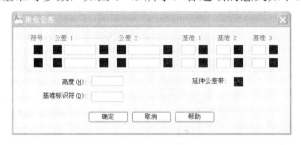

图 6-45　【形位公差】对话框

（1）【符号】：单击该选项区域中的 ■ 框，可打开【特征符号】对话框，在该对话框中可以为第一个或第二个公差选择几何特征符号，如图 6-46 所示。

（2）【"公差 1" 和 "公差 2"】：单击该选项区域中前列的 ■ 框，将插入一个直径符号；在中间的文本框中，可以输入公差值；单击该选项区域中后列的 ■ 框，可打开【附加符号】对话框，为公差选择包容条件符号，如图 6-47 所示。

图 6-46　公差特征符号

图 6-47　选择包容条件

（3）【基准 1、基准 2 和基准 3】：用于设置公差基准和相应的包容条件。

（4）【高度】：用于设置投影公差带的值。投影公差带控制固定垂直部分延伸区的高度变化，并以位置公差控制公差精度。

（5）【延伸公差带】：单击该选项后的 ■ 框，可在延伸公差带值的后面插入延伸公差带符号。

（6）【基准标识符】：用于创建由参照字母组成的基准标识符号。

如图 6-48 所示图形中的形位公差的标注，方法如下：

（1）选择【标注】|【多重引线】命令，或在【多重引线】工具栏中单击【多重引线】按钮 。

（2）在命令行提示下，依次在 1、2 和 3 处单击创建引线，确定引线的位置。

（3）在打开的文字编辑窗口中不输入文字，按 Esc 键取消。

（4）选择【标注】|【公差】命令，打开【形位公差】对话框。

（5）在【符号】选项区域中单击 ■，并在打开的【特征符号】对话框中选择 ⌀ 符号。

（6）在中间的文本框中输入公差值 0.03，在基准 1 和 2 中输入"A—B"，然后单击【确定】按钮，关闭【形位公差】对话框，完成标注。

（7）绘制基准符号，并分别输入基准字母 A 和 B。

注意：使用 QLEADER 命令可以将引线和形位公差一起完成标注。输入并执行 QLEADER 命令后，在命令提示后输入 S（设置）并回车，打开如图 6-49 所示的【引线设置】对话框，选择【公差】，单击【确定】按钮，按提示可以直接完成图 6-48 的标注。还可使用 LEADER 命令将引线与形位公差一起标注。

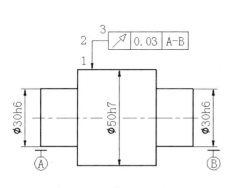

图 6-48　创建形位公差标注

图 6-49　【引线设置】对话框

6.4　尺寸标注的编辑

在中文版 AutoCAD 2012 中，可以对尺寸标注的文字、位置及样式等进行修改，使之符合实际需要。

6.4.1　修改标注样式和尺寸内容

如果在进行尺寸标注时，发现标注的样式不适合当前的图形，则可以对当前的样式进行修改，修改标注样式的操作如下。

选择【标注】|【样式】命令，将打开【标注样式管理器】对话框，如图 6-1 所示，单击【修改】按钮，将打开【修改标注样式】对话框，即可将对话框中各部分的样式进行修改，修改合适后，单击【确定】按钮即可将以该样式标注的尺寸进行修改。

若要对文字内容进行更改，可以选择菜单【修改】|【对象】|【文字】|【编辑】命令或在命令行输入并执行 DDEDIT 命令，均可修改尺寸数字。

6.4.2　编辑标注文字

【DIMTEDIT】命令用于移动或旋转标注文字，如图 6-50、图 6-51 所示。命令执行方式有：

（1）命令行：输入并执行 DIMTEDIT 命令。

（2）工具栏：【标注】工具栏中的【编辑标注文字】按钮 。

执行 DIMTEDIT 命令后，AutoCAD 依次提示：

选择标注：（选择尺寸标注对象）

指定标注文字的新位置或[左（L）/右（R）/中心（C）/默认（H）/角度（A）]：

默认情况下，可以通过拖动光标来确定尺寸文字的新位置。也可以输入相应的选项指定标注文字的新位置。提示中各选项的意义如下。

（1）【新位置】：确定尺寸标注文字的新位置。

（2）【左（L）】：沿尺寸线左对正标注文字。

（3）【右（R）】：沿尺寸线右对正标注文字。

（4）【中心（C）】：将尺寸标注文字放在尺寸线的中间。

（5）【默认（H）】：按默认的位置、方向放置尺寸标注文字。

（6）【角度（A）】：使尺寸文字旋转一定角度。

6.4.3 编辑尺寸标注

【DIMEDIT】命令用于修改一个或多个标注对象上的文字标注和尺寸界限，如图6-52 所示。执行该命令的方式有：

（1）命令行：输入并执行 DIMEDIT 命令。

（2）工具栏：【标注】工具栏中的【编辑标注】按钮。

执行命令后，AutoCAD 提示：

输入标注编辑类型[默认（H）/新建（N）旋转（R）/倾斜（O）]<默认>：

该提示中的各选项意义如下。

（1）【默认（H）】：将旋转标注文字移回默认位置。

（2）【新建（N）】：重新输入尺寸标注文字。执行该选项后，AutoCAD 会弹出【多行文字编辑器】修改编辑标注文字。

（3）【旋转（R）】：旋转标注文字

（4）【倾斜（O）】：调整线性标注尺寸界限的倾斜角度。

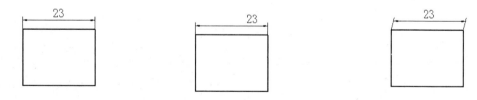

图 6-50 编辑前　　　图 6-51 使用【DIMTEDIT】命令　　　图 6-52 使用【DIMEDIT】
　　　　　　　　　　选择【右】命令编辑后　　　　　命令选择【倾斜】编辑后

6.4.4 替代标注

DIMOVERRIDE 命令只对指定的尺寸对象做修改，修改后不影响原系统变量设置。

执行 DIMOVERRIDE 命令后，AutoCAD 提示：

输入要替代的标注变量名或[清除替代（C）]：

如果在该提示下输入要修改的系统变量名，AutoCAD 依次提示：

输入标注变量的新值：（输入新值）

按提示执行操作后，指定的尺寸标注对象将按新的变量设置做更改。

当在"输入要替代的标注变量名或[清除替代（C）]："提示下输入 C，即执行"清除替代"选项，则可以取消用户已做出的修改，此时 AutoCAD 会提示：

选择尺寸标注对象后按 Enter 键，则 AutoCAD 将尺寸标注对象恢复成在当前系统变量设置下的标注形式。

6.4.5　标注更新

DIMSTYLE 命令用于更新标注样式。

执行 DIMSTYLE 命令后，AutoCAD 提示：

输入标注样式选项[保存（S）/恢复（R）/状态（ST）度量（V）/应用（A）/?]<恢复>：

该提示中各选项意义如下：

（1）【保存（S）】：将当前尺寸系统变量的设置作为一种尺寸标注样式命名保存。

（2）【恢复（R）】：将用户保存的某一尺寸标注样式恢复为当前样式。

（3）【状态（ST）】：查看当前各尺寸系统变量的状态。执行该选项后，AutoCAD 切换到文本窗口，并显示各尺寸系统变量及其当前设置。

（4）【变量（V）】：显示指定标注样式或指定对象的全部或部分尺寸系统变量及其设置。执行该选项后，命令行中出现与执行【恢复（R）】选项相同的提示。

（5）【应用（A）】：根据当前尺寸系统变量的设置更新指定的尺寸对象。

（6）【"？"】：显示当前图形中命名的尺寸标注样式。

6.4.6　尺寸关联

尺寸关联是指所标注尺寸与被标注对象有关联关系。如果标注的尺寸值是按自动测量值标注，且尺寸标注是按尺寸内关联模式标注的，那么改变被标注对象的大小后相应的标注尺寸也将发生变化，即尺寸界限、尺寸线的位置都将改变到相应的新位置，尺寸值也改变成新测量值。反之，改变尺寸界限起始点的位置，尺寸值也将发生相应的变化。

6.4.7　夹点编辑

使用夹点编辑方式移动标注文字的位置时，用户可以先选择要编辑的尺寸标注，当激活文字中间夹点后，拖动鼠标可以将文字移动到目标位置；激活尺寸线夹点后，可以移动尺寸线的位置；激活尺寸界线的夹点后，可以将尺寸界线的第一点或第二点调整到合适位置。

6.5 约　束

6.5.1　约束概述

约束是应用至二维几何图形的关联和限制。

有两种常用的约束类型：

（1）几何约束：控制对象相对于彼此的关系。

（2）标注约束：控制对象的距离、长度、角度和半径值。

图 6-53 所示，显示了使用默认格式和可见性的几何约束和标注约束。将光标移至应用了约束的对象上时，始终会显示蓝色光标图标，如图 6-54 所示。

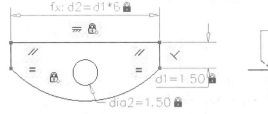

图 6-53　约束示例　　　　　　图 6-54　约束对象显示方式

在工程的设计阶段，通过约束，可以在试验各种设计或进行更改时强制执行要求。对对象所做的更改可能会自动调整其他对象，并将更改限制为距离和角度值。通过约束，用户可以实现以下目的。

（1）通过约束图形中的几何图形来保持设计规范和要求。

（2）可以立即将多个几何约束应用于对象。

（3）在标注约束中包括公式和方程式。

（4）通过更改变量值可快速进行设计更改。

注意：建议首先在设计中应用几何约束以确定设计的形状，然后应用标注约束以确定对象的大小。

6.5.2　约束的设置

在使用【约束】之前应先进行约束的设置，约束的设置有以下四种方法。

（1）命令行：输入并执行 CONSTRAINTSETTINGS 命令。

（2）功能区：【参数化】选项卡【几何】面板右下角按钮。

（3）工具栏：【参数化】工具栏【约束设置】按钮。

（4）菜单栏：【参数】|【约束设置】命令。

执行命令后均弹出如图 6-55 所示的【约束设置】对话框，通过该对话框可以进行具体的约束设置。【约束设置】对话框共有三个选项卡。

（1）【几何】选项卡：用于设置约束的类型。

（2）【标注】选项卡：用于设置标注约束的显示方式以及动态约束方式的隐藏和显示。

（3）【自动约束】选项卡：设置了在选择【自动约束】命令后执行自动约束命令的约束方式。

图 6-55　【约束设置】对话框

6.5.3　创建几何约束

几何约束的创建有以下三种方法。

（1）功能区:【参数化】选项卡【几何】下各种几何约束，如图 6-56 所示。

（2）工具栏:【几何约束】工具栏下各按钮，如图 6-57 所示。

（3）菜单栏:【参数】|【几何约束】下各子命令。

图 6-56　【几何约束】面板

图 6-57　【几何约束】工具栏

几何约束可以确定二维对象或对象上的点之间的几何约束。创建后，它们可以限制可能会违反约束的所有更改。例如约束两个不等的圆使之大小相等后，使用夹点比编辑其中一个圆的大小时，另外的一个圆就会自动适应其大小变化，如图 6-58 所示。编辑受约束的几何图形，将保留约束。但是，几何图形并未被完全约束。通过夹点，用户仍然可以更改圆弧的半径、圆的直径、水平线的长度以及垂直线的长度。要指定这些距离，需要应用标注约束。

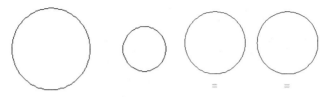

图 6-58　约束两个圆大小相等

注意：在进行约束操作时，先单击的对象将保持位置或大小不变，而后单击的对象将进行位置或大小的变化以满足约束效果。

6.5.4　创建标注约束

标注约束的创建有以下三种方法。

166

（1）功能区：【参数化】选项卡【标注】下各种标注约束，如图 6-59 所示。

（2）工具栏：【标注约束】工具栏下各按钮，如图 6-60 所示。

（3）菜单栏：【参数】|【标注约束】下各子命令。

图 6-59　标注约束面板

图 6-60　标注约束工具栏

例如限定两圆直径为 10，圆心之间的距离为 15，如图 6-61 所示。

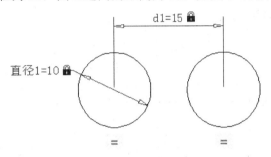

图 6-61　标注约束的应用

在使用【标注约束】后，就不能通过【缩放】等编辑命令对其尺寸进行更改，要更改【尺寸标注】对象可以双击标注约束尺寸数值，然后输入新的数值，或者选择菜单【参数】|【参数管理器】命令，在弹出的【参数管理器】选项板中（图 6-62）输入新的数值，都可以完成数值的修改，使图形发生想要的变化。

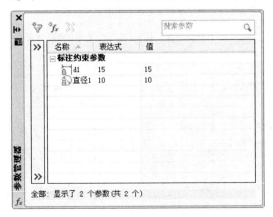

图 6-62　【参数管理器】选项板

6.5.5　编辑受约束的几何图形

几何图形元素被约束后，用户需要修改被约束的几何图形，首先需要删除几何约束或者修改标注元素的函数关系，然后才能对图形元素进行修改，或者重新添加新的约束。

167

单击【功能区】相关面板或【参数化】工具栏中的【删除约束】按钮，然后选择要删除的约束，单击鼠标右键或按 Enter 键，就完成删除约束的操作。

6.6 实训项目——尺寸样式设定及标注

6.6.1 实训目的

（1）掌握尺寸【标注样式】设定的方法。
（2）掌握各种尺寸标注、尺寸公差和形位公差标注方法。
（3）掌握尺寸编辑修改方法。

6.6.2 实训准备

（1）阅读教材 6.1 节～6.4 节。
（2）预先绘制好图 6-71 的平面图形。

6.6.3 实训指导

实训项目：标注如图 6-63 所示的图形尺寸。

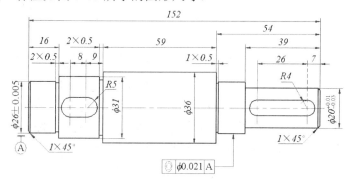

图 6-63　轴的平面效果图

1．标注准备

（1）综合应用【图形界线】、【图层】、【绘图】和【编辑】等命令，绘制如图 6-63 所示的图形原文件。

（2）选择菜单【标注】|【标注样式】命令，打开【标注样式管理器】对话框。

（3）单击【标注样式管理器】对话框中的【新建】按钮，然后命名为【机械标注】，如图 6-64 所示。

（4）单击【继续】按钮，打开【新建标注样式：机械标注】对话框，设置相关尺寸参数，如图 6-65 所示。

（5）展开【文字】选项卡，单击【文字样式】列表右侧的按钮，在弹出的对话框中设置一种文字样式，如图 6-66 所示。

（6）返回【新建标注样式：机械标注】对话框，将刚设置的文字样式设置为当前，并设置尺寸文字的颜色、偏移量等参数，如图 6-67 所示。

（7）展开【主单位】选项卡，设置单位格式、精度等参数，如图 6-68 所示。

图 6-64　为新样式命名

图 6-65　【线】选项卡

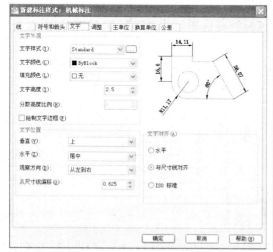

图 6-67　【文字】选项卡

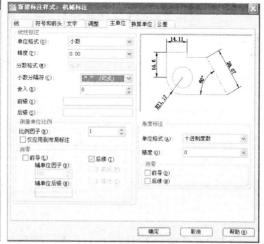

图 6-68　【主单位】选项卡

（8）单击【确定】按钮，返回【标注样式管理器】对话框，将刚设置的【机械标注】

尺寸样式设置为当前样式，如图 6-69 所示。

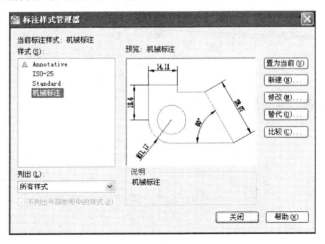

图 6-69　设置当前图层

（9）在【图层特性管理器】对话框中，将【细实线】设置为当前图层。

2．标注尺寸

（1）在【注释】面板中单击【线性】按钮├──┤，配合【对象捕捉】功能，标注如图 6-70 所示的尺寸"39"。

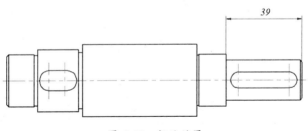

图 6-70　标注结果

（2）选择【标注】|【基线】命令，继续标注零件图尺寸"54"、"152"，如图 6-71 所示。

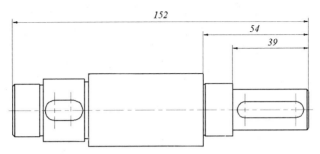

图 6-71　标注结果

（3）在【注释】面板中单击【线性】按钮├──┤标注尺寸"59"；选择【标注】|【连续】命令，标注尺寸"2"，如图 6-72 所示。

（4）接下来重复使用【线性】命令，配合捕捉功能分别标注其他位置的水平尺寸，

170

结果如图 6-73 所示。

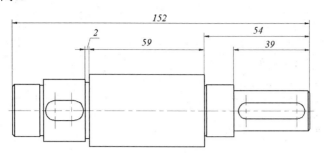

图 6-72　标注结果

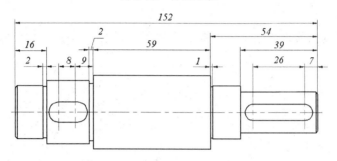

图 6-73　标注其他水平尺寸

（5）在命令行输入并执行【DDEDIT】命令，选择尺寸数字"2"后，弹出【文字格式】对话框修改文字内容，如图 6-74 所示，修改结果如图 6-75 所示。

图 6-74　输入尺寸内容

（6）在命令行输入并执行【DIMTEDIT】命令，对尺寸数字的位置进行调整。命令行操作过程如下：

命令: _dimtedit
选择标注:　　　　　　　　　　　　　　　　//选择如图 6-66 所示的尺寸对象
指定标注文字的新位置或 [左（L）/右（R）/中心（C）/默认（H）/角度（A）]: //在适当位置拾取一点，结果图 6-77 所示。

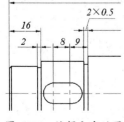

图 6-75　编辑文字结果

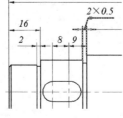

图 6-76　选择尺寸对象

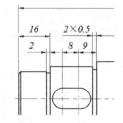

图 6-77　调整文字位置

（7）重复使用【编辑标注】、【编辑标注文字】命令，分别对其他位置的水平尺寸进行编辑，并标注 2 项垂直方向直径尺寸，结果如图 6-78 所示。

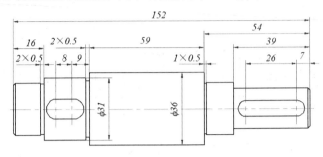

图 6-78　操作结果

（8）单击【标注】工具条上的 按钮，进行半径尺寸标注，结果如图 6-79 所示。

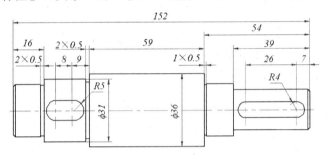

图 6-79　标注半径尺寸

（9）选择【注释】功能区【引线】按钮，标注两端的倒角尺寸，如图 6-80 所示。

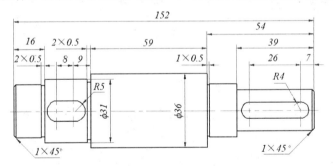

图 6-80　标注倒角尺寸

（10）【注释】选项卡【标注】功能区【线性】按钮，结合【对象捕捉】功能，使用命令中的【文字】选项功能，标注传动轴左侧的公差尺寸。命令行操作如下：

命令：_dimlinear
指定第一条尺寸界线原点或 <选择对象>：　　　　　// 捕捉图 6-81 所示的端点
指定第二条尺寸界线原点：　　　　　　　　　　　// 捕捉图 6-82 所示的端点
指定尺寸线位置或[多行文字（M）/文字（T）/角度（A）/水平（H）/垂直（V）/旋转（R）]: //
Enter
输入标注文字 <26>：　　　　　　　　　　　// %%c26%%p0.005　Enter
指定尺寸线位置或[多行文字（M）/文字（T）/角度（A）/水平（H）/垂直（V）/旋转（R）]: //

172

在适当位置拾取一点，标注结果如图 6-83 所示。

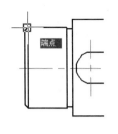

图 6-81　定位第一原点

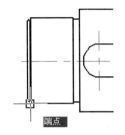

图 6-82　定位第二原点

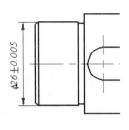

图 6-83　标注结果

（11）再次选择【标注】|【标注样式】命令，打开【标注样式管理器】对话框。在【机械标注】样式的基础上新建【公差】样式，在打开的【新建样式管理器：公差】中选择【主单位差】选项卡，在【前缀】选项后填写%%c，如图 6-84 所示。在【公差】选项卡中填写内容如图 6-85 所示。单击【确定】完成设置。

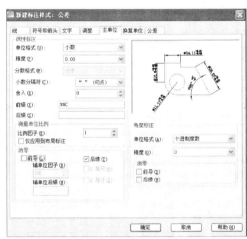

图 6-84　设置【主单位】选项卡

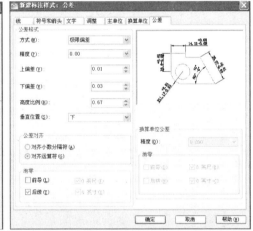

图 6-85　设置【公差】选项卡

（12）在【标注】面板中单击【线性】按钮命令，配合对象捕捉功能，标注右侧尺寸公差，如图 6-86 所示。

（13）单击【标注】工具条上的按钮，激活【形位公差】命令，将弹出【形位公差】对话框，如图 6-87 所示。

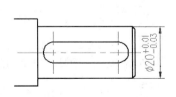

图 6-86　公差标注结果

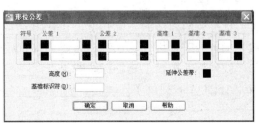

图 6-87　【形位公差】对话框

（14）单击【形位公差】对话框中【符号】"黑色块"，从打开的【特征符号】对话框中单击如图 6-88 所示的形位公差符号。

图 6-88　【特征符号】对话框

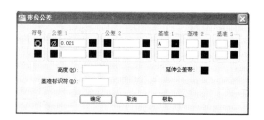

图 6-89　【形位公差】对话框

（15）返回【形位公差】对话框，在【公差 1】选项组中单击"黑色块"，添加直径符号，然后设置其他参数，如图 6-89 所示。

（16）在合适位置放置形位公差框格，绘制形位公差指引线和基准符号，并对图形进行修改、调整，结果如图 6-90 所示。

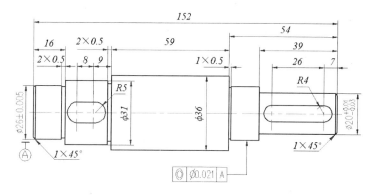

图 6-90　最终标注结果

（17）调整图形，使图形全部显示，最终效果见图 6-63。

（18）最后使用【另存为】命令，将图形命名存储为"轴标注.dwg"。

6.7　自　我　检　测

6.7.1　填空题

（1）标注倾斜直线的实际长度，要使用_____。

（2）形位公差使用_____命令进行标注。

（3）线性标注提供了三种标注的类型：_____、_____、_____。

（4）AutoCAD 提供了_____和_____两种最常见的编辑尺寸标注的命令。

174

6.7.2　选择题

（1）_____不可以作为基线标注和连续标注的基准标注。

A.水平尺寸标注　　　　B.对齐标注　　　　C.角度标注　　　　D.半径标注

（2）形位公差符号◎表示_____。

A.水平度　　　　　　B. 同轴度　　　　C.倾斜度　　　　D.平行度

（3）标注工具中的_____命令用于编辑尺寸标注，可以编辑尺寸标注的文字内容，旋转尺寸标注文本的方向、指定尺寸界线倾斜的角度等。

A. DIMEDIT　　　　　　B. DIMTEDIT　　　　C. EDIT

（4）_____约束是用户控制对象的距离、长度、角度和半径值。

A. 几何约束　　　　　B. 标注约束　　　　C. 尺寸约束　　　　D.特性约束

6.7.3　简答题

（1）在中文版 AutoCAD 2012 中，尺寸标注类型有哪些，各有什么特点？

（2）在基线标注时，如何调整尺寸线间的距离？

（3）如何修改标注文字内容及调整标注数字的位置？

（4）在中文版 AutoCAD 2012 中，如何创建引线标注？

6.7.4　操作题

（1）定义一个新的标注样式。具体要求如下：样式名称为"机械标注样式"，文字高度为 5，尺寸文字从尺寸线偏移的距离为 1，箭头大小为 3.5，尺寸界线超出尺寸线的距离为 2，基线标注时基线之间的距离为 8，其余设置采用系统默认设置。

（2）绘制如图 6-91 所示的两个零件的三视图并标注图形尺寸。

（3）绘制如图 6-92～图 6-95 所示的图形并标注尺寸。

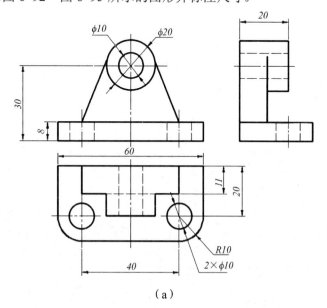

（a）

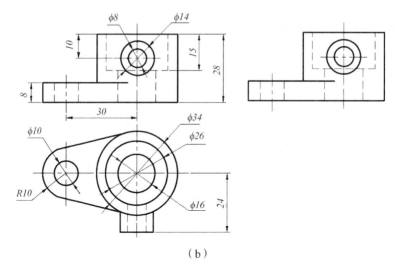

（b）

图 6-91　绘制图形并标注尺寸

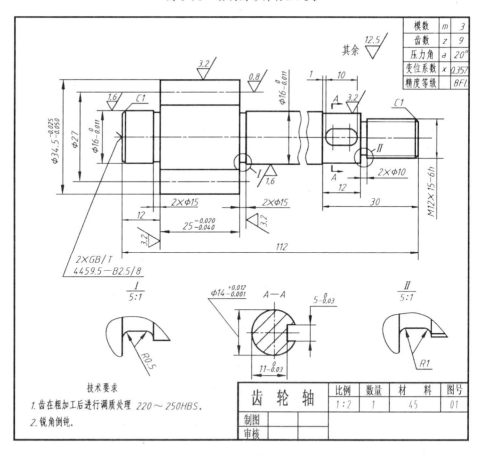

技术要求

1. 齿在粗加工后进行调质处理 $220\sim250HBS$.

2. 锐角倒钝.

齿轮轴		比例	数量	材料	图号
		1:2	1	45	01
制图					
审核					

图 6-92　齿轮轴零件图

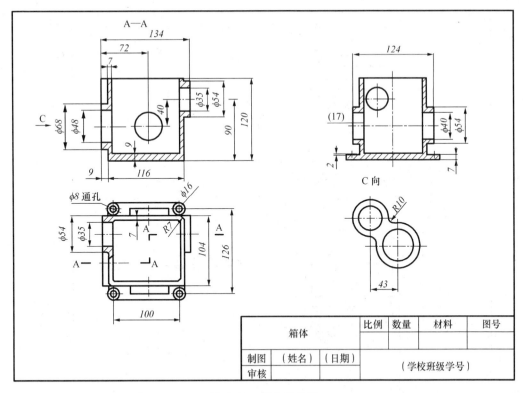

图 6-93　箱体零件图

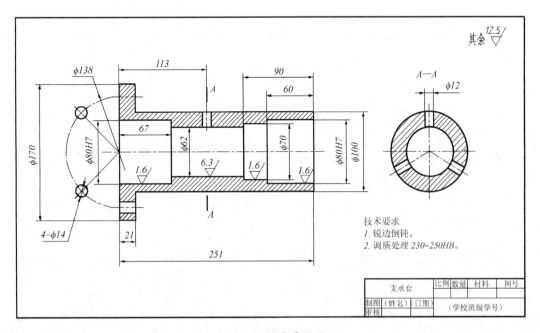

图 6-94　承套零件图

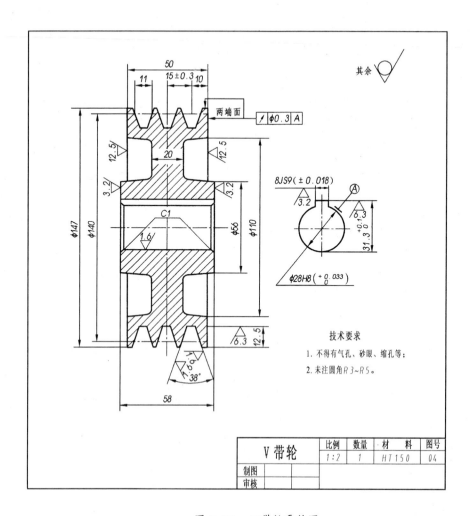

其余 ▽

两端面

⌀0.3 A

8JS9(±0.018)

⌀28H8($^{+0.033}_{0}$)

技术要求

1. 不得有气孔、砂眼、缩孔等；
2. 未注圆角 R 3~R 5。

V 带轮	比例	数量	材　料	图号
	1:2	1	HT150	04
制图				
审核				

图 6-95　V 带轮零件图

178

第7章 面域与图案填充

【知识目标】

（1）掌握 AutoCAD 2012 中创建面域的方法。

（2）掌握 AutoCAD 2012 中创建和编辑图案填充的方法。

【相关知识】

在 AutoCAD 2012 中，面域指的是具有边界的平面区域，它是一个面对象，内部可以包含孔。从外观来看，面域和一般的封闭线框没有区别，但实际上面域就像是一张没有厚度的纸，除了包括边界外，还包括边界内的平面。面域主要应用于图案填充、着色图案和提取图形信息（如面积或坐标等）。

图案填充是一种使用指定线条图案、颜色来充满指定区域的操作，常常用于表达剖切面和不同类材质对象的外观纹理等，被广泛应用在绘制机械图、建筑图及地质构造图等各类图形中。

7.1 将图形转换为面域

在 AutoCAD 2012 中，我们可以将由某些对象围成的封闭区域转换为面域。这些封闭区域可以是圆、椭圆、封闭的二维多段线或封闭的样条曲线等对象，也可以是由圆弧、直线、二维多段线、椭圆弧、样条曲线等对象构成的封闭区域。在三维建模状态下，面域也可以用作构建实体模型的特征截面。

7.1.1 创建面域

1．使用【面域】命令创建面域

执行【面域】命令的方法有以下几种方法：

（1）菜单栏：【绘图】|【面域】命令。

（2）功能区：【常用】选项卡【绘图】面板中【面域】按钮 ⌾。

（3）工具栏：【绘图】工具栏【面域】按钮 ⌾。

（4）命令行：输入并执行 MEASURE 命令。

执行命令后，选取一个或多个用于转换为面域的封闭图形，按回车键即可将图形转化为面域。但如果对象自身内部相交，就不能生成面域。

圆和多边形等封闭的图形属于线框模型，而面域属于实体模型，因此在选中时表现的形式也不相同，如图 7-1 所示为选中圆轮廓和面域时的对比效果。

2．使用【边界】命令创建面域

用【边界】命令创建行面域，执行命令的方法有以下两种：

（1）菜单栏：选择【绘图】|【边界】命令。

（2）功能区：【常用】面板【绘图】选项卡中工具按钮▯。

（3）命令行：输入并执行 BOUNDARY 命令。

启动命令后，弹出【边界创建】对话框，打开【对象类型】下拉列表框，选择【面域】选项，根据系统提示的信息，在封闭区域的内部拾取一点，这时创建的对象就是一个区域，而不是边界，如图 7-2 所示。

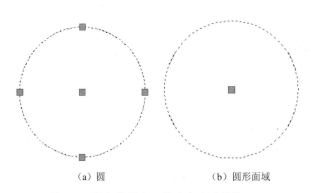

（a）圆　　　　　（b）圆形面域

图 7-1　圆和将圆建立成面域时的效果　　　　　图 7-2　【边界创建】对话框

如果在【对象类型】下拉列表框中选择【多段线】选项，可以用 BOUNDARY 命令创建封闭的多段线。如图 7-3（a）所示为选择相交区域作为内部点创建【面域】操作完成后，图形看上去似乎没有什么变化，但移动图形后，就会看到变化，如图 7-3（b）所示。

（a）移动前　　　　　　　　　　　　　　　（b）移动后

图 7-3　利用【边界】创建【面域】移动图形后的结果

在 AutoCAD 2012 中创建面域时，应注意以下几点：

（1）面域总是以线框的形式显示，用户可以对面域进行复制、移动等编辑操作。

（2）在创建面域时，如果系统变量 DELOBJ 的值为 1，AutoCAD 在定义了面域后将删除原始对象；如果系统变量 DELOBJ 的值为 0，则在定义面域后不删除原始对象。

（3）如果要分解面域，可以选择【修改】|【分解】命令，将面域的各个环转换成相应线、圆等对象。

7.1.2　对面域进行布尔运算

布尔运算是数学上的一种逻辑运算。在 AutoCAD 中绘图时使用布尔运算，可以提高绘图效率，尤其是在绘制比较复杂的图形时。布尔运算的对象只包括实体和共面的面域，对于普通的线条图形对象，则无法使用布尔运算。

在 AutoCAD 2012 中，用户可以对面域执行【并集】、【差集】及【交集】三种布尔运算。

1. 并集运算

执行【并集】命令的方法有以下几种：

（1）工具栏：【实体编辑】工具条中单击【并集】按钮◎◎。

（2）菜单栏：【修改】|【实体编辑】|【并集】命令。

（3）功能区：【三维工具】选项卡【实体编辑】面板【并集】按钮◎◎。

（4）命令行：输入并执行 UNION 命令。

执行该命令后，AutoCAD 提示：

选择对象：

用户在选择需要进行并集运算的面域后按 Enter 键，AutoCAD 即可对所选择的面域执行并集运算，将其合并为一个图形，如图 7-4 所示。

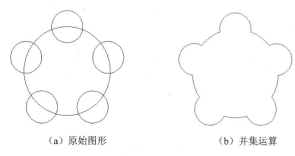

（a）原始图形　　　　　　　　　　（b）并集运算

图 7-4　面域【并集】

2. 差集运算

执行【差集】命令的方法有以下几种：

（1）工具栏：【实体编辑】工具条中单击【差集】按钮◎◎。

（2）菜单栏：【修改】|【实体编辑】|【差集】命令。

（3）功能区：【三维工具】选项卡【实体编辑】面板【差集】按钮◎◎。

（4）命令行：输入并执行 SUBTRACT 命令。

执行 SUBTRACT 命令后，AutoCAD 提示：

选择要从中减去的实体或面域…

选择对象：

在选择要从中减去的实体或面域后按 Enter 键，AutoCAD 提示：

选择要减去的实体或面域：

选择对象：

选择要减去的实体或面域后按 Enter 键，AutoCAD 将从第一次选择的面域（图 7-5 中大圆）中减去第二次选择的面域（图 7-5 中 5 个小圆），结果如图 7-5 所示。

3. 交集运算

执行【交集】命令的方法有以下几种：

（1）工具栏：【实体编辑】工具条中单击【交集】按钮◎◎。

（2）菜单栏：【修改】|【实体编辑】|【交集】命令。

（3）功能区：【三维工具】选项卡【实体编辑】面板【交集】按钮◎◎。

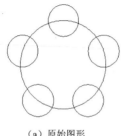

（a）原始图形　　　　　　　　　　　　（b）差集运算

图 7-5　面域【差集】

（4）命令行：输入并执行 INTERSECT 命令。

可以创建多个面域的交集，即各个面域的公共部分。只需在执行 INTERSECT 命令后，选择要执行交集运算的面域，然后按 Enter 键即可，如图 7-6 所示。

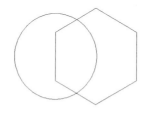

（a）原始图形　　　　　　　　　　　　（b）交集运算

图 7-6　面域【交集】

7.2　使用图案填充

图案填充是指用某种图案充满图形中指定的区域。在工程设计中经常使用图案填充，例如机械制图中的剖面线，建筑结构图中钢筋混凝土切剖面，建筑规划图中的园林、草坪图例等。

7.2.1　设置图案填充

执行【图案填充】命令的方法有以下几种：

（1）功能区：【常用】选项卡【绘图】面板中【图案填充】按钮。

（2）菜单栏：【绘图】｜【图案填充】命令。

（3）工具栏：【绘图】工具栏【图案填充】按钮。

（4）命令行：输入并执行 BHATCH 命令。

执行该命令后，命令行出现"拾取内部点或 [选择对象（S）/设置（T）]:"提示后输入 T 打开【图案填充和渐变色】对话框的【图案填充】选项卡，如图 7-7 所示，设置图案填充时的类型和图案、角度和比例等特性。

【图案填充和渐变色】对话框功能如下。

1. 类型和图案

在【类型和图案】选项区域中，可以设置图案填充的类型和图案，主要选项的功能如下。

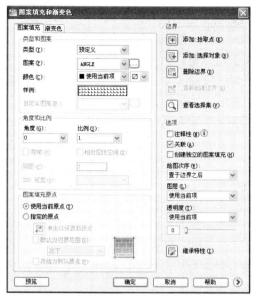

图 7-7 【图案填充和渐变色】对话框

（1）【类型】下拉列表框：用于设置填充的图案类型，包括【预定义】、【用户定义】和【自定义】3 个选项。其中，选择【预定义】选项，就可以使用 AutoCAD 提供的图案；选择【用户定义】选项，则需要用户临时定义图案，该图案由一组平行线或者相互垂直的两组平行线组成；选择【自定义】选项，可以使用用户事先定义好的图案。

（2）【图案】下拉列表框：用于设置填充的图案。当在【类型】下拉列表框中选择【预定义】选项时，该下拉列表框才可用。用户可以从该下拉列表框中根据图案名来选择图案，也可以单击其后的··按钮，弹出图 7-8 所示的【填充图案选项板】对话框，该对话框有 4 个选项卡，分别对应 4 种类型的图案类型。在该对话框中选择一种图案作为当前图形的填充类型，单击【确定】按钮后，又重新回到【图案填充和渐变色】对话框。

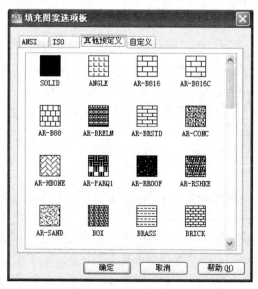

图 7-8 【填充图案选项板】对话框

183

（3）【颜色】：设置图案填充的颜色和图案填充背景颜色。

（4）【样例】预览窗口：用于显示当前选中的图案样例。单击所选的样例图案，也可打开【填充图案选项板】对话框，供用户选择图案。

（5）【自定义图案】下拉列表框：当填充的图案采用【自定义】类型时，该选项才可用。用户可以在下拉列表框中选择图案，也可以单击其后的··按钮，从【填充图案选项板】对话框的【自定义】选项卡中进行选择。

2. 角度和比例

在【角度和比例】选项区域中，可以设置用户定义类型的图案填充的角度和比例等参数，各选项的功能如下。

（1）【角度】下拉列表框：用于设置填充的图案旋转角度，每种图案在定义时的旋转角度都为零。

（2）【比例】下拉列表框：用于设置图案填充时的比例值。每种图案在定义时的初始比例为 1，用户可以根据需要放大或缩小。如果在【类型】下拉列表框中选择【用户定义】选项，该选项则不可用。

（3）【双向】复选框：当在【图案填充】选项卡中的【类型】下拉列表框中选择"用户定义"选项时选中该复选框，可以使用相互垂直的两组平行线填充图形；否则为一组平行线。

（4）【相对图纸空间】复选框：用于决定该比例因子是否为相对于图纸空间的比例。

（5）【间距】文本框：用于设置填充平行线之间的距离，当在【类型】下拉列表框中选择【用户自定义】选项时，该选项才可用。

（6）【ISO 笔宽】下拉列表框：用于设置笔的宽度，当填充图案采用 ISO 图案时，该选项才可用。

3. 图案填充原点

在【图案填充原点】选项区域中，可以设置图案填充原点的位置，因为许多图案填充需要对齐填充边界上的某一个点。该选项区域中各选项的功能如下。

（1）【使用当前原点】单选按钮：选择该单选按钮，可以使用当前 UCS 的原点（0,0）作为图案填充原点。

（2）【指定的原点】单选按钮：选择该单选按钮，可以通过指定点作为图案填充原点。其中，单击【单击以设置新原点】按钮，可以从绘图窗口中选择某一点作为图案填充原点；选择【默认为边界范围】复选框，可以以填充边界的左下角、右下角、右上角、左上角或圆心作为图案填充原点；选择【存储为默认原点】复选框，可以将指定的点存储为默认的图案填充原点。

在创建图案填充时，图案的外观与 UCS 原点有关。

4. 边界

在【图案填充原点】选项区域中，包括有【拾取点】、【选择对象】等按钮，它们的功能如下。

（1）【添加：拾取点】：可以以拾取点的形式来指定填充区域的边界。单击该按钮，AutoCAD 将切换到绘图窗口，用户可在需要填充的区域内任意指定一点，系统会自动计算出包围该点的封闭填充边界，同时亮显该边界。如果在拾取点后系统不能形成封闭的填充边界，则会显示错误提示信息。

（2）【添加：选择对象】：单击该按钮将切换到绘图窗口，可以通过选择对象的方式来定义填充区域的边界。

（3）【删除边界】：重新定义边界的一种方式。单击该按钮可以取消系统自动选取或用户选取的边界，从而形成新的填充区域，图 7-9 所示为删除图形边界的效果对比图。

（4）【重新创建边界】：用于重新创建图案填充边界。

（5）【查看选择集】：用于查看已定义的填充边界。单击该按钮，切换到绘图窗口，此时已定义的填充边界将亮显。

图 7-9　删除图形边界（内部中心圆）的效果对比图

5. 选项及其他功能

在【选项】选项区域中，【关联】复选框用于创建其边界时随之更新的图案和填充；【创建独立的图案填充】复选框用于创建独立的图案填充；【绘图次序】下拉列表框用于指定图案填充的绘图顺序，图案填充可以放在图案填充边界及所有其他对象之后或之前；【图层】下拉列表用于选择填充的图层；【透明度】下拉列表和滑块可以选择填充的透明效果。

此外，在【图案填充】选项卡中，单击【继承特性】按钮，可以将现有图案填充或填充对象的特性应用到其他图案填充或填充对象；单击【预览】按钮，可以关闭对话框，并使用当前图案填充设置显示当前定义的边界，单击图形或按 Esc 键返回对话框，右键击或按 Enter 键接受该图案填充。

6. 设置孤岛

单击【图案填充和渐变色】对话框右下角的 ⊙ 按钮，将显示更多选项，以设置孤岛、边界保留等信息，如图 7-10 所示。

图 7-10　展开的【图案填充和渐变色】对话框

在进行图案填充时,通常将位于一个已经定义好的填充区域内的封闭区域称为孤岛。在【孤岛】选项区域中,选择【孤岛检测】复选框,可以指定在最外层边界内填充对象的方法,其中包括【普通】、【外部】和【忽略】三种方式,它们的填充方式的效果如图7-11所示。

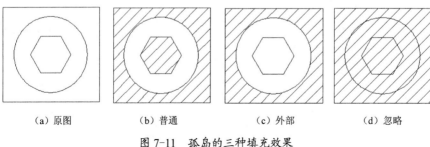

| （a）原图 | （b）普通 | （c）外部 | （d）忽略 |

图 7-11　孤岛的三种填充效果

（1）【普通】方式:从最外边界向里画填充线,遇到与之相交的内部边界时断开填充线,遇到下一个内部边界时再继续绘制填充线,系统变量 HPNAME 设置为 N。

（2）【外部】方式:从最外边界向里画填充线,遇到与之相交的内部边界时断开填充线,不再继续往里绘制填充线,系统变量 HPNAME 设置为 0。

（3）【忽略】方式:忽略边界内的对象,所有内部结构都被填充线覆盖,系统变量 HPNAME 设置为 1。

注意:以普通方式填充时,如果填充边界内有诸如文字、属性这样的特殊对象,且在选择填充边界时也选择了它们,填充时图案填充在这些对象处会自动断开,就像用一个比它们略大的看不见的框保护起来一样,以使这些对象更加清晰,如图7-12所示。

图 7-12　包含特殊对象的图案填充

在【边界保留】选项区域中,选择【保留边界】复选框,可将填充边界以对象的形式保留,并可以从【对象类型】下拉列表框中选择填充边界的保留类型,如【多段线】和【面域】等。

在【边界集】选项区域中,可以定义填充边界的对象集,即 AutoCAD 将根据哪些对象来确定填充边界。默认情况下,系统根据【当前视口】中的所有可见对象确定填充边界。用户也可以单击【新建】按钮,切换到绘图窗口,然后通过指定对象类定义边界集,此时【边界集】下拉列表框中将显示为【现有集合】选项。

在【允许的间隙】选项区域中,通过【公差】文本框设置允许的间隙大小。在该参数范围内,可以将一个几乎封闭的区域看作是一个闭合的填充边界。默认值为 0 时,对象是完全封闭的区域。

在【继承选项】选项区域用于确定在使用继承属性创建图案填充时图案填充原点的位置,可以是当前原点或源图案填充的原点。

7.2.2 设置渐变色填充

在 AutoCAD 2012 中，我们可以使用【图案填充和渐变色】对话框的【渐变色】选项卡创建一种或两种颜色形成的渐变色，并对图案进行填充，如图 7-13 所示。

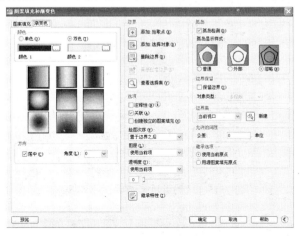

图 7-13 【渐变色】选项卡

（1）【单色】单选按钮：选择该单选按钮，可以使用从较深色调到较浅色调平滑过渡的单色填充。

（2）【双色】单选按钮：选择该单选按钮，可以指定两种颜色之间平滑过渡的双色渐变填充，如图 7-14 所示。此时，AutoCAD 在"颜色 1"和"颜色 2"后将分别显示带【浏览】按钮的颜色样本。

（3）【居中】复选框：用于指定对称的渐变配置。如果没有选中此选项，渐变填充将向左上方变化，创建光源在对象左边的图案。

（4）【角度】下拉列表框：相对当前 UCS 指定渐变填充的角度，该选项与指定给图案填充的角度互不影响。

图 7-14 使用渐变色填充图形

（5）【渐变图案】预览窗口：显示当前设置的渐变色效果，共有 9 种效果。

注意：在 AutoCAD 2012 中，尽管可以使用渐变色来填充图形，但该渐变色只能由两种颜色创建，并且仍然不能使用位图填充图形。

7.2.3 编辑图案填充

创建了图案填充后，如果需要修改填充图案或修改图案区域的边界，可选择【修改】｜【对象】｜【图案填充】菜单命令，然后在绘图窗口中单击需要编辑的图案填充，这时将打开【图案填充编辑】对话框，如图 7-15 所示。从该对话框可以看出，【图案填充编辑】对话框与【图案填充和渐变色】对话框的内容基本相同，这里不再讲解。

用户也可以通过双击图案填充对象，在打开的功能区面板中更改设置，如图 7-16 所示，各功能含义同对话框。

图 7-15 　【图案填充编辑】对话框

图 7-16 　【图案填充】面板

7.2.4 分解图案

图案实际上是一种特殊的块，称为"匿名"块。因此，无论其形状有多复杂，它都是一个单独的对象。用户可使用【分解】命令来分解一个已存在的关联图案。

图案被分解后，它将不再是一个单一对象，而是一组组成图案的线条。同时，分解后的图案也就失去了与图形的关联性，因此，用户将无法使用菜单【修改】|【对象】|【图案填充】菜单命令来编辑它了。

7.3　实训项目——创建面域与图案填充

7.3.1 实训目的

（1）掌握创建面域的方法。
（2）熟悉布尔运算命令的使用。
（3）掌握图案填充的创建与编辑。

7.3.2 实训准备

（1）复习二维绘图命令。
（2）阅读教材 7.1 节～7.2 节内容。
（3）复习【栅格】、【正交】、【极轴】、【对象步骤】、【对象追踪】功能的使用。
（4）复习【偏移】、【修剪】、【拉长】等基本编辑命令。

7.3.3 实训指导

项目1：使用面域及布尔运算命令，绘制如图7-17所示的图形。

操作步骤如下：

（1）在【绘图】面板中单击【圆】按钮○，在窗口中绘制一个半径为10的圆。

（2）在【绘图】面板中单击【正多边形】按钮○，以所绘圆的圆心为中心点，创建一个外切于半径为23的圆的正八边形。

（3）在【绘图】面板中单击【圆】按钮○，并在【对象捕捉】工具栏中单击【捕捉到中点】按钮，然后将指针移

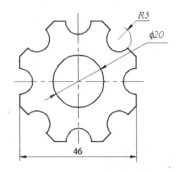

图7-17　使用布尔运算及面域命令完成的效果图

动到正八边形的一条边上，当显示"中点"提示时单击，从而以正八边形的一条边的中点为圆心，绘制一个半径为5的圆，如图7-18所示。

（4）采用同样的方法，绘制其他7个圆，如图7-19所示。

（5）在菜单栏选择【绘图】|【面域】命令，并在绘图窗口中选择正八边形和9个圆，然后按Enter键，将其转换为面域。

（6）选择【修改】|【实体编辑】|【差集】命令，选择正八边形作为要从中减去的面域，按Enter键后，依次单击9个圆作为被减去的面域，然后再按Enter键，即可得到经过差集运算后的新面域，如图7-17所示。

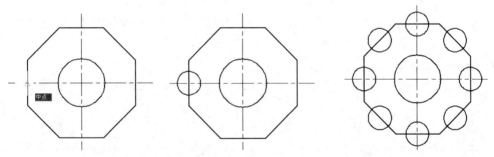

图7-18　正八边形边的中点为圆心绘制圆　　　　图7-19　绘制其他的圆

项目2：绘制如图7-20所示的齿轮两视图。

1. 绘图环境设置

创建一个空白文档，进行绘图环境设置。

（1）单位调整。单击菜单栏【格式】|【单位】，在弹出的【图形单位】对话框中，将【长度】选项区域【精度】选项调整为"0.00"。

（2）设置图形界线。单击菜单栏【格式】|【图形界线】，进行"A4图纸横放（297×210）"的设置。

（3）设置图层。单击菜单【格式】|【图层】命令，弹出【图层特性管理器】对话框，进行图层设置，并将"细实线"图层设置为当前，如图7-21所示。

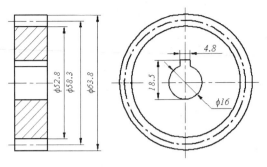

图 7-20　齿轮视图

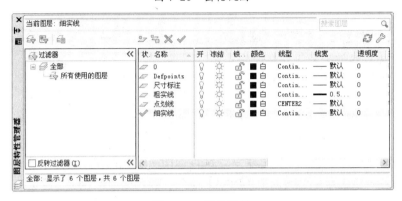

图 7-21　图层设置

2．绘制图形

做好绘图前的准备工作后，可以绘制图形了，绘图步骤如下：

（1）启用状态栏上的【对象捕捉】和【对象追踪】功能。

（2）选择菜单【绘图】|【矩形】命令，绘制长度为 16，宽度为 63.8 的矩形，作为主视图的外围轮廓。命令行具体操作过程如下：

命令: _rectang

　　指定第一个角点或 [倒角（C）/标高（E）/圆角（F）/厚度（T）/宽度（W）]: //合适位置单击鼠标左键

　　指定另一个角点或 [面积（A）/尺寸（D）/旋转（R）]: //d　Enter

　　指定矩形的长度 <10.0>: //16　Enter

　　指定矩形的宽度 <10.0>: //63.8　单击鼠标左键

（3）将矩形分解为四条独立的线段，然后使用【偏移】命令，将分解后的两条水平轮廓边向内偏移 2.75。偏移结果如图 7-22 所示。

（4）选择菜单【绘图】|【直线】命令，配合【对象捕捉】功能绘制如图 7-23 所示的直线。

（5）使用快捷启动方式 C 激活【圆】命令，配合【交点捕捉】功能绘制如图 7-24 所示的同心圆，其中小圆直径为 $\phi16$。

（6）选择菜单【修改】|【偏移】命令，将左视图中心位置的水平辅助线向上偏移 10.5、垂直辅助线向两侧各偏移 2.4，偏移结果如图 7-25 所示。

190

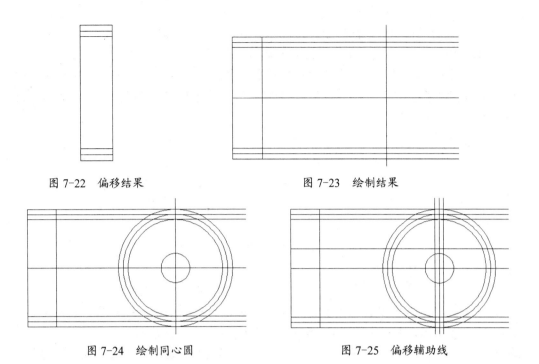

图 7-22　偏移结果　　　　　　　　　　　图 7-23　绘制结果

图 7-24　绘制同心圆　　　　　　　　　图 7-25　偏移辅助线

（7）综合使用【修改】菜单中的【修剪】和【删除】命令，对辅助线进行修剪和删除，结果如图 7-26 所示。

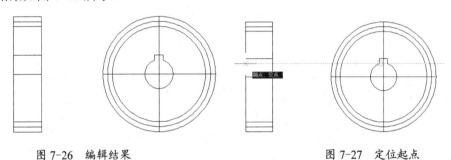

图 7-26　编辑结果　　　　　　　　　　　图 7-27　定位起点

（8）以图 7-26 和图 7-27 所示的交点作为起点和终点，绘制水平的轮廓线，结果如图 7-28 所示。

（9）重复画线命令，配合【对象捕捉】和【对象追踪】功能，绘制下面的水平轮廓线，结果如图 7-29 所示。

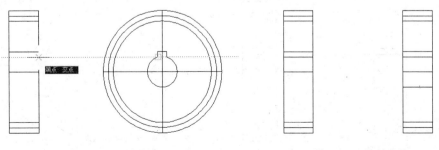

图 7-28　定位终点　　　　　　　　　　　图 7-29　绘制结果

（10）在无命令执行的前提下选择如图 7-30 所示的轮廓线，使其呈现夹点显示。

（11）将图 7-30 中选中的轮廓线调整到"点画线"图层，结果如图 7-31 所示。

（12）选择菜单【修改】|【拉长】命令，将图形中心线两端拉长 3 个绘图单位，并将轮廓线调整到"粗实线"图层。打开状态栏上的【线宽】功能，显示线宽，结果如图 7-32 所示。

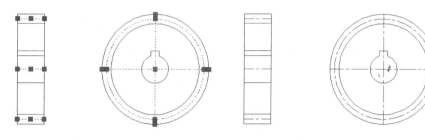

图 7-30 夹点显示   图 7-31 调整为点画线

（13）将"细线"设置为当前层，执行【图案填充】命令，设置图案类型和填充比例如图 7-33 所示，并对主视图进行填充，填充结果如图 7-34 所示。

图 7-32 调整结果   图 7-33 设置图案填充参数图

（14）调整视图，使图形全部显示，最终效果如图 7-35 所示。

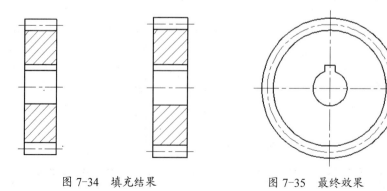

图 7-34 填充结果   图 7-35 最终效果

192

7.4 自 我 检 测

7.4.1 填空题

（1）在 AutoCAD 2012 中，可以对面域进行＿＿＿＿、＿＿＿＿和＿＿＿＿三种布尔运算。

（2）用户可以通过选择＿＿＿＿＿＿和＿＿＿＿＿＿命令两种方法来创建面域。

（3）图案填充时，有＿＿＿＿、＿＿＿＿和＿＿＿＿三种孤岛检测方式。

（4）使用 ANSI31 填充，角度设置为 15°，剖面线相对 X 轴正方向是＿＿＿＿。

7.4.2 选择题

（1）对图 7-36 所示的面域进行并集操作，最终效果是＿＿＿＿。

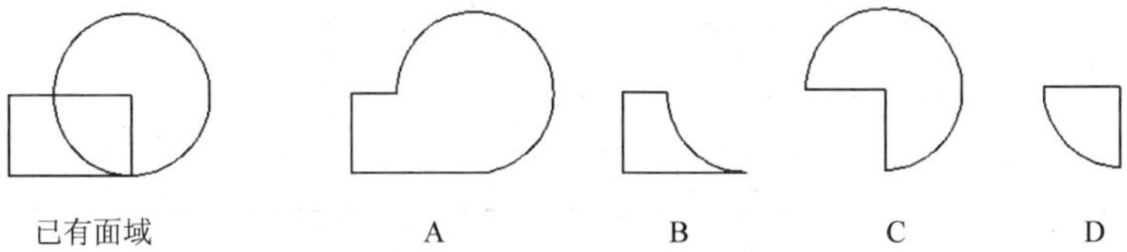

已有面域　　　　　　A　　　　　　B　　　　　　C　　　　　　D

图 7-36

（2）实现如图 7-37 所示的填充效果，孤岛检测方式是＿＿＿＿＿＿。

A. 外部、普通、忽略　　　　　　B. 普通、外部、忽略

C. 忽略、普通、外部　　　　　　D. 外部、忽略、普通

（3）图案填充时，选择的图案为 ANSI31，其填充后的图形为图 7-38，设置的填充角度应该是＿＿＿＿＿＿度。

A. 0　　　　　　B. 90　　　　　　C. 45　　　　　　D. 30

图 7-37 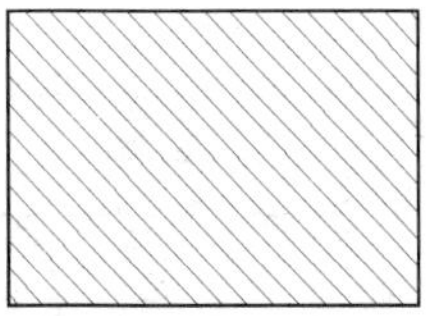　　　　　　　　　　　　　　　　图 7-38

7.4.3 操作题

（1）绘制如图 7-39 所示的图形，并使用图案填充命令。

（2）绘制如图 7-40、图 7-41 所示的图形，并使用图案填充命令。

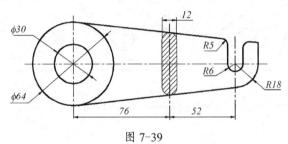

图 7-39

193

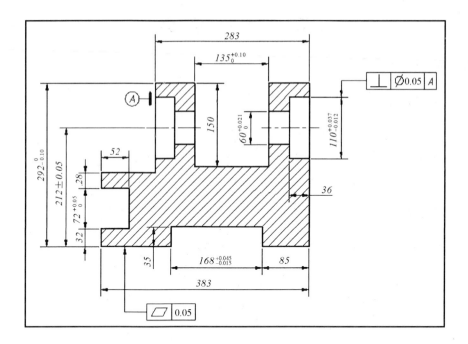

图 7-40

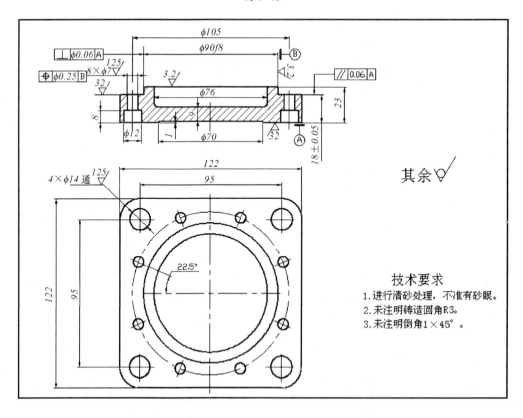

其余 ∇

技术要求

1. 进行清砂处理，不准有砂眼。
2. 未注明铸造圆角R3。
3. 未注明倒角1×45°。

图 7-41

第8章 图块、外部参照与设计中心

【知识目标】

（1）掌握块的创建和插入。

（2）掌握创建带属性的图块与块编辑。

（3）掌握外部参照的使用。

（4）熟悉 AutoCAD 设计中心。

【相关知识】

在工程制图中，很多图形都会重复使用，为了提高绘图的速度和效率，AutoCAD 2012 提供了图块功能，利用该功能，用户不但可以非常方便地创建经常重复使用的图形，还可以将有连续规律特征的图形创建为块重复使用。用户还可以根据需要为块创建属性，用来指定块的名称、用途及设计者等信息。

在绘制图形时，如果一个图形需要参照其他图形或者图像来绘制，而用户又不希望占用太多的存储空间，这时就可以使用 AutoCAD 2012 的外部参照功能。所谓外部参照是指把已有的图形文件以参照的形式插入到当前图形中。

此外，AutoCAD 2012 中的设计中心为用户提供了一个直观、高效的工具，与 Windows 资源管理器类似，用户使用它可以方便地对图形文件进行各种管理。

8.1 创　建　图　块

图块也称块，它是一个或多个对象形成的对象集合，常用于绘制复杂、重复的图形。将一组对象组合成块之后，就可以根据作图需要将这组对象插入到图中任意指定位置，并可以按不同的比例和旋转角度插入。如果需要对组成块的单个图形进行修改，可以利用【分解】命令将块分解成若干独立的对象。

根据应用范围，图块可以分为内部图块和外部图块两类。内部图块只能在定义它的图形文件中调用，它是跟随定义它的图形文件一起保存的。外部图块又称为外部图块文件，它是以文件的形式保存在计算机中。当定义好外部图形文件后，当前文件或其他文件均可调用该图块插入到文件中。

8.1.1　创建内部图块

创建内部图块的方法如下。

（1）菜单栏：【绘图】|【块】|【创建】命令。

（2）功能区：【插入】选项卡【块定义】面板中【创建块】按钮 。

（3）工具栏：【绘图】工具栏【创建块】按钮 。

（4）命令行：输入并执行 BLOCK 命令。

执行该命令后，将打开【块定义】对话框，如图 8-1 所示。使用该对话框，用户可以将已绘制的对象创建为块。

【块定义】对话框中主要选项的意义如下。

1.【名称】文本框

该下拉列表框用于输入或选择当前要创建的块的名称。

图 8-1　【块定义】对话框

2.【基点】选项组

设置块的插入基点位置。用户可以直接在 X, Y, Z 文本框中输入，也可以单击【拾取点】按钮，切换到绘图窗口并选择基点。为了作图方便，应根据图形的结构选择基点。一般来说，基点选在块的对称中心、左下角或其他有特征的位置。

3.【对象】选项组

用于指定新块中要包含的对象，以及创建块之后如何处理这些对象，是保留还是删除选定的对象或者是将它们转换成块实例。其各参数的含义如下：

（1）【选择对象】按钮：可以切换到绘图窗口选择组成块的各对象。

（2）【快速选择】按钮：使用打开的【快速选择】对话框设置所选对象的过滤条件。

（3）【保留】单选按钮：表示创建块后仍在绘图窗口上保留组成块的各对象。

（4）【转换为块】单选按钮：表示创建块后将组成块的各对象保留并把它们转换成块。

（5）【删除】单选按钮：表示创建块后删除绘图窗口上组成块的原对象。

（6）【选定的对象】选项：表示显示选定对象的数目，未选对象时，显示【未选定对象】。

4.【设置】选项组

用于指定块的设置，其中【块单位】下拉列表框用于提供用户选择块参数插入的单位；【超链接】按钮用于打开【插入超链接】对话框，用户可以使用该对话框将其某个超链接与块定义相关联。

5.【方式】选项组

用于指定块的行为。【注释性】复选框用于设置指定块为注释性的；【使块方向与布局匹配】复选框用于指定在图纸空间视口中块参照的方向与布局方向是否匹配。如果未选中【注释性】复选框，则该选项不可用。【按统一比例缩放】复选框用于指定是否阻止块参照不按统一比例缩放；【允许分解】复选框用于指定块参照是否可以被分解。

6.【在块编辑器中打开】复选框

当选中该复选框并单击【确定】按钮后，将在块编辑器中打开当前的块定义，一般用于动态块的创建和编辑。

注意：创建块时，必须先绘出要创建块的对象；如果新块名与已定义的块名重复，系统将显示警告对话框，要求用户重新定义块名称。

8.1.2 创建外部图块

在命令行里输入 WBLOCK（W）命令，弹出如图 8-2 所示的【写块】对话框，该对话框将对象保存到文件或将块转换为文件，从而创建一个外部图块，方便在绘制其他图形时调用。

图 8-2 【写块】对话框

该对话框中各选项的功能如下。

（1）【源】选项区域：用于指定块和对象，将其保存为文件并指定插入点。当选中【块】单选按钮时，用户可以从下拉列表中选择现有块并保存为文件，此时【基点】和【对象】选项组不可用；当选中【整个图形】单选按钮时，将会选择当前图形作为一个块并定义为外部文件，此时【基点】和【对象】选项组也不可用；当选择【对象】单选按钮时，需要选择图形对象，指定基点创建图块。

（2）【目标】选项区域：用于设置块保存的名称、位置以及插入块时用的测量单位。其中，【文件名和路径】下拉列表框用于输入块文件的名称和保存位置，或对象的路径，也可单击下拉列表框后面的按钮，在打开的【浏览图形文件】对话框设置文件的保存位置；【插入单位】下拉列表框用于选择从 AutoCAD 设计中心中拖动块时的缩放单位。

注意：虽然组成块的各对象都有自己的图层、颜色、线型、线宽等特性，但插入到图形中，块各对象原有的图层、颜色、线型、线宽特性常会发生变化。非 0 层对象的图层具有继承性，即图块被插入时，图块中 0 层上的对象改变到块的插入层，块中非 0 层上的对象图层不变。

8.2 创建带属性的图块

图块除了包含图形对象以外，还可以具有非图形信息，例如把一扇门定义为图块后，还可以把门的材料、价格等说明行动文本信息一并加入到图块中。图块的这些非图形信息叫作图块的属性，它是图块的组成部分，与图形对象一起构成一个整体，在插入图块时 AutoCAD 把图形对象和属性一起插入到图形中。

8.2.1 定义图块属性

选择【绘图】|【块】|【定义属性】命令，或者在命令行中输入 ATTDEF 命令，均可弹出如图 8-3 所示的【属性定义】对话框。该对话框各个参数的含义如下所示。

图 8-3 【属性定义】对话框

1．【模式】选项组

在该选项区域中，可以设置属性模式。

（1）【不可见】复选框：用于设置插入块后是否显示其属性值。选中该复选框，属性不可见，否则将在块中显示相应的属性值。

（2）【固定】复选框：用于设置属性是否为定值。选中该复选框，属性为定值，该值可通过"属性"选项区域中的"值"文本框指定，插入块时该属性值不再发生变化。否则，将属性不设为定值，插入块时可以输入任意的值。

（3）【验证】复选框：用于设置是否对属性值进行验证。选中该复选框，则插入块时，系统将显示提示信息，让用户验证所输入的属性值是否正确。

（4）【预置】复选框：用于确定是否将属性值直接预置成它的默认值。选中该复选框，则插入块时，系统将把"属性"选项区域中"值"文本框中输入的默认值自动设置成实际属性值，不再要求用户输入新值；反之用户可以输入新属性值。

（5）【锁定位置】复选框：用于锁定块参照中属性的位置，若解锁，属性可以相对于使用夹点编辑的块的其他部分移动，并且可以调整多行属性的大小。

（6）【多行】复选框：用于指定属性值可以包含多个多行文字，选定此复选框后，可以指定属性的边界宽度。

2.【属性】选项组

该选项组用于设置属性数据，该选项区域包括如下选项。

（1）【标记】文本框：用于标识图形中每次出现的属性。

（2）【提示】文本框：用于指定在插入块时系统显示的提示信息，提醒用户指定属性值。

（3）【默认】文本框：用于指定默认的属性值。

（4）【插入字段】按钮 🔲：打开【字段】对话框插入一个字段作为属性的全部或部分值。

3.【插入点】选项组

该选项组用于指定图块属性的位置。该选项区域包括如下选项。

（1）【在屏幕上指定】复选框：指可以在绘图区中指定插入点，一般多采用此方式。

（2）【X】、【Y】、【Z】复选框：指用户可以直接在文本框中输入点的坐标。

4.【文字设置】选项组

在【文字选项】选项区域中，可以设置属性文字的格式，该选项区域包括如下选项。

（1）【对正】下拉列表框：用于设置属性文字相对于参照点的排列形式。

（2）【文字样式】下拉列表框：用于设置属性文字的样式。

（3）【文字高度】按钮：用于设置属性文字的高度。可以直接在对应的文本框中输入高度值，也可以单击该按钮，然后在绘图窗口中指定高度。

（4）【旋转】按钮：用于设置属性文字行的旋转角度。

（5）【边界宽度】文本框用于指定【多行】复选框设定的文字行的最大长度。

5.【在上一个属性定义下对齐】复选框

选择该复选框后可将属性标记直接置于定义的上一个属性的下面。如果之前没有创建属性定义，则此选项不可用。

确定了【属性定义】对话框中的各项内容后，单击【确定】按钮，系统将完成一次属性定义，但并不能指定该属性属于哪个图块，因此用户必须通过【块定义】对话框将图块和定义的属性重新定义为一个新的图块。

8.2.2 编辑图块属性

图块的属性可以利用【增强属性编辑器】或【块属性管理器】对话框进行编辑。

1.【增强属性管理器】对话框

该对话框的调用方法有以下三种。

（1）菜单栏：【修改】|【对象】|【属性】/【文字】|【单个】/【编辑】。

（2）命令行：输入并执行 BATTMAN 命令。

（3）用鼠标双击图块。

执行上述操作后，系统将打开【增强属性编辑器】对话框，如图 8-4 所示。其中三个选项卡的功能如下。

（1）【属性】选项卡：显示了块中每个属性的标识、提示和值。在列表框中选择某一属性后，在【值】文本框中将显示出该属性对应的属性值，可以通过它来修改属性值。

（2）【文字选项】选项卡：用于修改属性文字的格式，该选项卡如图 8-5 所示。其中可以设置文字样式、对齐方式、高度、旋转角度、宽度因子、倾斜角度等属性，另外【反向】和【倒置】复选框主要用于镜像后进行地修改。

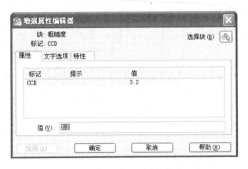

图 8-4　增强属性编辑器对话框　　　　　　图 8-5　【文字选项】选项卡

（3）【特性】选项卡：用于修改属性文字所在图层、线型、颜色及打印样式等，该选项卡如图 8-6 所示。

2.【属性管理器】对话框

选择【修改】|【对象】|【属性】|【块属性管理器】命令，或者输入命令 BATTMAN，都可以打开【块属性管理器】对话框，可在其中管理块中的属性，如图 8-7 所示。

图 8-6　【特性】选项卡

图 8-7　【块属性管理器】对话框

在【块属性管理器】对话框中，单击【编辑】按钮，将打开【编辑属性】对话框，可以重新设置属性定义的构成、文字特性和图形特性等，如图 8-8 所示。

在【块属性管理器】对话框中，单击【设置】按钮，将打开【块属性设置】对话框，可以设置在【块属性管理器】对话框的属性列表框中能够显示的内容，如图 8-9 所示。

图 8-8　【编辑属性】对话框

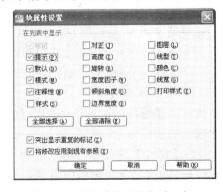

图 8-9　【块属性设置】对话框

8.3 插 入 图 块

完成块的定义后，就可以将块插入到图形当中。

启动插入图块命令的方法如下。

（1）菜单栏：【插入】|【块】命令。

（2）功能区：【插入】面板中【插入块】按钮 。

（3）工具栏：【绘图】工具栏中【插入块】按钮 。

（4）命令行：输入并执行 INSERT 命令。

执行命令后弹出如图 8-10 所示的【插入】对话框，输入要插入的图块名称、插入点的位置、插入的比例系数和块的旋转角度等参数后，单击【确定】按钮，就可以将内部图块或外部图块插入到图形中。

图 8-10　【插入】对话框

【插入】对话框中各主要选项的意义如下。

（1）【名称】下拉列表框：用于选择块或图形的名称。也可以单击其后的【浏览】按钮，打开【选择图形文件】对话框，选择保存的块和外部图形。

（2）【插入点】选项区域：用于设置块的插入点位置。可直接在 X, Y, Z 文本框中输入点的坐标，也可以通过选中【在屏幕上指定】复选框，在屏幕上指定插入点位置。

（3）【比例】选项区域：用于设置块的插入比例。可直接在 X, Y, Z 文本框中输入块在三个方向的比例；也可以通过选中"在屏幕上指定"复选框，在屏幕上指定。此外，该选项区域中的"统一比例"复选框用于确定所插入块在 X, Y, Z 三个方向的插入比例是否相同，选中时表示比例将相同，用户只需在 X 文本框中输入比例值即可。

（4）【旋转】选项区域：用于设置块插入时的旋转角度。可直接在【角度】文本框中输入角度值，也可以选择【在屏幕上指定】复选框，在屏幕上指定旋转角度。

（5）【分解】复选框：选择该复选框，可以将插入的块分解成组成块的各基本对象。

8.4 外 部 参 照

外部参照是把已有的图形文件链接到当前图形文件中。外部参照与块的主要区别在于，插入图块是将块的图形数据全部插入到当前图形中；而外部参照只记录参照图形位置等链接信息，并不插入该参照图形的图形数据。外部参照的图形会随着原图形的修改而更新。

8.4.1 附着外部参照

AutoCAD 2012 能够附加和修改任何外部参照文件，包括 DWG、DWF、DGN、PDF 或图片格式。

启用外部参照的方式有：

（1）菜单栏：【插入】|【DWG 参照】或其他参照格式命令，如图 8-11 所示。

（2）工具栏：【参照】工具栏中【附着外部参照】按钮 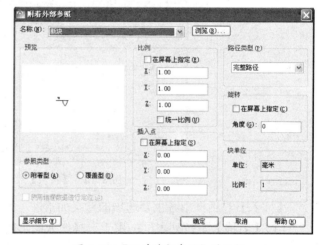。

（3）命令行：输入并执行 XATTACH 命令。执行命令后，系统将打开【选择参照文件】对话框，从中选择参照文件，并单击【打开】按钮，系统将打开【附着外部参照】对话框，如图 8-12 所示。

图 8-11 【插入】菜单　　　　　　图 8-12 【附着外部参照】对话框

从图 8-12 可以看出，在图形中插入外部参照的方法与插入块的方法相同，只是【附着外部参照】对话框中多了下述两个特殊选项。

（1）【参照类型】选项区域：用于确定外部参照的类型，包括【附着型】和【覆盖型】两种类型。其中，选择【附着型】单选按钮，将显示出嵌套参照中的嵌套内容；选择【覆盖型】单选按钮，则不显示嵌套参照中的嵌套内容。

（2）【路径类型】下拉列表框：用于选择保存外部参照的路径类型，包括【完整路径】、【相对路径】和【无路径】三种类型。

8.4.2 管理外部参照

在 AutoCAD 2012 中，用户可以在【外部参照】选项板中对外部参照进行编辑和管理。用户单击选项板上方的【附着】按钮 ，可以添加不同格式的外部参照文件；在选项板下方的外部参照列表框中显示当前图形在各个外部参照的文件名称；选择任意一个外部参照文件后，在下方【详细信息】选项区域中显示该外部参照的名称、加载状态、文件大小、参照类型、参照日期及参照文件的存储路径等内容。

单击选项板右上方的【列表图】或【树状图】按钮，可以设置外部参照列表以何种形式显示。单击【列表图】按钮 ▦，可以以列表形式显示，如图 8-13 所示；单击【树状图】按钮 ▨，可以以树状形式显示，如图 8-14 所示。

当用户附着多个外部参照后，在外部参照列表框中的文件上单击鼠标的右键，将弹出如图 8-15 所示的快捷菜单。在菜单上选择不同的命令可以对外部参照进行相关的操作，该对话框中主要选项的功能如下。

（1）【打开】命令：选择该命令可在新建窗口中打开选定的外部参照进行编辑。在"外部参照管理器"对话框关闭后，显示新建窗口。

（2）【附着】按钮：单击该按钮，将打开【选择参照文件】对话框，在该对话框中可以选择需要插入到当前图形中的外部参照文件。

（3）【拆离】按钮：单击该按钮，将从当前图形中移去不再需要的外部参照文件。

（4）【重载】按钮：单击该按钮，将在不退出当前图形的情况下，更新外部参照文件。

（5）【卸载】按钮：单击该按钮，将从当前图形中移走不需要的外部参照文件，但移走后仍保留该参照文件的路径，当希望在参照该图形时，单击对话框中的【重载】按钮即可。

（6）【绑定】按钮：单击该按钮，可以将外部参照的文件转换成为一个正常的块，即将所参照的图形文件永久地插入到当前图形中，插入后系统将外部参照文件的依赖符转换为永久符号。

图 8-13　列表显示外部参照列表框

图 8-14　树状显示外部参照列表框

图 8-15　管理外部参照文件

8.4.3　参照管理器

AutoCAD 图形可以参照多种外部文件，包括图形、文字字体、图像和打印配置。这些参照文件的路径保存在每个 AutoCAD 图形中。有时可能需要将图形文件或它们参照的文件移动到其他文件或其他磁盘驱动器中，这时就需要更新保存的参照路径。

Autodesk 参照管理器提供了多种工具，列出了选定图形中的参照文件，可以修改保存的参照路径而不必打开 AutoCAD 中的图形文件。选择【开始】|【程序】

Autodesk|AutoCAD 2012|【参照管理器】命令，打开【参照管理器】窗口，可以在其中对参照文件进行处理，也可以设置参照管理器的显示形式，如图 8-16 所示。

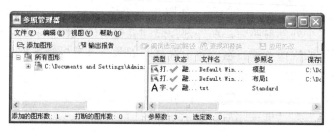

图 8-16　【参照管理器】窗口

8.5　AutoCAD 设计中心

AutoCAD 设计中心（AutoCAD Design Center，ADC）为用户提供了一个直观且高效的工具。通过设计中心，用户可以浏览、查找、预览和管理 AutoCAD 图形、图块及外部参照等不同的资源文件，还可以通过简单的拖放操作，将本地计算机、局域网或因特网上的图块、图层、外部参照等内容插入到当前图形中。如果打开了多个图形文件，在多个图形文件之间也可以通过简单的拖放操作实现图形的插入。

启动设计中心可以有以下四种方式。

（1）菜单栏：【工具】|【选项板】|【设计中心】命令。

（2）功能区：【视图】选项卡中【设计中心】按钮 。

（3）命令行：输入并执行 ADC 命令。

（4）组合键：Ctrl+2 组合键。

执行命令后，AutoCAD 将打开【设计中心】面板，如图 8-17 所示。

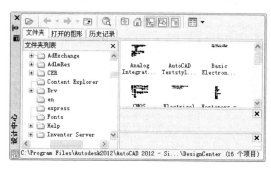

图 8-17　【设计中心】面板

8.5.1　显示图形信息

AutoCAD 设计中心窗口包含一组工具按钮和选项卡，使用它们可以选择和观察设计中心中的图形。

（1）【文件夹】选项卡：显示设计中心的资源，可以将设计中心的内容设置为本计算机的桌面，或是本地计算机的资源信息，也可以是网上邻居的信息。

（2）【打开的图形】选项卡：显示在当前 AutoCAD 环境中打开的所有图形，其中包括最小化的图形。此时单击某个文件图标就可以看到该图形的有关设置，如图层、线型、文字样式、块及尺寸样式等，如图 8-18 所示。

图 8-18　【打开的图形】选项卡

（3）【历史记录】选项卡：显示最近在设计中心打开的文件的列表。显示历史记录后，在一个文件上单击鼠标右键显示此文件信息或从【历史记录】列表中删除此文件。

（4）【树状图切换】按钮　：单击该按钮，可以显示或隐藏树状视图。

（5）【收藏夹】按钮　：通过收藏夹来标记存放在本地硬盘、网络驱动器或因特网网页上常用的文件，如图 8-19 所示。

图 8-19　AutoCAD 设计中心的收藏夹

（6）【加载】按钮　：单击该按钮，将打开【加载】对话框，在该对话框中按照知道路径选择图形，将其载入到当前图形中。

（7）【预览】按钮　：单击该按钮，可以打开或关闭选项卡右下侧窗口。

（8）【说明】按钮　：打开或关闭说明窗格，以确定是否显示说明内容。

（9）【视图】按钮　：用于确定控制板所显示内容的显示格式。单击该按钮将弹出一快捷菜单，可从中选择显示内容的显示格式。

（10）【搜索】按钮　：用于快速查找对象。

8.5.2　在文档中插入设计中心内容

使用 AutoCAD 设计中心，可以方便地在当前图形中插入块，与使用插入图块命令不同的是，在设计中心插入的图块不能进行缩放和旋转操作。

1．插入块

AutoCAD 2012 提供了两种插入块的方法，一种是插入时自动换算插入比例，另一种是插入时确定插入点、插入比例和旋转角度。

（1）自动换算比例插入块。从设计中心窗口中选择要插入的块，并拖到绘图窗口。将块移动到插入位置时释放鼠标左键，即可实现块的插入。

（2）插入常规块。在设计中心窗口中选择要插入的块，用鼠标右键将该块拖到绘图窗口后释放右键，此时 AutoCAD 会弹出一快捷菜单，从快捷菜单中选择【插入块】命令，AutoCAD 打开【插入】对话框。可在该对话框中确定插入点、插入比例和旋转角度。

2. 引用外部参照

从【设计中心】对话框选择外部参照，用鼠标右键将其拖到绘图窗口后释放，在弹出快捷菜单中选择【附着外部参照】命令，弹出【外部参照】对话框，在该对话框中使用外部参照的方法，可以确定插入点、插入比例及旋转角度。

3. 在图形中复制图层、线型、文字样式、尺寸样式、布局及块等

在绘图过程中，一般将具有相同特征的对象放在同一个图层上。使用 AutoCAD 设计中心，可以将图形文件中的图层复制到新的图形文件中。这样一方面节省了时间，另一方面也保持了不同图形文件结构的一致性。

在 AutoCAD 设计中心窗口中，选择一个或多个图层，然后将它们拖到打开的图形文件后松开鼠标按键，即可将图层从一个图形文件复制到另一个图形文件。

8.6　实训项目——块、块的属性及外部参照

8.6.1　实训目的

（1）熟悉 AutoCAD 2012 图块的制作和使用。
（2）掌握制作图块和属性的方法。
（3）掌握图块及图块的插入方法。
（4）掌握参照的使用。

8.6.2　实训准备

（1）阅读教材 8.1 节～8.5 节。
（2）复习偏移、复制、镜像、修剪等编辑命令的熟练使用。
（3）综合应用极轴追踪、对象捕捉、正交等辅助功能。
（4）复习二维绘图命令。

8.6.3　实训指导

任务 1：绘制图 8-20 所示的粗糙度代号，并添加属性。属性的名称为"CCD"，提示为"粗糙度代号"，默认值为 6.3，设置图块名称为"粗糙度代号"，基点为代号尖角顶点。

绘图步骤：

（1）使用直线命令绘制图形，其中 $H=1.4h$（h 为文字高度，取 $h=5$）。绘制该符号，绘图过程略。

（2）选择菜单【格式】|【文字样式】命令，弹出【文字样式】对话框，单击【新建】按钮，创建样式1文字样式，高度设置为5和宽度比例设置为0.7，如图8-21所示。

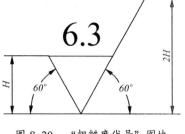

图 8-20　"粗糙度代号"图块

（3）选择菜单【绘图】|【块】|【定义属性】命令，弹出【属性定义】对话框，如图8-22所示，可设置对话框的参数。

（4）设置完成后单击【确定】按钮，命令行提示【指定起点】，拾取横线中点为起点，效果如图8-23所示。

（5）选择菜单【绘图】|【块】|【创建】命令，弹出【块定义】对话框，选择如图8-24所示的图形为对象，捕捉基点为符号的尖角顶点，图块命名为"粗糙度代号"，如图8-25所示，单击【确定】按钮，弹出如图8-26所示的【编辑属性】对话框，不做设置，单击【确定】按钮完成"粗糙度代号"图块的创建。

图 8-21　创建"样式1"文字样式

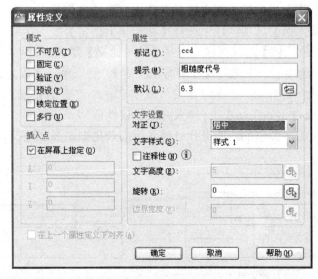

图 8-22　设置属性

图 8-23　设置属性效果

图 8-24　设置【块定义】对话框

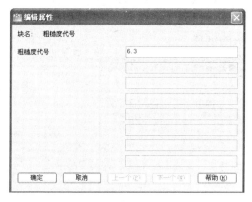

图 8-25　【编辑属性】对话框

图 8-26　【增强属性编辑器】对话框

任务 2：将任务一创建的图块插入到给定的零件图形（图 8-27）之中。

操作过程如下：

（1）选择菜单【插入】|【块】命令，打开【插入】对话框。

（2）在【名称】下拉列表框中选择名称为"粗糙度代号"的图块。

（3）在【插入点】选项区域中选择【在屏幕上指定】。

（4）在【缩放比例】选项区域中选择【统一比例】复选框，并在 X 文本框中输入 1；在【旋转角度】选项区域中选择【在屏幕上指定】，然后单击【确定】按钮。

（5）指定插入点://指定旋转角度 <0>:（输入合适的旋转角度）//输入属性值 ccd<6.3>://验证属性值 ccd <6.3>:（输入合适的属性值）。

（6）将不同的参数值的粗糙度代号插入后的效果如图 8-28 所示。

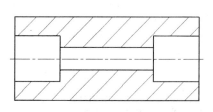

图 8-27　原机械零件图形

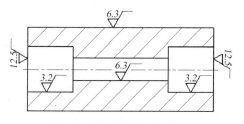

图 8-28　插入块后的效果

任务 3：使用插入外部参照的方法，将如图 8-29 所示的图形组合为一个新图形。这些图形文件的名称分别为 D1.dwg、D2.dwg 和 D3.dwg，其中心点均为坐标原点(0，0)。

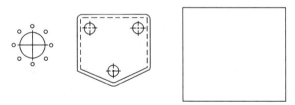

图 8-29　外部参照文件 Dl.dwg、D2.dwg 和 D3.dwg 中的图形

操作过程如下：

（1）选择菜单【文件】|【新建】命令，新建一个文件。

（2）选择菜单【插入】|【外部参照】命令，打开【选择参照文件】对话框。选择外部参照文件 D1.dwg，然后单击【打开】按钮。

（3）此时系统将打开【外部参照】对话框，在【参照类型】选项区域中选择【附加型】单选按钮，在【插入点】选项区域取消选择【在屏幕上指定】复选框，并确认当前坐标 X,Y,Z 均为 0，然后单击【确定】按钮，将外部参照文件 Dl.dwg 插入到新建文档中。

（4）参照同样的方法，将外部参照文件 D2.dwg 插入到文档中，如图 8-30 所示。

图 8-30　插入参照文件 D2.dwg 后的效果

（5）将外部参照文件 D3.dwg 插入到文档中，得到最终结果如图 8-31 所示。

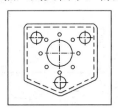

图 8-31　插入参照文件 D3.dwg 后的效果

8.7　自 我 检 测

8.7.1　填空题

（1）在 AutoCAD 中，创建内部图块，需要在命令行中输入＿＿＿＿＿命令，创建外部图块，需要在命令行中输入＿＿＿＿＿＿命令。

（2）在【插入】对话框中，＿＿＿＿＿＿复选框用于控制图块在 X、Y、Z 方向上是否缩放一致。

（3）_____ 是图块的一个组成部分，它是块的非图形信息，包含于块中的文字对象。块的属性由_____和_____两部分组成。

8.7.2　选择题

（1）用下面——命令可以创建图块，且只能在当前图形文件中调用，而不能在其他图形中调用。

A．BLOCK　　B．WBLOCK　　C．EXPLODE　　D．MBLOCK

（2）在使用 INSERT 命令引用外部图块时，不可以_____。

A．更改图块基点　　　　　　B．更改图块的大小

C．更改图块的角度　　　　　D．在文件中产生同名的内部块

（3）下列关于创建外部块命令的描述，错误的是_____。

A．此命令创建的块一旦随文件存盘后，也可引用到其他文件中

B．在创建图块的过程中可以将源图形删除

C．在创建图块的过程中可以将源图形转化为图块

D．此命令可以重新修改内部块的基点坐标

（4）调用 AutoCAD 设计中心的命令是_____。

A．ADCENTER　　B．CENTER　　C．CADCENTER　　D．DDCENTER

8.7.3　简述题

（1）简述块、块属性的概念及其特点。

（2）简述外部参照和块的区别。

（3）在中文版 AutoCAD 2012 中，使用【设计中心】窗口主要可以完成哪些操作？

8.7.4　操作题

（1）绘制如图 8-32(a)所示带有属性的粗糙度的图块，依据 8-32(b)图形，插入不同属性值、比例、旋转角度的图块。

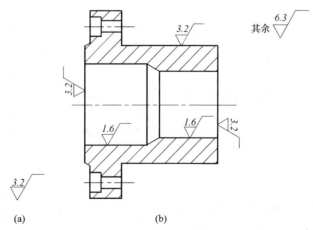

(a)　　　　　　　　(b)

图 8-32　"粗糙度"图块的绘制与插入

（2）绘制如图 8-33 所示的压盖零件图。

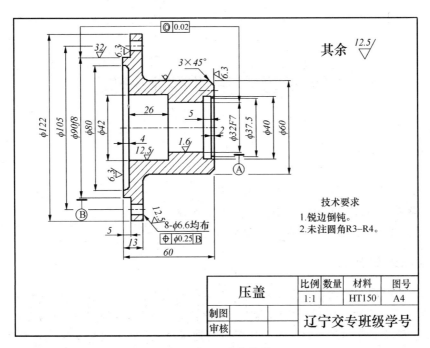

其余 $\sqrt{\dfrac{12.5}{}}$

技术要求
1. 锐边倒钝。
2. 未注圆角R3-R4。

压盖	比例	数量	材料	图号
	1:1		HT150	A4
制图				
审核			辽宁交专班级学号	

图 8-33 压盖零件图

第 9 章　三维图形绘制

【知识目标】

（1）掌握 AutoCAD 2012 三维绘图基础。
（2）掌握 AutoCAD 2012 绘制三维实体的方法。
（3）掌握 AutoCAD 2012 创建复杂实体的操作方法。

【相关知识】

目前，三维图形广泛应用于工程设计和绘图过程中。AutoCAD 支持三种类型的三维建模：线框模型、曲面模型和实体模型。线框模型为一种轮廓模型，它由三维的直线和曲线组成，没有面和体的特征；曲面模型用面描述对象，它不仅定义了三维对象的边界，而且还定义了表面，即具有面的特征；实体模型不仅具有线和面的特征，而且还具有体的特征，各实体对象之间可以进行各种布尔运算操作，从而创建复杂的三维实体图形。本书只针对实体模型的创建加以介绍。

9.1　三维绘图基础

为了方便创建三维模型，AutoCAD 2012 允许用户根据自己的需要设定坐标系，即用户坐标系（UCS），使用合适的 UCS，可以方便地创建三维模型。

9.1.1　设置用户坐标系

在 AutoCAD 2012 中设置 UCS（用户坐标系）方法：
（1）命令行：UCSMAN（UC）。
（2）菜单栏：【工具】|【命名 UCS】。
（3）工具栏：【UCS Ⅱ】工具栏中命名 UCS 按钮 。
执行上述操作后，系统打开如图 9-1 所示的【UCS】对话框。该对话框包含了命名 UCS、正交 UCS、显示方式设置以及应用范围设置等多项功能。
（1）【命名 UCS】选项卡：单击【置为当前】按钮，可将坐标系置为当前工作坐标系；单击【详细信息】按钮，将打开如图 9-2 所示对话框，该对话框详细说明了用户所选坐标系的原点及 X、Y 和 Z 轴的方向。
（2）【正交 UCS】选项卡：用于将 UCS 设置为某一正交模式，如图 9-3 所示。其中，【深度】列用来定义用户坐标系 XY 平面上的正投影与通过用户坐标系原点平行平面之间的距离。
（3）【设置】选项卡：用于设置 UCS 图标的显示形式、应用范围等，如图 9-4 所示。

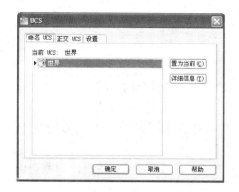

图 9-1 【UCS】对话框

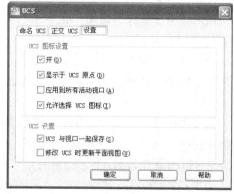

图 9-2 【UCS】详细信息对话框

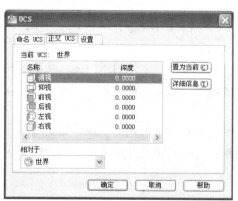

图 9-3 【正交 UCS】选项卡

图 9-4 【设置】选项卡

9.1.2 创建坐标系

在 AutoCAD 2012 中创建 UCS（用户坐标系）方法如下。

（1）命令行：UCS。

（2）功能区：【坐标】面板工具按钮，如图 9-5 所示。

（3）工具栏：【UCS】工具栏中对应工具按钮，如图 9-6 所示。

图 9-5 坐标面板

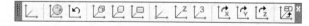

图 9-6 UCS 工具栏

下面以【UCS】工具栏为例，简单介绍常用的 UCS 坐标的调整方法。

1．UCS

单击该按钮，命令行出现如下提示：

指定 UCS 的原点或 [面(F)/命名(NA)/对象(OB)/上一个(P)/视图(V)/世界(W)/X/Y/Z/Z 轴(ZA)]

该命令行中各选项与工具栏中的按钮相对应。

2．世界

该按钮用来切换回模型或视图的世界坐标系，即 WCS 坐标系。

3．上一个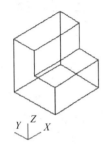

单击该按钮可返回上一个 UCS 状态。

4．面 UCS

该工具主要用户将新坐标系的 *XY* 平面与所选实体的一个面重合。

5．对象

该工具通过选定一个对象，定义一个新的坐标系，坐标轴的方向取决于所选对象的类型。

6．视图

该工具可使新坐标系的 *XY* 平面与当前视图方向垂直，*Z* 轴与 *XY* 面垂直，而原点保持不变。

7．原点

该工具用于修改当前用户坐标系的原点位置，坐标轴方向与上一个坐标相同。

8．*Z* 轴矢量

该工具通过指定一点作为坐标原点，指定一个方向作为 *Z* 轴的正方向，从而定义新的用户坐标轴。此时，系统将根据 *Z* 轴方向自动设置 *X* 轴、*Y* 轴的方向。

9．三点

该按钮通过选取三个点来确定新坐标系的原点、*X* 轴与 *Y* 轴的正向。指定的原点是坐标旋转时的基准点，再选取一点作为 *X* 轴的正方向，*Y* 的正方向随 *X* 正方向而确定，*Z* 的方向自动设置为与 *XY* 平面垂直。

10．*X* 轴/*Y*/*Z* 轴

该方式将当前 UCS 坐标绕 *X* 轴、*Y* 轴或 *Z* 轴旋转一定的角度，从而生成新的用户坐标系。它可以通过指定两个点或输入一个角度值来确定所需要的角度。

9.1.3 动态 UCS

使用动态 UCS 功能，可以在创建对象时使 UCS 的 *XY* 平面自动与实体模型上的平面临时对齐。执行动态 UCS 命令的方法有：

（1）快捷键：F6 键。

（2）状态栏：单击状态栏中的【允许/禁止 UCS】按钮。

该功能无需手动更改 UCS 方向。使用绘图命令时，可以通过在面的一条边上移动指针对齐 UCS，而无需使用 UCS 命令，如图 9-7 所示。结束该命令后，UCS 将恢复到其上一个 UCS 的位置和方向。

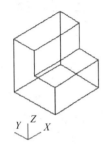
（a）原坐标系

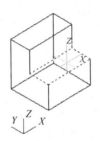
（b）使用命令后将鼠标移动到指定面时的 UCS

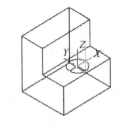
（c）执行命令时的 UCS 状态

图 9-7 动态 UCS 的使用

注意：要在光标上显示 *XYZ* 标签，请在【动态 UCS】按钮上单击鼠标右键并单击【显示十字光标标签】。 动态 UCS 的 *x* 轴沿面的一条边定位，且 *X* 轴的正向始终指向屏幕的右半部分。动态 UCS 仅能检测到实体的前向面。

9.2 观察三维图形

在三维建模环境中，为了创建和编辑三维图形各组成部分的结构特征，需要不断调整显示方式和位置，以便更好地观察三维模型。

9.2.1 设置视点

视点是指观察图形的方向。例如，绘制正方体时，如果使用平面坐标系，即 *z* 轴垂直于屏幕，此时仅能看到物体在 *XY* 平面上的投影。如果调整视点至当前坐标系的左上方，将看到一个三维物体，如图 9-8 所示。

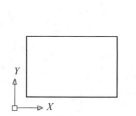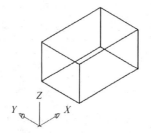

图 9-8　长方体在平面坐标系和三维视图中显示的效果

在 AutoCAD 中，可以使用视点预置、视点命令等多种方法来设置视点。

1．使用【视点预置】对话框设置视点

单击菜单中【视图】|【三维视图】|【视点预置】命令，或在命令行输入 DDVPOINT 命令，系统将打开【视点预置】对话框，如图 9-9 所示。

默认情况下，观察角度是相对于 WCS 坐标系的。选择【相对于 UCS】单选按钮，可相对于 UCS 坐标系定义角度。

对话框的图像框中，左图用于设置原点和视点之间的连线在 *XY* 平面的投影与 *X* 轴正向的夹角；右边的半圆形图用于设置该连线与投影线之间的夹角，在希望设置的角度位置处单击即可。此外，也可以在【自 X 轴】和【自 XY 平面】文本框内输入相应的角度。

此外，单击【设置为平面视图】按钮，可以将坐标系设置为平面视图。

2．利用控制盘观察三维图形

在【三维建模】工作空间中，使用视口标签和三维导航器（View Cube）工具，可快速切换各种正交模式或轴测图模式以及其他视图方向，如图 9-10 所示，可以根据需要快速调整模型视点。

将鼠标放在导航器立方体并单击右键，在弹出的快捷菜单中选择【View Cube 设置】选项，系统将弹出【View Cube 设置】对话框，如图 9-11 所示。在该对话框设置参数值可控制立方体的显示和行为、位置、尺寸和立方体的透明度等。

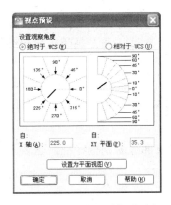

图 9-9 【视点预置】对话框

图 9-10 视口标签和三维导航器

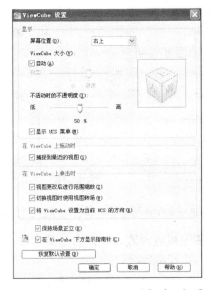

图 9-11 【View Cube 设置】对话框图

9.2.2 三维动态观察

启动动态观察的方式如下所示。

（1）菜单栏：选择【视图】|【三维动态观察器】命令中的子命令。

（2）命令行：输入并执行 3Dorbit 命令

（3）功能区：【视图】选项卡【导航】面板中各动态观察按钮，如图 9-12 所示。

图 9-12 动态观察按钮

1. 动态观察按钮 ⊕

用于在当前视口中通过拖动光标指针来动态观察模型，观察视图时，视图的目标位置保持不动，相机位置（或观察点）围绕该目标移动（尽管在用户看来目标是移动的）。默认情况下，观察点会约束为沿着世界坐标系的 XY 平面或 z 轴移动，如图 9-13 所示。

2．自由动态观察按钮

利用该按钮可以对视图中的图形进行任意角度的动态观察，此时选择并在转盘的外部移动光标，这将使视图围绕延长线通过转盘的中心并垂直于屏幕的轴旋转。单击该按钮后，在绘图区显示出一个导航球，如图 9-14 所示。当光标在不同位置有 、 、 、 等不同的表现形式，可分别对对象进行不同形式的旋转。

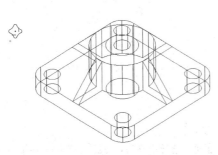 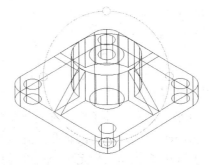

图 9-13　动态观察　　　　　图 9-14　自由动态观察

3．连续动态观察按钮

用于连续动态地观察图形。单击该按钮后，此时在绘图区光标呈 形状，单击鼠标左键并沿着任何方向拖动光标时，可以使对象沿着拖动的方向开始移动，释放鼠标按钮，对象将在指定的方向沿着轨道连续旋转。光标移动的速度决定了对象旋转的速度，如图 9-15 所示。单击或再次拖动鼠标可以改变旋转轨迹的方向。也可以在绘图窗口右击，并从弹出的快捷菜单选择一个命令来修改连续轨迹的显示。

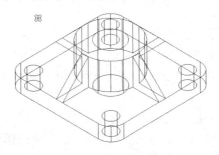

图 9-15　连续观察

9.2.3　控制盘

在【视图】功能区【视图】面板中启动【全导航】按钮，如图 9-16 所示，将打开【全导航控制盘】，如图 9-17 所示。另外还可以选择【查看对象控制盘】（图 9-18）和【巡视建筑控制盘】（图 9-19）。

1．全导航控制盘（大）

全导航控制盘按钮（大）具有以下选项：

（1）缩放：调整当前视图的比例。

（2）回放：恢复上一视图。可以通过单击并向左或向右拖动来向后或向前移动。

图 9-16 【视图面板】

图 9-17 全导航控制盘

图 9-18 查看对象控制盘

图 9-19 巡视建筑控制盘

（3）平移：通过平移重新放置当前视图。

（4）动态观察：绕固定的轴心点旋转当前视图。

（5）中心：在模型上指定一个点以调整当前视图的中心，或更改某些导航工具的目标点。

（6）漫游：模拟在模型中的漫游。

（7）环视：回旋当前视图。

（8）向上/向下：沿模型的 z 轴滑动模型的当前视图。

2．查看对象控制盘（大）

查看对象控制盘（大）按钮具有以下选项：

（1）中心：在模型上指定一个点以调整当前视图的中心，或更改某些导航工具的目标点。

（2）缩放：调整当前视图的比例。

（3）回放：恢复上一视图方向。

（4）动态观察：围绕视图中心的固定轴心点旋转当前视图。

3．巡视建筑控制盘（大）

巡视建筑控制盘（大）按钮具有以下选项：

（1）向前：调整当前视点与所定义的模型轴心点之间的距离。

（2）环视：回旋当前视图。

（3）回放：恢复上一视图。

（4）向上/向下：沿模型的 z 轴滑动模型的当前视图。

9.2.4　设置视距和回旋角度

利用三维导航中的【调整视距】和【回旋角度】工具，使图形以绘图区的中心为缩放点进行操作，或以观察对象为目标点，使观察点绕其做回旋运动。

1．调整视距

在 AutoCAD 中，视距是观察点与绘图区中心点为目标点之间的距离，模拟相机推近对象或拉远对象的效果。对该距离进行调整可以改变观察点相对于图纸之间的距离，从而改变图中可视区域的大小。

单击菜单【视图】|【相机】|【调整视距】命令，此时图中的光标呈⚓形状，按鼠标左键并在垂直方向上沿屏幕顶部拖到光标可使相机推近对象，从而使对象显得更大。反之变小。

2．回旋角度

回旋角度是模拟旋转相机的效果，可以使观察对象为旋转中心，使观察点为旋转点，并随鼠标的移动绕其进行回旋运动，从而改变视图的观察方位。在调整回旋角度时，由于调整的是观察点的位置，所以视图将随光标移动的反方向进行回旋运动。

单击菜单【视图】|【相机】|【回旋】命令，此时图中的光标呈⚓形状，按鼠标左键并任意拖动，此时观察对象将随鼠标的移动做反向回旋运动。

9.2.5　漫游和飞行

在 AutoCAD 2012 中，用户可以在漫游或飞行显示模式下，通过键盘和鼠标控制视图显示，或创建导航动画。

1．【定位器】选项板

单击菜单【视图】|【漫游和飞行】|【漫游】或【飞行】命令，将打开【定位器】选项板，如图 9-20 所示。

【定位器】选项板，设置位置指示器和目标指示器的具体位置，用以调整观察器窗口中视图的观察方位。将鼠标移动至【定位器】选项板中的位置指示器上，光标呈⚓形状，单击鼠标左键并拖到，即可调整绘图区中视图的方向；在【常规】选项组中设置指示器和目标指示器的颜色、大小以及位置等参数。

图 9-20　【定位器】选项板图

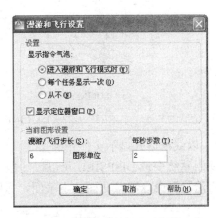

图 9-21　【漫游和飞行设置】对话框

2．【漫游和飞行设置】对话框

单击菜单【视图】|【漫游和飞行】|【漫游和飞行设置】命令，打开【漫游和飞行设置】对话框，可以设置显示指令窗口的进入时间、窗口显示的时间，以及当前图形设置的步长和每秒步数，如图 9-21 所示。

用户可以使用一套标准的键和鼠标交互在图形中漫游和飞行。使用四个箭头键或 W键、A 键、S 键和 D 键来向上、向下、向左或向右移动。要在漫游模式和飞行模式之间切换，请按 F 键。要指定查看方向，请沿要查看的方向拖动鼠标。

9.2.6 观察三维图形

为了得到三维模型最佳的观察效果，还可以使用消隐及着色等方法来观察三维图形。

1. 消隐图形

消隐是指消除曲面或实体中的隐藏线。选择菜单【视图】|【消隐】命令，或在命令行输入 Hide 命令，均可实现该操作。图 9-22 中显示了图形消隐前后的效果。

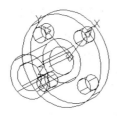 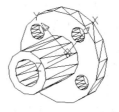

（a）消隐前效果图　　　　　　　　　（a）消隐后效果图

图 9-22　图形消隐前后效果图

2. 改变三维图形的曲面轮廓素线

当三维图形中包含弯曲面时，曲面在线框模式下用线条的形式来显示，这些线条称为网线或轮廓素线。使用系统变量 ISOLINES 可以设置显示曲面所用的网线条数，默认值为 4，即使用 4 条网线来表达每一个曲面。该值为 0 时，表示网面没有网线，如果增加网线的条数，则会使图形看起来更接近三维实物，如图 9-23 所示。

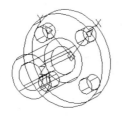 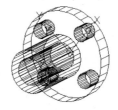

（a）ISOLINES=4　　　　　　　　　（b）ISOLINES =32

图 9-23　ISOLINES 设置对实体显示的影响

3. 以线框形式显示实体轮廓

使用系统变量 DISPSILH 可以以线框形式显示实体轮廓。此时需要将其值设置为 1，并用"消隐"命令隐藏曲面的小平面，如图 9-24 所示。

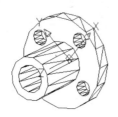 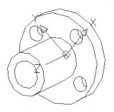

（a）DISPSILH=0　　　　　　　　　（b）DISPSILH =1

图 9-24　以线框形式显示实体轮廓

4. 改变实体表面的平滑度

要改变实体表面的平滑度，可通过修改系统变量 FACETRES 来实现。该变量用于设置曲面的面数，取值范围为 0.01~10。其值越大，曲面越平滑，如图 9-25 所示。

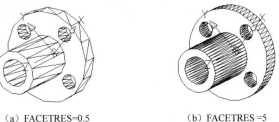

（a）FACETRES=0.5　　　　　（b）FACETRES =5

图 9-25　改变实体表面的平滑度

如果 DISPSILH 变量值为 1，那么在执行【消隐】、【渲染】命令时并不能看到 FACETRES 设置效果，此时必须将 DISPSILH 值设置为 0。

9.2.7 【视觉样式】

【视觉样式】是一组设置，用来控制视图中边和着色的显示。一旦应用了视觉样式或更改了其设置，就可以在视口中查看效果。切换视觉样式，可以通过视觉样式面板、视口标签和菜单命令进行，如图 9-26 和图 9-27 所示。

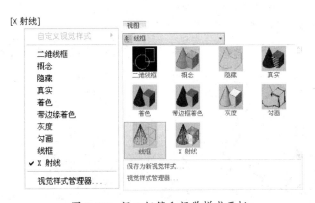

图 9-26　视口标签和视觉样式面板　　　　图 9-27　视觉样式菜单

1. 应用视觉样式

【视觉样式】子菜单中各命令的功能如下所示。

（1）【二维线框】/【线框】：显示用直线或曲线表示各边界的对象。光栅和 OLE 对象、线型和线宽都是可见的，如图 9-28 所示。

（2）【消隐】：显示用三维线框表示的对象并隐藏表示后面的直线，如图 9-29 所示。

（3）【真实】：显示着色后的多边形平面间的对象，并使对象的边平滑，同时显示已经附着到对象上的材质效果，如图 9-30 所示。

（4）【概念】：显示着色后的多边形平面间的对象，并使对象的边平滑，如图 9-31 所示。

（5）【着色】：该样式与真实样式类似，但不显示对象轮廓线，如图 9-32 所示。

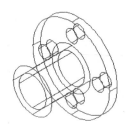
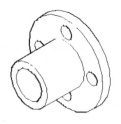

图 9-28　线框视觉样式　　　图 9-29　消隐视觉样式　　　图 9-30　真实视觉样式

（6）【带边框着色】：该样式与【着色】类似，其表面轮廓线以暗色线条显示，如图 9-33 所示。

图 9-31　概念视觉样式图　　　图 9-32　着色视觉样式　　　图 9-33　带边框着色视觉样式

（7）【灰度】：以灰色着色多边形平面间的对象，并使对象的边平滑化，如图 9-34 所示。

（8）【勾画】：利用手工勾画的笔触效果显示用三维线框表示的对象并隐藏表示后面的直线，如图 9-35 所示。

（9）【X 射线】：以 X 射线的形式显示对象效果，可以清楚的观察到对象背面的特征，如图 9-36 所示。

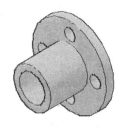
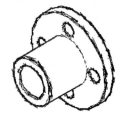
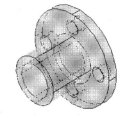

图 9-34　灰度样式　　　　图 9-35　勾画视觉样式　　　图 9-36　X 射线视觉样式

2．管理视觉样式

通过【视觉样式管理器】可以对各种视觉样式进行调整，打开该管理器的方法有以下四种。

（1）菜单栏：【视图】|【视觉样式】|【视觉样式管理器】命令。

（2）工具栏：【视觉样式】工具栏【视觉样式管理器】按钮。

（3）功能区：【视图】选项卡【视觉样式】面板右下角按钮。

（4）命令行：输入并执行 VISUALSTYLES 命令。

执行该命令后，系统打开【视觉样式管理器】选项板，可以对视觉样式进行管理，如图 9-37 所示。

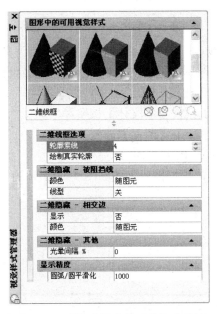

图 9-37　【视觉样式管理器】选项板

在【视觉样式管理器】选项板的【图形中的可用视觉样式】列表框中，显示了当前图形中的可用视觉样式。当选中某一视觉样式后，单击【将选定的视觉样式应用于当前视口】按钮　，可以将该样式应用视口；单击【将选定的视觉样式输出到工具选项板】按钮　，可以将该样式添加到工具选项板。

在【视觉样式管理器】选项板的参数选项区中，可以设置选定样式的面、环境、边等参数的相关信息，以进一步设置视觉样式。用户也可以单击【创建新的视觉样式】按钮　，创建新的视觉样式并在参数选项区设置其相关参数。

9.3　绘制基本三维实体

绘制三维基本实体可以通过菜单【绘图】｜【建模】下各子命令，如图 9-38 所示；也可以通过多功能面板【实体】选择，如图 9-39 所示；还可以使用【建模】工具栏选择，如图 9-40 所示。还可以在命令行输入命令均可。

图 9-38　基本实体菜单

图 9-39　【实体】面板

图 9-40　【建模】工具栏

223

9.3.1 绘制多段体

用户可以将现有的直线、二维多段线、圆弧或圆转换为具有矩形轮廓的实体，也可以用绘制多段线的方法绘制实体，如图 9-41 所示。创建多段体的方法有以下四种。

（1）菜单栏：【绘图】|【建模】|【多段体】命令。

（2）工具栏：【建模】工具栏【多段体】按钮。

（3）功能区：【实体】选项卡【图元】面板按钮。

（4）命令行：输入并执行 POLYSOLID 命令。

执行【多段体】命令后，根据提示创建如图 9-41 所示的多段体效果。

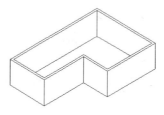

图 9-41　多段体

9.3.2 绘制长方体

启动创建长方体的方法有以下四种。

（1）菜单栏：【绘图】|【建模】|【长方体】命令。

（2）工具栏：【建模】工具栏【长方体】按钮。

（3）功能区：【实体】选项卡【图元】面板按钮。

（4）命令行：输入并执行 BOX 命令。

执行该命令后，系统提供角点（图 9-42）或中心的方式绘制长方体。

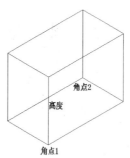

图 9-42　通过角点法绘制长方体

9.3.3 绘制楔体

启动创建契体的方法有以下四种。

（1）菜单栏：【绘图】|【建模】|【契体】命令。

（2）工具栏：【建模】工具栏【契体】按钮。

（3）功能区：【实体】选项卡【图元】面板按钮。

（4）命令行：输入并执行 WEDGE 命令。

执行该命令后，按命令提示下执行相应选项，来绘制楔体，其效果如图 9-43 所示。

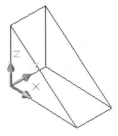

图 9-43　绘制的楔体

9.3.4　绘制圆锥体

启动创建圆锥体的方法有以下四种。

（1）菜单栏：【绘图】|【建模】|【圆锥体】命令。

（2）工具栏：【建模】工具栏【圆锥体】按钮 ⌂。

（3）功能区：【实体】选项卡【圆锥体】面板按钮 ⌂。

（4）命令行：输入并执行 CONE 命令。

执行该命令后，按命令提示下执行相应选项，可以绘制圆锥体及椭圆椎体，其效果如图 9-44 所示。

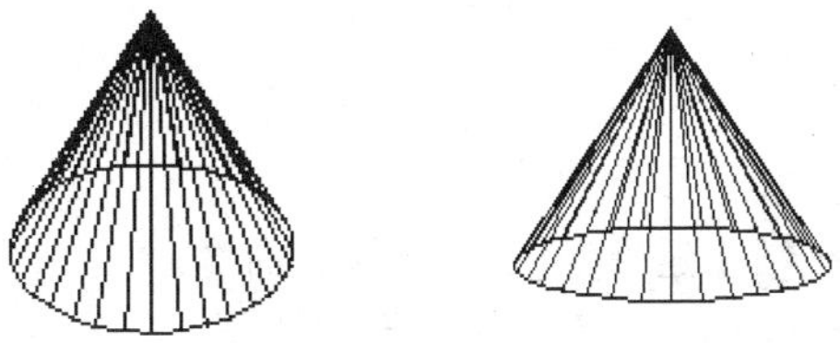

（a）圆锥体　　　　　　　　　　（b）椭圆锥体

图 9-44　绘制的圆锥体和椭圆锥体

9.3.5　绘制球体

启动创建球体的方法有以下四种。

（1）菜单栏：【绘图】|【建模】|【球体】命令。

（2）工具栏：【建模】工具栏【球体】按钮 ○。

（3）功能区：【实体】选项卡【球体】面板按钮 ○。

（4）命令行：输入并执行 SPHERE 命令。

在绘制球体时，为提高视觉效果，有时要设置网格密度。系统变量 ISOLINES 默认值为 4，如设为 32 时，其两者效果对比如图 9-45 所示。

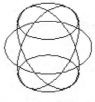

（a）ISOLINES=4　　　　　　　　（b）ISOLINES =32

图 9-45　在不同的 ISOLINES 值下绘制的球体

225

9.3.6　绘制圆柱体

启动创建圆柱体的方法有以下四种。

（1）菜单栏：【绘图】|【建模】|【圆柱体】命令。

（2）工具栏：【建模】工具栏【圆柱体】按钮▢。

（3）功能区：【实体】选项卡【圆柱体】面板按钮▢。

（4）命令行：输入并执行 CYLINDER 命令。

执行该命令后，按命令提示下执行相应选项，可以绘制圆柱体及椭圆柱体，其效果如图 9-46 所示。

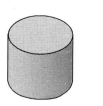

（a）圆柱体　　　（b）椭圆柱体

图 9-46　圆柱体和椭圆柱体

9.3.7　绘制圆环体

启动创建圆环体的方法有以下四种。

（1）菜单栏：【绘图】|【建模】|【圆环体】命令。

（2）工具栏：【建模】工具栏【圆环体】按钮◎。

（3）功能区：【实体】选项卡【圆环体】面板按钮◎。

（4）命令行：输入并执行 TORUS 命令。

执行该命令后，按命令提示下执行相应选项，可以绘制圆柱体，如图 9-47 所示。

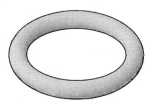

图 9-47　绘制的圆环体

9.3.8　绘制棱锥面

启动创建棱锥面的方法有以下四种。

（1）菜单栏：【绘图】|【建模】|【棱锥面】命令。

（2）工具栏：【建模】工具栏【棱锥面】按钮◇。

（3）功能区：【实体】选项卡【棱锥面】面板按钮◇。

（4）命令行：输入并执行 PYRAMID 命令。

执行该命令后，按命令提示下执行相应选项，可以绘制棱柱体或棱锥台，如图 9-48 所示为所绘制的四棱锥和四棱台。

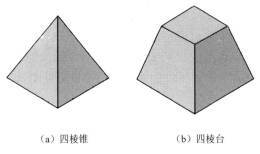

（a）四棱锥　　　　　　　　（b）四棱台

图 9-48　四棱锥及四棱台

9.4　创建复杂实体

在中文版 AutoCAD 2012 中，用户除了使用特定命令创建三维实体外，还可以通过二维图形对象和一定的操作创建三维实体。

9.4.1　拉伸

【拉伸】工具可以将二维图形沿指定的高度和路径，将其拉伸为三维实体。拉伸命令常用于创建楼梯栏杆、管道、异形装饰等物体，是实际工程中创建复杂三维面最常用的一种方法。

启用【拉伸】命令有如下四种方法。

（1）功能区：【实体】面板【拉伸】工具按钮⬚。

（2）工具栏：【建模】工具栏【拉伸】按钮⬚。

（3）菜单栏：【绘图】|【建模】|【拉伸】命令。

（4）命令行：输入并执行 EXTRUDE/EXT 命令。

执行该命令后可以将一些二维对象拉伸成三维实体。在拉伸过程中不但可以指定高度，还可以使对象截面沿着拉伸方向变化。

该命令还可以拉伸闭合的对象，如多段线、多边形、矩形、圆、椭圆、闭合的样条线、圆环和面域等。不能拉伸的对象包括三维对象、包含在块中的对象、有交叉或横断部分的多段线或非闭合的多段线。拉伸过程中可以沿路径拉伸对象，也可以指定高度值和斜角。

执行该命令后，系统提示如下：

> 命令：_extrude
>
> 当前线框密度：ISOLINES=4，闭合轮廓创建模式 = 实体
>
> 选择要拉伸的对象或 [模式(MO)]：_MO 闭合轮廓创建模式 [实体(SO)/曲面(SU)] <实体>：
>
> 选择要拉伸的对象或 [模式(MO)]：选择完对象后，按回车键。
>
> 指定拉伸的高度或 [方向(D)/路径(P)/倾斜角(T)] <60.0000>：

上述最后一行提示中各选项意义如下。

（1）【模式（MO）】:选择实体（SO）或曲面(SU)。

（2）【拉伸高度】：如果输入正值，将沿对象所在坐标系的 Z 轴正方向拉伸对象，如果输入负值，将沿 Z 轴负方向拉伸对象，对象不必平等于同一平面。如果所有对象都处

于同一平面上，将沿该平面的法线方向拉伸对象。

（3）【方向（D）】：表示通过指定的两点指定拉伸的长度和方向。

（4）【路径(P)】：选项表示选择基于指定曲线对象的拉伸路径对对象进行拉伸。

（5）【倾斜角(T)】：输入正角度表示从基准对象逐渐变细地拉伸，而输入负角度则表示从基准对象逐渐变粗地拉伸。

如图 9-49 所示为正六边形不同拉伸斜角的效果图。

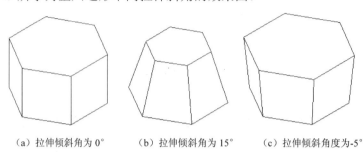

（a）拉伸倾斜角为 0°　　　　（b）拉伸倾斜角为 15°　　　　（c）拉伸倾斜角度为-5°

图 9-49　拉伸锥角效果

注意：常用的二维图形绘制好后，一般需要先建立面域，才能使用该拉伸命令生成三维实体。

9.4.2　旋转

旋转命令可能将一些二维图形绕指定的轴旋转形成三维实体，或通过将一个闭合对象围绕当前 UCS 的 X 轴或 Y 轴旋转一定角度来创建实体，也可以围绕直线、多段线或两个指定的点旋转对象创建实体。用于旋转生成实体的闭合对象可以是圆、椭圆、圆环、封闭多段线、多边形、封闭样条曲线以及封闭面域。

启用【旋转】命令有如下四种方法。

（1）功能区：【实体】面板【旋转】工具按钮 。

（2）工具栏：【建模】工具栏【旋转】按钮 。

（3）菜单栏：【绘图】｜【建模】｜【旋转】命令。

（4）命令行：输入并执行 REVOLVE/REV 命令。

执行该命令后，系统提示如下：

```
命令: _revolve
当前线框密度：ISOLINES=4，闭合轮廓创建模式 = 实体
选择要旋转的对象或 [模式(MO)]: _MO 闭合轮廓创建模式 [实体(SO)/曲面(SU)] <实体>: _SO
选择要旋转的对象或 [模式(MO)]: 找到 1 个//选择旋转对象
选择要旋转的对象://按回车键，完成选择
指定轴起点或根据以下选项之一定义轴 [对象(O)/X/Y/Z] <对象>: //输入 O，以对象为轴
选择对象://选择旋转轴
指定旋转角度或 [起点角度(ST)] <360>://按回车键，默认旋转角度为 360°。
```

上述命令行提示中各选项意义如下。

（1）【模式（MO）】:选择实体（SO）或曲面(SU)。

228

（2）【轴起点】：表示指定旋转轴的第一点和第二点。

（3）【对象（O）】：表示选择现有的对象定义旋转轴。

（4）【X/Y/Z】：表示使用当前 UCS 的正向 X 轴、Y 轴或者 Z 轴作为轴的正方向。

如图 9-50（c）所示的轴承盖。

（a）绘制二维图形并建立面域　　（b）执行【旋转】命令选择直线两端点作为选择轴　　（c）效果图

图 9-50　绘制轴承盖的旋转截面及效果图

注意：常用的二维图形绘制好后，一般需要先建立面域，才能使用该旋转命令生成三维实体。

9.4.3　扫掠

扫掠命令可以通过沿开放或闭合的二维或三维路径扫掠开放或闭合的平面曲线（轮廓）来创建新实体或曲面。

该命令用于沿指定路径并以指定轮廓的形状（扫掠对象）来绘制实体或曲面，可以扫掠多个对象，但是这些对象必须位于同一平面中。如果沿一条路径扫掠闭合的曲线，则生成实体。如果沿一条路径扫掠开放的曲线，则生成曲面。

启用【扫掠】命令有如下四种方法。

（1）功能区：【实体】面板【扫掠】工具按钮🛠。

（2）工具栏：【建模】工具栏【扫掠】按钮🛠。

（3）菜单栏：【绘图】｜【建模】｜【扫掠】命令。

（4）命令行：输入并执行 SWEEP 命令。

执行该命令后，系统提示如下：

命令: _sweep

当前线框密度: ISOLINES=4

选择要扫掠的对象或 [模式(MO)]: _MO 闭合轮廓创建模式 [实体(SO)/曲面(SU)] <实体>:

选择要扫掠的对象://选择完对象后按回车键，完成扫掠对象选择

扫掠路径或 [对齐(A)/基点(B)/比例(S)/扭曲(T)]://选择扫掠路径

上述最后一行提示中各选项意义如下。

（1）【对齐（A）】：指定是否对齐轮廓以使其作为扫掠路径切向的法向，默认情况下，轮廓是对齐的。

（2）【基点（B）】：指定要扫掠对象的基点，如果指定的点不在选定对象所在的平面上，则该点将被投影到该平面上。

（3）【比例（S）】：指定比例因子进行扫掠操作，从扫掠路径的开始到结束，比例因

子将统一应用到扫掠的对象。

（4）【扭曲（T）】：设置被扫掠对象的扭曲角度，扭曲角度指定了沿扫掠路径全部长度的旋转量。

如图 9-51 所示的圆执行【扫掠】命令，扫掠路径为螺旋线，扫掠效果如图 9-52 所示。

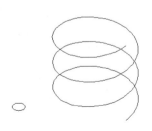

图 9-51　扫掠对象和路径

图 9-52　扫掠效果

9.4.4　放样

【放样】命令可以通过对包含两条或两条以上横截面曲线的一组曲线进行放样（绘制实体或曲面）来创建三维实体或曲面。

该命令可在横截面之间的空间内绘制实体或曲面，横截面定义了结果实体或曲面的轮廓（形状）。横截面（通常为曲线或直线）可以是开放的（如圆弧），也可以是闭合的（如圆）。如果对一组闭合的横截面曲线进行放样，则生成实体。如果对一组开放的横截面曲线进行放样，则生成曲面。

启用【放样】命令有如下四种方法。

（1）功能区：【实体】面板【放样】工具按钮。

（2）工具栏：【建模】工具栏【放样】按钮。

（3）菜单栏：【绘图】｜【建模】｜【放样】命令。

（4）命令行：输入并执行 LOFT 命令。

执行该命令后，系统提示如下：

> 命令：LOFT
> 当前线框密度：ISOLINES=4，闭合轮廓创建模式 = 实体
> 按放样次序选择横截面或 [点(PO)/合并多条边(J)/模式(MO)]:
> 输入选项 [导向(G)/路径(P)/仅横截面(C)/设置(S)/连续性(CO)/凸度幅值(B)] <仅横截面>:选中的横截面个数。

上述命令行提示中各选项意义如下。

（1）【点(PO)】：指定放样起点。

（2）【合并多条边(J)】：选择多个对象作为横截面。

（3）【模式(MO)】：生成实体（SO）或曲面(SU)。

（4）【导向（G）】：用于指定控制放样实体或曲面形状的导向曲线，导向曲线是直线也可以是曲线，可通过将其他线框信息添加至对象来进一步定义实体或曲面的形状。

（5）【路径（P）】：用于指定放样实体或曲面的单一路径。

（6）【仅横截面(C)】：用于显示【放样设置】对话框。

（7）【设置(S)】：输入 S 后，系统弹出【放样设置】对话框，如图 9-53 所示。在该对话框可以进行平滑拟合方式等的设置。

（8）【连续性(CO)】：进行放样起点连续性选择。

（9）【凸度幅值(B)】：输入放样起点凸度幅值的大小。

如图 9-54 所示的 5 个圆截面为放样截面，直线为路径，放样效果如图 9-55 所示。

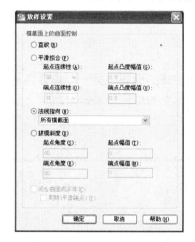
图 9-53　【放样设置】对话框

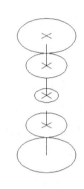
图 9-54　放样截面和路径

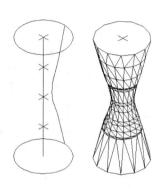
图 9-55　放样效果

9.5　布 尔 运 算

在 AutoCAD 中，布尔运算是指通过两个以上基本实体或者面域创建的复合实体或者面域。系统提供了并集、差集、交集三个命令的操作，从而获得较复杂的三维实体。

9.5.1　并集

并集运算将建立一个合成实心体与合成域。合成实心体通过计算两个或者更多现有的实心体的总体积来建立，合成域通过计算两个或者更多现有域的总面积来建立。

启用【并集】命令有如下四种方法。

（1）功能区：【实体】面板【布尔值】选项卡按钮 ⚬。

（2）工具栏：【建模】或【实体编辑】工具栏【并集】按钮 ⚬。

（3）菜单栏：【修改】｜【实体编辑】｜【并集】命令。

（4）命令行：输入并执行 UNION/UNI 命令。

执行该命令后，系统提示如下：

```
命令:_union
选择对象: 指定对角点: 找到 2 个 // 选择需要合并的图形对象
选择对象: // 按回车键，完成选择
```

如图 9-56 所示，为圆柱体和长方体执行并集运算的效果。

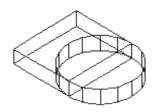 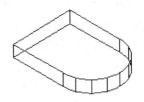

（a）用于求并集的圆柱体和长方体　　　　（b）执行并集操作后效果

图 9-56　并集运算

9.5.2　差集

差集运算所建立的实心体与域是由一个域集或者二维物体的面积与另一个集合体的差来确定的，实心体由一个实心体集的体积与另一个实心体集的体积差来确定。

启用【差集】命令有如下四种方法。

（1）功能区：【实体】面板【布尔值】选项卡按钮◎◎。

（2）工具栏：【建模】或【实体编辑】工具栏【差集】按钮◎◎。

（3）菜单栏：【修改】｜【实体编辑】｜【差集】命令。

（4）命令行：输入并执行 SUBTRACT/SU 命令。

执行该命令后，系统提示如下：

命令：_subtract 选择要从中减去的实体或面域...

选择对象：找到 1 个 // 选择要从中减去的实体或者面域

选择对象： // 按回车键，完成选择

选择对象：　选择要减去的实体或面域

选择对象：找到 1 个 // 选择要减去的实体或者面域

选择对象： // 按回车键，完成选择

如图 9-57 所示，为两个圆柱体执行差集运算的效果。

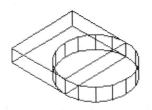 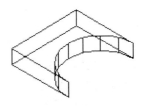

（a）用于求差集的圆柱体与长方体　　　　（b）执行差集操作后效果

图 9-57　差集运算

9.5.3　交集

交集运算可以从两个或者多个相交的实心体中建立一个合成实心体以及域，所建立的域将基于两个或者相互覆盖的域而计算出来，实心体将由两个或者多个相交实心体的共同值计算产生，即使用相交的部分建立一个新的实心体或者域。

启用【交集】命令有如下四种方法。

（1）功能区：【实体】面板【布尔值】选项卡按钮◎◎。

（2）工具栏：【建模】或【实体编辑】工具栏【交集】按钮◉。

（3）菜单栏：【修改】｜【实体编辑】｜【交集】命令。

（4）命令行：输入并执行 INTERSECT/IN 命令。

执行该命令后，系统提示如下：

命令：_intersect

选择对象：指定对角点：找到 2 个∥选择需要执行交集运算的实体或者面域

选择对象：∥按回车键，完成选择

如图 9-58 所示，为两个圆柱体执行交集运算的效果。

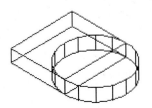 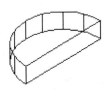

（a）用于求交集的圆柱体 （b）执行交集操作后效果

图 9-58 交集运算效果

9.6 实训项目——创建三维实体模型

9.6.1 实训目的

（1）熟悉 AutoCAD 2012 三维绘图基本环境设置。

（2）掌握基本三维实体（长方体、圆柱、楔体、球体等）绘制方法。

（3）熟悉三维实体的各种生成方法。

（4）掌握基本三维实体的编辑方法。

（5）掌握二维面域的含义和运用方法。

（6）掌握三维坐标的转换与使用。

9.6.2 实训准备

（1）阅读教材 9.1 节～9.4 节内容。

（2）熟悉 AutoCAD 2012 中文版三维实体绘图基本方法。

（3）分析三维实体的生成方法。

9.6.3 实训指导

实训项目：绘制图 9-59 所示的三维实体模型。

（1）创建一个新图形。

（2）单击菜单【视图】｜【三维视图】｜【东南等轴测】命令，切换到东南轴测视图。在 XY 平面绘制底板的二维轮廓图，并将此图形创建成面域，如图 9-60 所示。

（3）选择菜单【修改】｜【实体编辑】｜【差集】命令，长方体减去圆孔，得到如图 9-61 所示的图形。

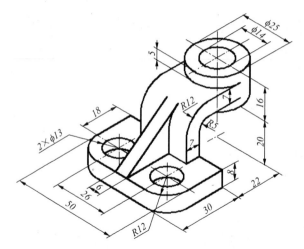

图 9-59　创建三维实体模型

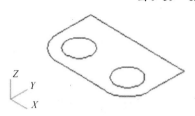

图 9-60　画二维轮廓图

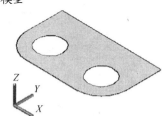

图 9-61　运用差集

（4）选择菜单【绘图】│【建模】│【拉伸】命令，将图 9-56 拉伸高度 8，得到如图 9-62 所示的底板图形。

（5）使用 UCS 命令，建立新的坐标系。在新 *XY* 平面内绘制弯板和三角形肋板的二维轮廓，并将其建立成面域，如图 9-63 所示。

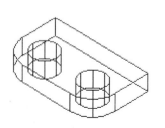

图 9-62　底板实体图形

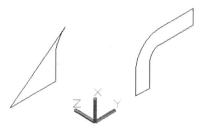

图 9-63　绘制弯板和肋板并将其建立面域

（6）选择菜单【绘图】│【建模】│【拉伸】命令，将弯板和肋板分别拉伸高度为 25 和 6，得到如图 9-64 所示的图形。

（7）使用 UCS 命令再建立新的坐标系，然后输入并执行 SPHERE 命令，绘制直径为 25，高度为 16 的圆柱体。

（8）执行 MOVE 命令，将底板、弯板和肋板移动到正确的位置。

（9）选择菜单【修改】│【实体编辑】│【并集】命令，将底板、弯板和肋板组合成一个整体，如图 9-65 所示。

（10）输入并执行 SPHERE 命令，绘制直径为 14，高为 16 的小圆柱体，并将其移动到正确位置。

234

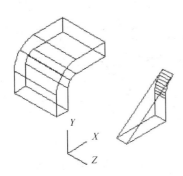

图 9-64　拉伸的弯板和肋板实体图形

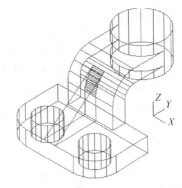

图 9-65　底板、弯板和肋板使用并集效果

（11）选择菜单【修改】|【实体编辑】|【差集】命令，将底板、弯板和肋板的组合体减去小圆柱体，得到如图 9-66 的实体图形。

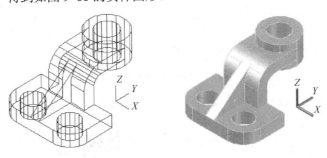

图 9-66　实体图形

9.7　自 我 检 测

9.7.1　填空题

（1）在三维表面的绘制过程中，最常用的系统参数变量是_____和_____；在三维实体的绘制过程中，最常用的系统参数变量是_____。

（2）在三维绘图中，对判断三个坐标轴的方向起着至关重要的定则为_____。

（3）_____命令可以通过沿开放或闭合的二维或三维路径扫掠开放或闭合的平面曲线（轮廓）来创建新实体或曲面；_____命令可以通过对包括两条或两条以上横截面曲线的一组曲线进行放样（绘制实体或曲面）来创建三给维实体或曲面。

（4）布尔运算作用于两个或两个以上的实心体，包括_____、_____、_____ 运算。

9.7.2　选择题

（1）设定新的 UCS 时，需要通过绕指定轴旋转一定的角度来指定新的 UCS，使用创建方式_____。

A.对象　　　　B.面　　　　C.三点　　　　D.$X/Y/Z$

（2）AutoCAD 三维制图中_____命令使用三维线框表示显示对象，并隐藏表示对象后面各个面的直线。

A.“重生成”　　　　B.“重画”　　　　C.“消影”　　　　D.“着色”

9.7.3 简述题

（1）在 AutoCAD 2012 中，设置视点的方法有哪些？

（2）在 AutoCAD 2012 中，用户可以通过哪些方式创建三维图形？

（3）绘制三维多段线时有哪些注意事项？

（4）在使用"拉伸"命令拉伸对象时，随着拉伸角度的变化，将产生哪些内锥度效果？

9.7.4 操作题

（1）根据图 9-67（a）所示的平面图，拉伸生成楼梯三维模型，如图 9-67(b)所示。

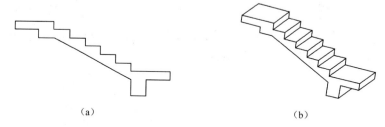

（a）　　　　　　　　　　　　　　　（b）

图 9-67　楼梯的平面图及三维模型

（2）根据图 9-68（a）所示平面图形，旋转生成图 9-68（b）三维模型。

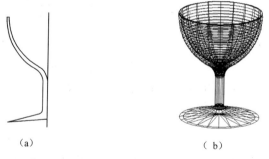

（a）　　　　　　　　　　　　　　（b）

图 9-68　酒杯二维线框及生成的三维模型

（3）绘制如图 9-69 所示的三维实体模型。

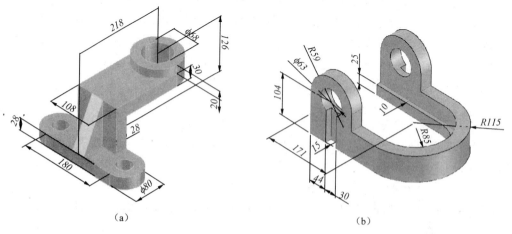

（a）　　　　　　　　　　　　　　　　（b）

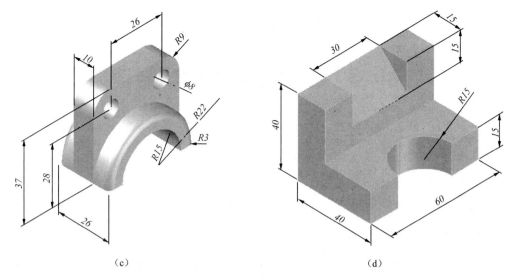

（c）   （d）

图 9-69　实体模型

第 10 章　三维图形的编辑与渲染

【知识目标】

（1）掌握 AutoCAD 2012 三维视图的编辑修改。

（2）掌握 AutoCAD 2012 三维视图的渲染操作。

【相关知识】

在 AutoCAD 2012 中，为了创建出更复杂的三维实体模型及提高绘图质量，需要对三维图形进行编辑和修改。在绘图过程中，有时为了创建更加逼真的模型图像，还需要对三维实体对象进行着色和渲染处理，增加色泽感和真实感。

10.1　三　维　操　作

10.1.1　三维移动

【三维移动】命令能将指定模型沿 *X*、*Y*、*Z* 轴或其他任意方向，以及直线、面或任意两点间移动，从而获得模型在视图中的准确位置。

启动【三维移动】的方法有如下四种。

（1）功能区：【常用】选项卡【修改】面板【三维移动】按钮⨁。

（2）工具栏：【建模】工具栏【三维移动】按钮⨁。

（3）菜单栏：【修改】｜【三维操作】｜【三维移动】命令。

（4）命令行：输入并执行 3DMOVE 命令。

执行该命令后，系统提示如下：

> 命令：_3dmove
>
> 选择对象：指定对角点：找到 1 个 // 选择要移动的三维实体
>
> 选择对象： // 按回车键，完成选择
>
> 指定基点或 [位移(D)] <位移>： // 指定位移实体的基点
>
> 指定第二个点或 <使用第一个点作为位移>： // 输入移动距离

图 10-1 显示了使用【三维移动】命令，将长方体从原来位置（虚线显示）移动到所需位置（实线显示）的操作过程。

10.1.2　三维旋转

【三维旋转】命令可将所选取的三维对象，沿指定旋转轴进行自由旋转。

启动【三维旋转】的方法有如下四种。

（1）功能区：【常用】选项卡【修改】面板【三维旋转】按钮⬡。

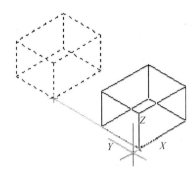

图 10-1　三维实体移动过程

（2）工具栏：【建模】工具栏【三维旋转】按钮⊕。

（3）菜单栏：【修改】|【三维操作】|【三维旋转】命令。

（4）命令行：输入并执行 3DROTATE 命令。

执行该命令后，系统提示如下：

```
命令:_3drotate
UCS 当前的正角方向：ANGDIR=逆时针　ANGBASE=0
选择对象:指定对角点:找到 1 个
选择对象:回车
指定基点:
拾取旋转轴:
指定角的起点或键入角度: 45°
正在重生成模型
```

图 10-2 显示了使用【三维旋转】命令进行图形旋转的过程。

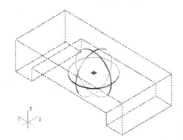 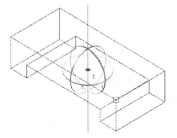 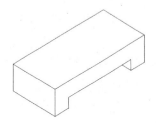

（a）选择旋转的图形　　　（b）指定左前上端点为基点绕 Z 轴旋转 90°　　　（c）旋转后的三维实体

图 10-2　三维旋转使用对齐命令过程

使用【三维旋转】命令选择完对象后，绘图区出现三个圆环，其中红色代表 X 轴、绿色代表 Y 轴、蓝色代表 Z 轴。当选中绕某一轴旋转后，该圆环变成黄色。

10.1.3　三维对齐

在 AutoCAD 2012 中，三维对齐操作是指最多三个点用以定义源平面，然后指定最多三个点用以定义目标平面，从而获得三维对齐效果。

启动【三维旋转】的方法有如下四种。

（1）功能区：【常用】选项卡【修改】面板【三维对齐】按钮▷。

（2）工具栏：【建模】工具栏【三维对齐】按钮。

（3）菜单栏：【修改】|【三维操作】|【三维对齐】命令。

（4）命令行：输入并执行 3DALIGN 命令。

执行该命令后，系统提示如下：

命令：_3dalign

选择对象：找到 1 个

选择对象：

指定源平面和方向 ...

指定基点或 [复制(C)]:

指定第二个点或 [继续(C)] <C>:

指定第三个点或 [继续(C)] <C>:

指定目标平面和方向 ...

指定第一个目标点：

指定第二个目标点或 [退出(X)] <X>:

指定第三个目标点或 [退出(X)] <X>:

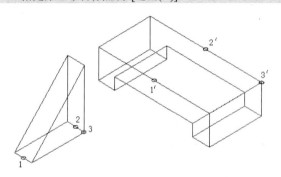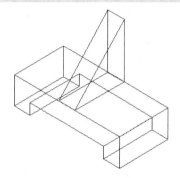

（a）选择契体作为源对象及三点再选择开口长方体依次三目标点　　　　　　　　　　（b）对齐效果

图 10-3　对齐操作

使用【三维对齐】命令，可以为源对象和目标指定一个、两个或三个点，并将移动和旋转选定的对象，使三维空间中的源和目标的基点、X 轴和 Y 轴对齐。

图 10-3 显示了使用【三维对齐】命令进行图形对齐的过程。

10.1.4　三维镜像

使用 MIRRO3D 命令可以沿指定的镜像平面创建对象的镜像。镜像平面可以是通过指定点且与当前 UCS 的 XY 平面、YZ 平面或 XZ 平面平行的平面及由三点定义的平面。

启动【三维镜像】的方法有如下四种。

（1）功能区：【常用】选项卡【修改】面板【三维镜像】按钮。

（2）工具栏：【建模】工具栏【三维镜像】按钮。

（3）菜单栏：【修改】|【三维操作】|【三维镜像】命令。

（4）命令行：输入并执行 MIRROR3D 命令。

执行该命令后，系统提示如下：

240

命令: _mirror3d

选择对象: 指定对角点:

选择对象:

指定镜像平面 (三点) 的第一个点或

[对象(O)/最近的(L)/Z 轴(Z)/视图(V)/XY 平面(XY)/YZ 平面(YZ)/ZX 平面(ZX)/三点(3)] <三点>:

是否删除源对象? [是(Y)/否(N)] <否>:

上述命令行提示中，各选项的含义如下。

（1）【对象】：该选项使用选定平面对象的平面作为镜像平面，如果输入 Y，将被镜像的对象放到图形中并删除原始对象。如果输入 N 或按回车键，将被镜像的对象放到图形中并保留原始对象。

（2）【最近的】：该选项相对于最后定义的镜像平面对选定的对象进行镜像处理。

（3）【Z 轴】：该选项根据平面上的一个点和平面法线上的一个点定义镜像平面。

（4）【视图】：该选项将镜像平面与当前视口中通过指定点的视图平面对齐。

（5）【平面(XY)/(YZ)/(ZX)】：这三个选项将镜像平面与一个通过指定点的标准平面（*XY*、*YZ* 或 *ZX*）对齐。

（6）【三点】：该选项通过三个点来定义镜像平面，如果通过指定点来选择此选项，将不显示"在镜像平面上指定第一点"的提示。

图 10-4 显示了对称实体的三维镜像效果。

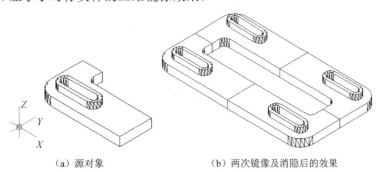

（a）源对象　　　　　　　　（b）两次镜像及消隐后的效果

图 10-4　三维镜像效果

10.1.5　三维阵列

三维阵列可以在三维空间中创建对象的矩形阵列或环形阵列。与二维阵列不同，除了需要指定阵列的列数和行数之外，还要指定阵列的层数。

1．矩形阵列

在【矩形阵列】中，是将对象分布到任意行、列和层的组合。

启动【矩形阵列】的方法有如下四种。

（1）功能区：【常用】选项卡【修改】面板【矩形阵列】按钮▦。

（2）工具栏：【阵列】工具栏【矩形阵列】按钮▦。

（3）菜单栏：【修改】|【三维操作】|【三维阵列】命令。

（4）命令行：输入并执行 ARRAYRECT 命令。

在行（*X* 轴）、列（*Y* 轴）和层（*Z* 轴）矩形阵列中复制对象，一个阵列必须具有至少两个行、列或层。执行矩形阵列命令后，系统提示如下：

命令：_arrayrect

选择对象：找到 1 个

选择对象：

类型 = 矩形　关联 = 是

为项目数指定对角点或 [基点(B)/角度(A)/计数(C)] <计数>：

输入行数或 [表达式(E)] <4>：2

输入列数或 [表达式(E)] <4>：2

指定对角点以间隔项目或 [间距(S)] <间距>：s

指定行之间的距离或 [表达式(E)] <30>：40

指定列之间的距离或 [表达式(E)] <30>：140

按 Enter 键接受或 [关联(AS)/基点(B)/行(R)/列(C)/层(L)/退出(X)] <退出>：l

输入层数或 [表达式(E)] <1>：2

指定层之间的距离或 [总计(T)/表达式(E)] <60>：-70

按 Enter 键接受或[关联(AS)/基点(B)/行(R)/列(C)/层(L)/退出(X)] <退出>：

在命令行中，输入正值将沿 X、Y、Z 轴的正方向生成阵列，输入负值将沿 X、Y、Z 轴的负向生成阵列。图 10-5 所示是行数为 3、列数为 3、层数为 2、行间距为 25、列间距为 25 以及间距为 40 的圆柱的矩形阵列效果图。

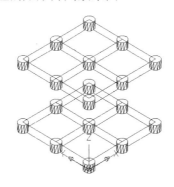

图 10-5　矩形阵列

2．环形阵列

【环形阵列】可以绕旋转轴复制对象。

启动【环形阵列】的方法有如下四种。

（1）功能区：【常用】选项卡【修改】面板【环形阵列】按钮。

（2）工具栏：【矩阵】工具栏【环形阵列】按钮。

（3）菜单栏：【修改】|【三维操作】|【三维阵列】命令。

（4）命令行：输入并执行 ARRAYPOLAR 命令。

执行环形阵列命令后，系统提示如下：

命令：_arraypolar

选择对象：指定对角点：找到 1 个

选择对象：

242

类型 = 极轴 关联 = 是

指定阵列的中心点或 [基点(B)/旋转轴(A)]:

输入项目数或 [项目间角度(A)/表达式(E)] <4>: 6

指定填充角度(+=逆时针、-=顺时针)或 [表达式(EX)] <360>:

按 Enter 键接受或 [关联(AS)/基点(B)/项目(I)/项目间角度(A)/填充角度(F)/行(ROW)/层(L)/旋转项目(ROT)/退出(X)]

在命令行中，指定的角度用于确定对象距旋转轴的距离，正数值表示沿逆时针方向旋转，负数值表示沿顺时针方向旋转。图 10-6 显示了阵列对象为 6 的环形阵列效果。

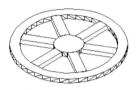

图 10-6   环形阵列

3．路径阵列

【路径阵列】是沿路径或部分路径均匀复制对象的方法。

启动【路径阵列】的方法有如下三种。

（1）功能区：【常用】选项卡【修改】面板【路径阵列】按钮。

（2）工具栏：【矩阵】工具栏【路径阵列】按钮。

（3）命令行：输入并执行 ARRAYPATH 命令。

命令: _arraypath

类型 = 路径 关联 = 是

选择对象: 使用一种对象选择方法

选择路径曲线: 使用一种对象选择方法

输入沿路径的项数或 [方向(O)/表达式(E)] <方向>: 指定项目数或输入选项

指定基点或[关键点(K)] <路径曲线的终点>: 指定基点或输入选项

指定与路径一致的方向或 [两点(2P)/法线(N)] <当前>: 按 Enter 键或选择选项

指定沿路径的项目间的距离或 [定数等分(D)/全部(T)/表达式(E)] <沿路径平均定数等分>:

按 Enter 键接受或 [关联(AS)/基点(B)/项目(I)/行数(R)/层级(L)/对齐项目(A)/Z 方向(Z)/退出(X)] <退出>: 按 Enter 键或选择选项

图 10-7 显示了阵列对象为 6 的路径阵列效果。

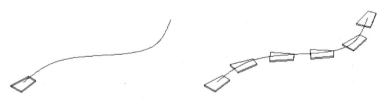

图 10-7   路径阵列

10.2 实体编辑

在 AutoCAD 中，除了可以对三维对象执行旋转、镜像、阵列等操作外，还可以编辑三维实体的边和面，以及分解、分割等操作。

10.2.1 剖切实体

【剖切】命令可以实现用平面或曲面剖切实体，操作时可以通过多种方式定义剪切平面，包括指定点、选择曲面或平面对象。使用该命令剖切实体时，可以保留剖切实体的一半或全部，剖切实体保留原实体的图层和颜色特性。

启动【剖切】的方法有如下三种。

（1）功能区：【实体】选项卡【实体编辑】面板【剖切】按钮 🔧。

（2）菜单栏：【修改】｜【三维操作】｜【剖切】命令。

（3）命令行：输入并执行 SLICE/SL 命令。

执行该命令后，AutoCAD 系统提示如下：

命令:_slice

选择要剖切的对象: 找到 1 个 // 选择剖切对象

选择要剖切的对象: // 按回车键，完成对象选择

指定切面的起点或 [平面对象(O)/曲面(S)/Z 轴(Z)/视图(V)/XY(XY)/YZ(YZ)/ZX(ZX)/三点(3)] <三点>:

// 选择剖切面指定方法

指定平面上的第二个点: // 指定剖切面上的点

在所需的侧面上指定点或 [保留两个侧面(B)] <保留两个侧面>: // 指定保留侧面上的点

图 10-8 显示了将底座前后二分之一剖切后的效果。

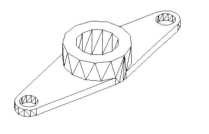
（a）剖切前

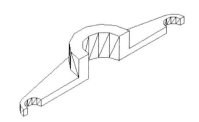
（b）剖切后

图 10-8 剖切前、后效果

10.2.2 实体倒角

使用【倒角】命令，可以对基准面上的边进行倒角操作，从而在两相邻的面间生成一个平坦的过渡面。

启动【倒角】的方法有如下四种。

（1）功能区：【实体】选项卡【实体编辑】面板【倒角边】按钮 🔲。

（2）菜单栏：【修改】｜【实体编辑】｜【倒角边】命令。

（3）工具栏：【修改】工具栏【倒角】按钮◻。

（4）命令行：输入并执行 CHAMFEREDGE/CHAMFER 命令。

AutoCAD 系统提示如下：

命令: _chamfer

（"修剪"模式）当前倒角距离 1 = 0，距离 2 = 0

选择第一条直线或 [放弃(U)/多段线(P)/距离(D)/角度(A)/修剪(T)/方式(E)/多个(M)]://指定倒角对象

基面选择...

输入曲面选择选项 [下一个(N)/当前(OK)] <当前(OK)>://输入曲面选项

指定基面的倒角距离 <5.0000>://输入倒角距离

指定其他曲面的倒角距离 <5.0000>://输入倒角距离

选择边或 [环(L)]://选择倒角边

如图 10-9（b）所示，显示了对实体 7 条边进行倒角的效果。

10.2.3　实体圆角

使用【圆角】命令，可以对三维实体的边进行圆角，从而在两个相邻面间生成一个圆滑过渡的曲面。

启动【圆角】的方法有如下四种。

（1）功能区：【实体】选项卡【实体编辑】面板【圆角边】按钮▥。

（2）菜单栏：【修改】|【实体编辑】|【圆角边】命令。

（3）工具栏：【修改】工具栏【圆角】按钮◻。

（4）命令行：输入并执行 FILLETEDGE/FILLET 命令。

执行该命令后，AutoCAD 系统提示如下：

命令: _fillet

当前设置: 模式 = 修剪，半径 = 0.0000

选择第一个对象或 [放弃(U)/多段线(P)/半径(R)/修剪(T)/多个(M)]://选择需要圆角的对象

输入圆角半径://输入圆角半径

选择边或 [链(C)/半径(R)]://选择需要圆角的边

已选定 3 个边用于圆角。

如图 10-9（c）所示，显示了对实体 7 条边进行圆角的效果。

　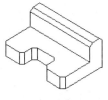　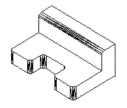

（a）原图　　　　　　　（b）倒角后　　　　　　　（c）圆角后

图 10-9　修倒角、圆角前后的效果

10.2.4　编辑边

AutoCAD 提供了提取边、压印边、复印边和着色边四种编辑边的方法。

1．提取边

从三维实体、曲面、网格、面域或子对象的边创建线框型几何图形。

启动【提取边】的方法有如下两种。

（1）功能区：【常用】选项卡【实体编辑】面板【提取边】按钮▢。

（2）命令行：输入并执行 XEDGES 命令。

如图 10-10 所示，显示了对长方体进行【提取边】后的效果。

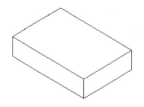 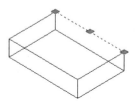

（a）【提取边】前图形　　　　　　（b）【提取边】后效果图

图 10-10　【提取边】效果图

2．压印边

【压印边】命令可以将对象压印到选定的实体上，为了使压印操作成功，被压印的对象必须与选定的对象的一个或多个面相交。执行【压印】命令仅限于以下对象：圆弧、圆、直线、二维和三维多段线、椭圆、样条曲线、面域、体和三维实体。

启动【压印边】的方法有如下四种。

（1）功能区：【常用】选项卡【实体编辑】面板【压印边】按钮▢。

（2）菜单栏：【修改】│【实体编辑】│【压印边】命令。

（3）工具栏：【实体编辑】工具栏【压印边】按钮▢。

（4）命令行：输入并执行 IMPRINT 命令。

如图 10-11 所示，显示了在长方体上表面压印图形的效果。执行【压印边】命令后，二维图案与长方体成为一体。

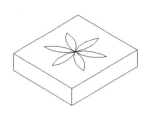 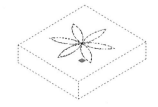

（a）【压印边】前图形　　　　　　（b）【压印边】后效果图

图 10-11　【压印边】效果图

3．复制边

【复制边】命令可以将三维实体的边复制为独立的直线、圆、椭圆或样条线等对象。

启动【复制边】的方法有如下四种。

（1）功能区：【常用】选项卡【实体编辑】面板【复制边】按钮▢。

（2）菜单栏：【修改】│【实体编辑】│【复制边】命令。

（3）工具栏：【实体编辑】工具栏【复制边】按钮▢。

（4）命令行：输入并执行 SOLIDEDIT 命令。

如图 10-12 显示了对三维实体进行【复制边】的效果。

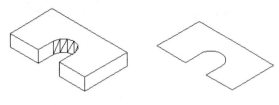

（a）【复制边】前图形　　　　　（b）【复制边】后效果图

图 10-12　【复制边】效果图

4．着色边

【着色边】命令可以为三维实体对象的独立边指定颜色。

启动【复制边】的方法有如下四种。

（1）功能区：【常用】选项卡【实体编辑】面板【着色边】按钮 。

（2）菜单栏：【修改】｜【实体编辑】｜【着色边】命令。

（3）工具栏：【实体编辑】工具栏【着色边】按钮 。

（4）命令行：输入并执行 SOLIDEDIT 命令。

操作方法同复制边命令，只是选择需要着色的边之后，会弹出【选择颜色】对话框，只要选择所需要的颜色即可。

10.2.5　编辑面

对于已经存在的三维实体的面，用户可以通过拉伸、移动、旋转、偏移、倾斜、删除或复制实体对象来对其进行编辑或改变面的颜色。

启动【编辑面】的方式有如下四种。

（1）功能区：【常用】选项卡【实体编辑】面板下相应各子命令，如图 10-13 所示。

（2）菜单栏：【修改】｜【实体编辑】｜下各子命令，如图 10-14 所示。

（3）工具栏：【实体编辑】工具栏下相应按钮如图 10-15 所示。

（4）命令行：输入并执行 SOLIDEDIT 命令。

1．拉伸面

图 10-13【实体编辑】功能区　　图 10-14　【实体编辑】菜单　　图 10-15【实体编辑】工具栏

247

【拉伸】命令可以沿一条路径拉伸平面，或者通过指定一个高度值和倾斜角来对平面进行拉伸，该命令同第 9 章面域拉伸生成体类似。

如图 10-16 所示，显示了拉伸选择长方体上表面和右前面作为拉伸面，拉伸高度为30、角度为 0 的效果图。

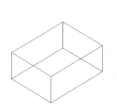 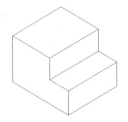

（a）【拉伸面】前图形　　　　　　（b）【拉伸面】后效果图

图 10-16　【拉伸面】效果

2．移动面

【移动面】命令编辑三维实体的面，只移动选定的面而不改变其方向。

图 10-17 显示了移动长方体左侧面缩短的效果。

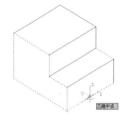 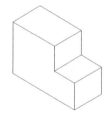

（a）【移动面】前图形　　　　　　（b）【移动面】后效果图

图 10-17　【移动面】效果

3．旋转面

【旋转面】命令是通过选择一个基点和相对（或绝对）旋转角度，可以旋转选定实体上的面或特征集合。所有三维面都可以绕指定轴旋转，当前的 UCS 和 ANGEIR 系统变量的设置决定了旋转的方向。

旋转形式可以通过指定两点、一个对象、X 轴、Y 轴、Z 轴或相对于当前视图视线的 Z 轴方向来确定旋转轴。

图 10-18 显示了长方体左侧面绕 Z 轴旋转 30°的效果。

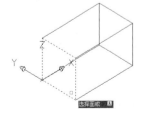 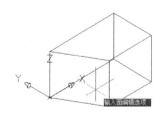

（a）【旋转面】前图形　　　　　　（b）【旋转面】后效果图

图 10-18　【旋转面】效果

4．偏移面

在一个三维实体上，可以按指定的距离均匀地偏移面。通过将现有的面从原始位置向内或向外偏移指定的距离可以创建新的面（在面的法线、曲面或面的正侧偏移）。如偏移实体对象上的孔，指定正值将增大实体的尺寸或体积，指定负值将减小实体的尺寸或体积。

图 10-19 显示了偏移圆柱体内部孔放大的效果。

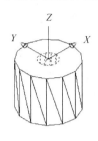　　　　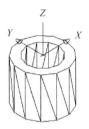

（a）【偏移内孔】前图形　　　　　　（b）【偏移内孔】后效果图

图 10-19　　【偏移内孔】效果

5．倾斜面

【倾斜面】命令是沿矢量方向绘图角度的倾斜面，以正角度倾斜选定的面将向内倾斜，以负角度体面斜选定的面将向外倾斜。

如图 10-20 所示，显示了沿图示基点和另一个点倾斜长方体前表面-30°的效果。

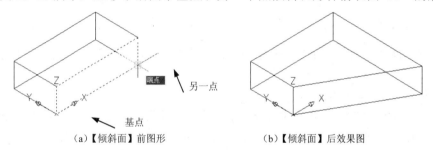

（a）【倾斜面】前图形　　　　　　　（b）【倾斜面】后效果图

图 10-20　　【倾斜面】效果

6．删除面

在 AutoCAD 三维操作中，利用"删除面"命令可以从三维实体对象上删除面、倒角或圆角。只有当所选的面删除并不影响实体的存在时，才能删除所选的面。

图 10-21 演示了删除支座底面上表面前、后两倒角面的效果。

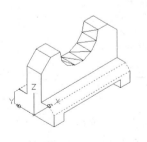　　　　　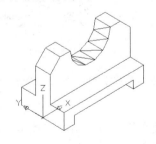

（a）【删除面】前图形　　　　　　　（b）【删除面】后效果图

图 10-21　　【删除面】效果

7. 复制面

利用【复制面】命令可以复制三维实体对象上的面，其结果是面域或体。如果指定两个点，AutoCAD 将使用第一点为基点，并相对于基点放置一个副本。如果只指定一个点，然后按回车键，系统将使用原始选择的点列为基点，下一点作为位移点。

图 10-22 演示了复制支座体底板和立板前表面的效果。

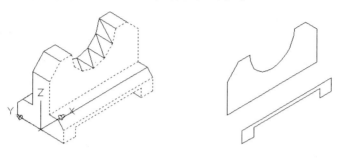

（a）【复制面】前图形　　　　（b）【复制面】后效果图

图 10-22　【复制面】的效果

8. 着色面

【着色面】命令是给三维实体某一表面着色或重新着色。选择该命令后，AutoCAD 弹出【选择颜色】对话框，从中确定新颜色即可，这时不再示例。

10.2.6　编辑体

AutoCAD 系统提供了【分割】、【抽壳】、【清除】和【检查】等命令，直接对三维实体进行修改。

启动【编辑体】的方式如下：

（1）功能区：【常用】选项卡【实体编辑】面板下相应子命令，如图 10-23 所示。

（2）菜单：【修改】｜【实体编辑】｜各子命令，如图 10-24 所示。

（3）工具栏：【实体编辑】工具栏下相应按钮，如图 10-25 所示。

（4）命令行：输入并执行 SOLIDEDIT 命令。

图 10-23【实体编辑】功能区　图 10-24　【实体编辑】菜单　图 10-25【实体编辑】工具栏

1. 清除

如果三维实体的边的两侧或顶点共享相同的曲面或顶点，那么可以删除这些边或顶点。系统将检查实体的对象的体、面或边，并且合并共享相同曲面的相邻面，三维实体对象中所有多余的、压印的以及未使用的边都将删除。

2．分割

利用【分割】命令，将组合实体分割成零件，或者组合三维实体对象不能共享公共的面积或体积。在将三维实体分割后，独立的实体将保留其图层和原始颜色，所有嵌套的三维实体对象都将被分割成最简单的结构。

3．抽壳

利用【抽壳】命令，可以从三维实体对象中以指定的厚度创建壳体或中空的墙体。AutoCAD 可将现有的面向原始位置的内部或外部偏移来创建新的面。偏移时，系统将连续相切的面看作单一的面。

4．检查

检查实体的功能可以检查实体对象是否为有效的三维实体。对于有效的三维实体，进行修改时不会导致 ACIS 失败错误信息；如果三维实体无效，则不能编辑对象。

10.3　渲染三维对象

渲染是对三维图形对象加上颜色和材质、灯光、背景等因素，能够更真实地表达图形的外观和纹理，可使三维对象形成逼真的图像。渲染是输出图形前的关键步骤，尤其是在效果图的设计中。

10.3.1　材质

1．【材质浏览器】

在 AutoCAD 2012 中附着材质的操作，可以使用【材质浏览器】面板。其操作过程如下：

（1）选择菜单栏中【工具】|【选项板】|【材质浏览器】命令或在功能区中选择【材质浏览器】按钮，打开【材质浏览器】面板，如图 10-26 所示。

（2）选择所需的材质，按住鼠标左键将其拖放到三维实体上。

（3）将视觉样式显示成【真实】时，显示出附着材质后的图形，如图 10-27 所示。

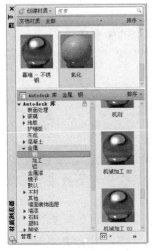

图 10-26　【材质浏览器】

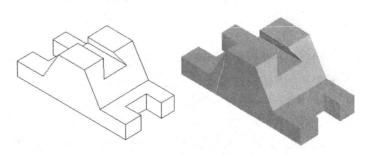

图 10-27　附着材质前后效果图

2．【材质编辑器】

为了对材质进行更加精细的设置，使实体的显示达到惟妙惟肖的效果。在 AutoCAD 2012 中可以使用【材质编辑器】进行设置。

【材质编辑器】的启动方法如下：

（1）菜单栏：【工具】│【选项板】│【材质编辑器】命令。

（2）功能区：选择【材质】面板右下角按钮 ↘ 。

（3）命令行：输入并执行 MATEDITOROPEN 命令。

执行命令后，系统将打开【材质浏览器】面板，如图 10-28 所示。

图 10-28　【材质编辑器】面板

材质编辑器的配置将随选定材质和样板类型的不同而有所变化。主要功能介绍如下：

（1）【外观】选项卡：包含用于编辑材质特性的控件。

①【创建材质】：创建或复制材质。

②【选项】：提供样例形状和渲染质量选项。

③【样例预览】：预览选定的材质。

④【显示材质浏览器】：显示【材质浏览器】面板。

（2）【信息】选项卡：包含用于编辑和查看材质的关键字信息的所有控件。

①【信息】：指定材质的名称、外观的说明信息和用于在材质浏览器中搜索和过滤材质的关键字或标记。

②【关于】：包含材质的类型、版本和位置。

10.3.2　灯光

在三维模型的渲染过程中，光源是一项必不可少的要素。采用不同类型的光源，进行各种必要的设置，可以产生完全不同的效果。AutoCAD 2012 提供了五种类型的光源——点光源、聚光灯、平行光、光域网灯光和阳光。

1．点光源

【点光源】是从光源处发射的呈辐射状的光束，它可以用于在场景中添加充足光照效果或者模拟真实世界的点光源照明效果，一般用作辅光源。

252

在 AutoCAD 2012 中进行【电光源】的启动有如下三种方法。

（1）工具栏：【光源】工具栏【新建点光源】按钮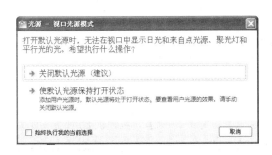

（2）功能区：【渲染】选项卡【灯光】面板【电光源】按钮

（3）命令行：输入并执行 POINTLIGHT 命令。

执行命令后，如果此前场景中并不存在任何灯光，将弹出如图 10-29 所示的【光源】对话框，提示是否关闭默认光源。通常在选择【关闭】后直接在【绘图区】指定一点创建点光源，还可以设置光源的名称、强度、状态、阴影、衰弱和颜色等选项。命令提示如下：

输入要更改的选项[名称(N)/强度因子(I)/状态(S)/光度(P)/阴影(W)/衰减(A)/过滤颜色(C)/退出(X)]<退出>:

图 10-29　【光源】对话框图　　　　　图 10-30　【特性】选项版

此外还可以用鼠标右键单击光源，在弹出的快捷菜单中选择【特性】，弹出【特性】选项板，如图 10-30 所示。在【特性】选项版中修改参数进行光源的设置，如图 10-31 为使用【点光源】的照射效果图。

2．聚光灯

【聚光灯】是一种常见的灯光，其照明方式是从一点朝向某个方向发散，用于模拟各种具有方向的照明。常用于制作建筑效果中的壁灯、射灯以及特效中的光源。

在 AutoCAD 2012 中进行【聚光灯】的启动有如下三种方法。

（1）工具栏：【光源】工具栏【聚光灯】按钮 。

（2）功能区：【渲染】选项卡【灯光】面板【聚光灯】按钮 。

（3）命令行：输入并执行 SPOTLIGHT 命令。

执行该命令后，当指定了光源位置和目标位置后，命令行提示如下信息：

输入要更改的选项 [名称(N)/强度因子(I)/状态(S)/光度(P)/阴影(W)/衰减(A)/过滤颜色(C)/退出(X)]<退出>:

根据需要设置光源的名称、强度、状态、照射角等参数，与【点光源】相似。但【聚光灯】的强度始终会根据相对于聚光灯的目标矢量的角度衰减，同时还受聚光角和照射

253

角度的影响。

由于【聚光灯】具有目标特性，因此可用于亮显模型中的特定特征和区域，同样可以通过【特性】选项版进行【聚光灯】参数的调整，如图 10-32 为使用【聚光灯】的照射效果图。

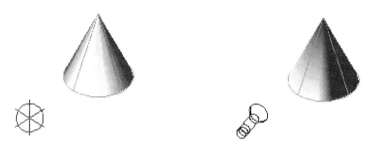

图 10-31　添加【点光源】实体效果图　　　图 10-32　添加【聚光灯】实体效果

3．平行光

【平行光】是仅向一个方向发射统一的平行光光线，平行光的强度并不随着距离的增加而衰减；对于每个照射的面，平行光的亮度都与其在光源处相同。统一照亮对象或照亮背景时，平行光十分有用。

在 AutoCAD 2012 中进行【平行灯】的启动有如下三种方法。

（1）工具栏：【光源】工具栏【平行灯】按钮。

（2）功能区：【渲染】选项卡【灯光】面板【平行灯】按钮。

（3）命令行：输入并执行 DISTANTLIGHT 命令。

执行该命令后，如果场景中之前并不存在【平行光】，创建时将弹出如图 10-33 所示的【光源】对话框，提示当光源单位是光度控制单位时是否禁用平行光，此时根据要求进行选择后在【绘图区】创建【平行光】的位置和照射方向，命令行提示如下信息：

输入要更改的选项 [名称(N)/强度因子(I)/状态(S)/光度(P)/阴影(W)/过滤颜色(C)/退出(X)] <退出>：

此时可以根据设置光源的名称、强度、状态、光度、阴影等选项，同样通过【特性】选项板的设置调整【平行光】特征，如图 10-34 为使用【平行光】的照射效果图。

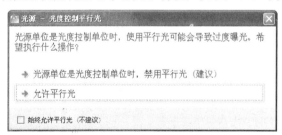

图 10-33　【光源】对话框图　　　　　图 10-34　添加【平行光】实体效果

4．光域网灯光

【光域网灯光】与【点光源】类似，是从光源处发射的呈辐射状的光束。

在 AutoCAD 2012 中进行【光域网】的启动有如下两种方法。

（1）功能区：【渲染】选项卡【灯光】面板【光域网灯光】按钮。

（2）命令行：输入并执行 WEBLIGHT 命令。

执行该命令后，在【绘图区】设定好灯光的位置与朝向后，此时命令行的提升如下：

输入要更改的选项[名称(N)/强度因子(I)/状态(S)/光度(P)/光域网(B)/阴影(W)/过滤颜色(C)/退出(X)]<退出>：

根据需要进行各参数的设置，同样通过【特性】选项板设置【光域网灯光】特性。如图 10-35 为使用【光域网灯光】的照射效果图。

5．阳光

【阳光】是 AutoCAD 中模拟太阳光源效果的光源，阳光的光线相互平行，并且在任何距离处都具有相同强度。如要提高性能，在需要阴影时可将其关闭。

在 AutoCAD 2012 中进行【阳光】的设置有如下三种方法。

（1）功能区：【渲染】选项卡【阳光和位置】面板右下角 ↘ 按钮。

（2）工具栏：【光源】工具栏【阳光特性】按钮。

（3）命令行：输入并执行 SUNPROPERTIES 命令。

使用该命令后，打开如图 10-36 所示的【阳光特性】选项板。

图 10-35　添加【光域网灯光】效果图

图 10-36　【阳光特性】选项板

在使用【阳光】时，受地理位置的影响，可以单击【阳光特性】选项板中的【地理位置】选项中的 按钮，打开【地理位置】对话框（图 10-37），设置光源的经度、纬度及地区等参数。如图 10-38 为使用【平行光】的照射效果图。

10.3.3　渲染

在面板控制台中，图 10-39 所示的【渲染】面板可以帮助用户快速使用基本的渲染功能。

选择【视图】|【渲染】命令或者单击【渲染】面板上的【渲染】按钮 ，弹出如图 10-40 所示【渲染】对话框，在这种状态下，用户可以渲染整个视图、渲染修剪的部分视图、选择渲染预设以及取消正在进行的渲染任务。

图 10-37 【地理位置】选项板

图 10-38 添加【阳光】实体效果

图 10-39 【渲染】面板

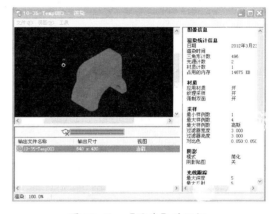

图 10-40 【渲染】对话框

（1）【渲染进度】 按钮：显示渲染的进度。

（2）【渲染预设】按钮：用户可以打开【渲染预设管理器】对话框，在该对话框中可以创建或修改自定义的渲染预设。

展开【渲染】面板后，可以使用面板的控件访问更多的高级渲染功能，包括以下内容：

（1）【渲染质量】按钮：设置渲染图像的输出分辨率。如果选择【指定图像大小】将弹出【输出尺寸】对话框，如图 10-41 所示。

（2）单击【调整曝光】按钮：可以弹出如图 10-42 所示的【调整渲染曝光】对话框，在该对话框中可以调整亮度、对比度、中色调、室外日光和过程背景等。

（3）单击【环境】按钮：弹出如图 10-43 所示的【渲染环境】对话框，在该对话框中可以设置雾化效果和景深效果。

（4）单击渲染窗口按钮：如果图形包含渲染历史记录，可以查看先前渲染的图像。

（5）单击【高级渲染设置】按钮，弹出如图 10-44 所示的【高级渲染设置】选项板，可利用该选项板进行更多高级的设置。

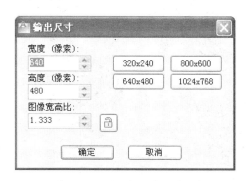

图 10-41 【输出尺寸】对话框

图 10-42 【调整渲染曝光】对话框

图 10-43 【渲染环境】对话框

图 10-44 【高级渲染设置】选项板

10.4 实训项目——绘制弯管实体图

10.4.1 实训目的

（1）熟悉 AutoCAD 2012 三维绘图基本环境设置。

（2）掌握基本三维实体（长方体、圆柱、楔体、球体等）绘制方法。

（3）熟悉三维实体的各种生成方法。

（4）掌握基本三维实体的编辑方法。

（5）掌握三维坐标的转换与使用。

10.4.2 实训准备

（1）进入 AutoCAD 2012 中文版三维实体绘图模式。

（2）分析三维实体的生成方法。

10.4.3 实训指导

实训项目：绘制图 10-45 所示的三维实体模型。

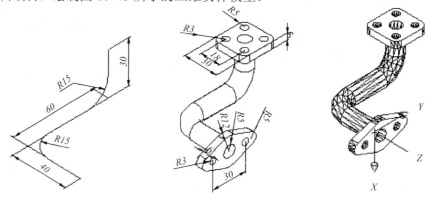

图 10-45　创建三维实体模型

（1）选择【文件】|【新建】命令，新建一个文档，并选择【视图】|【三维视图】|【东南等轴测】命令，转化到三维视图模式下。

（2）选择【绘图】|【多段线】命令，依次指定起点和经过点为(40,0)，(0,0)和(0,45)，如图 10-46 所示。

（3）选择【修改】|【圆角】命令，并设置圆角半径为 15，然后对绘制的多段线修圆角，结果如图 10-47 所示。

（4）选择【工具】|【新建 UCS】|【X】命令和【工具】|【新建 UCS】|【Y】命令，依次将坐标系沿 X 轴和 Y 轴旋转 90°，如图 10-48 所示。

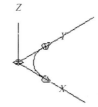
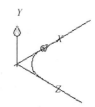

图 10-46　绘制多段线　　图 10-47　对多段线修圆角　　图 10-48　旋转坐标系

（5）选择【绘图】|【多段线】命令，并依次指定多段线的起点和经过点为(45,0)、(60,0)和(60,30)，如图 10-49 所示。

（6）选择【修改】|【圆角】命令，设置圆角半径为 15，然后对绘制的多段线倒圆角，结果如图 10-50 所示。

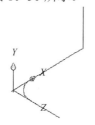
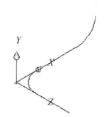

图 10-49　绘制多段线　　　　　　图 10-50　对多段线修圆角

（7）选择【绘图】|【圆】|【圆心、半径】命令，以点(0,0,40)为圆心，绘制一个半径为 5 和一个半径为 7 的圆，如图 10-51 所示。

（8）选择【工具】|【新建 UCS】|【世界】命令，将坐标系恢复到世界坐标系。

（9）选择【绘图】|【圆】|【中心、半径】命令，捕捉多段线的端点，并以该点为圆心，绘制一个半径为 5 和一个半径为 7 的圆，如图 10-52 所示。

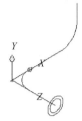

图 10-51　绘制多段线

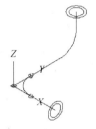

图 10-52　对多段线修圆角

（10）选择【绘图】|【面域】命令，选择绘制的圆，将它们转换为面域。

（11）选择【修改】|【实体编辑】|【差集】命令，对转换成的面域做差集运算。

（12）选择【绘图】|【实体】|【拉伸】命令，并单击下面的一个面域图形，然后在命令行输入 P，并在绘图窗口中单击下面的一段多段线，沿路径拉伸图形。然后选择【视图】|【消隐】命令，消隐图形，结果如图 10-53 所示。

（13）使用同样的方法，拉伸另一面域，消隐后结果如图 10-54 所示。

（14）选择【修改】|【实体编辑】|【并集】命令，将两部分实体合并，消隐后如图 10-55 所示。

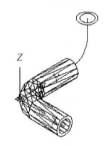
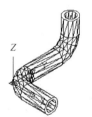
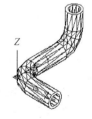

图 10-53　拉伸图形　　　　图 10-54　拉伸图形的另一部分　　　　图 10-55　并集运算

（15）选择【工具】|【移动 UCS】命令，将坐标系移动到(0,60,45)，如图 10-56 所示。

（16）选择【绘图】|【实体】|【长方体】命令，通过指定中心点(0,0,3)，绘制长为 30，宽为 30，高为 6 的长方体，消隐后如图 10-57 所示。

（17）选择【绘图】|【实体】|【圆柱体】命令，指定底面中心点(0,0,0)，绘制半径为 5,高为 6 的圆柱体，消隐后如图 10-58 所示。

（18）选择【绘图】|【实体】|【圆柱体】命令，指定底面中心点(9,9,0)，绘制半径为 3 高为 6 的圆柱体，消隐后如图 10-59 所示。

（19）选择【修改】|【阵列】命令，选择【环形阵列】，选择半径为 5 的圆心为阵列中心，将半径为 3 的圆柱进行数量为 4 的阵列，消隐效果如图 10-60 所示。

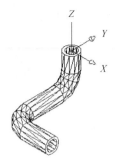

图 10-56　移动坐标系

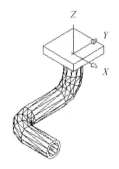

图 10-57　绘制长方体

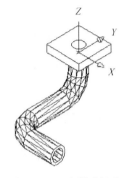

图 10-58　绘制圆柱体

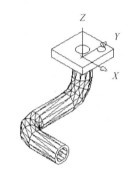

图 10-59　绘制圆柱体

（20）选择【修改】|【圆角】命令，设置圆角半径为 5，对长方体的棱边修圆角，消隐后如图 10-61 所示。

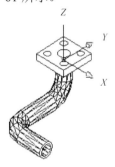

图 10-60　阵列复制

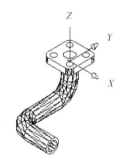

图 10-61　修圆角

（21）选择【实体编辑】|【并集】命令，将长方体和管道进行并集运算，再选择【修改】|【实体编辑】|【差集】命令，用合并后的实体减去 5 个圆柱体，消隐后如图 10-62 所示。

（22）选择【工具】|【移动 UCS】命令，将坐标系移动到(40，-60，-45)，如图 10-63 所示。

（23）选择【工具】|【新建 UCS】|【Y】命令，将坐标系绕 Y 轴选转 90°。

（24）选择【圆】|【圆心、半径】命令，以点(0,0)为圆心，绘制半径为 12 的圆，如图 10-64 所示。

（25）选择【圆】|【圆心、半径】命令，以点(0,20)和(0,-20)为圆心，绘制半径为 5 的两个圆，如图 10-65 所示。

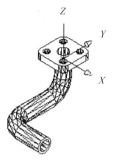

图 10-62　差集运算

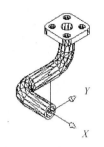

图 10-63　移动坐标系

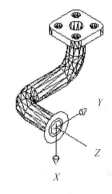

图 10-64　绘制圆

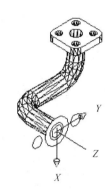

图 10-65　绘制圆

（26）选择【绘图】|【直线】命令，通过捕捉切点，将半径为 12 和半径为 5 的两个圆连接起来，如图 10-66 所示。

（27）选择【修改】|【线剪】命令，对轮廓进行修剪处理，选择【绘图】|【面域】命令，将修剪后的线条转换为面域，并选择【视图】|【消隐】命令，如图 10-67 所示。

图 10-66　连接直线

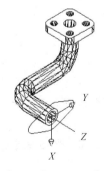

图 10-67　绘制轮廓

（28）选择【绘图】|【实体】|【拉伸】命令，将所绘制的面域沿 Z 轴正方向拉伸 6 个单位，消隐后如图 10-68 所示。

（29）选择【绘图】|【实体】|【圆柱体】命令，分别以(0,15,0)和(0,-15,0)为底面圆心，绘制半径为 3，高为 6 的圆柱体，消隐后如图 10-69 所示。

（30）选择【绘图】|【实体】|【圆柱体】命令，以(0,0,0)为底面圆心，分别绘制半径为 5，高为 6 的圆柱体，消隐后如图 10-70 所示。

图 10-68 拉伸操作

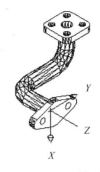

图 10-69 绘制圆柱体

（31）选择【修改】|【实体编辑】|【并集】命令，将合并后的实体与接口轮廓进行并集运算，选择【修改】|【实体编揖】|【差集】命令，用合并后的实体减去半径为 5 和两个半径为 3 的圆柱体，消隐后如图 10-71 所示。

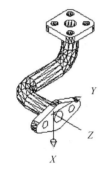

图 10-70 绘制圆柱体

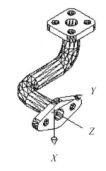

图 10-71 差集运算

10.5 自 我 检 测

10.5.1 填空题

（1）在 AutoCAD 中，有很多命令既适用于二维图形的绘制，也适用于三维空间的任意平面图形、所有线框、表面和实体模型，这样的命令有_____和_____等。

（2）压印对象必须与选定实体上的面_____，这样才能压印成功。

（3）三维矩形阵列与二维阵列不同，用户除了指定列数和行数之外，还要指定_____。

（4）在渲染过程中光线是十分重要，CAD 提供的光源包括_____、_____、_____、_____、和_____。

10.5.2 选择题

（1）对三维面进行_____操作后，三维体不会发生形状上的改变。

A.拉伸　　　B.移动　　　C.偏移　　　D.删除

（2）从三维实体对象中以指定的厚度创建壳体或中空的墙，可以使用_____命令。

A.抽壳　　　B.压印　　　C.分割　　　D.清除

10.5.3 简述题

（1）如何渲染对象、设置光源，以及为对象进行哪些编辑操作？

（2）在 AutoCAD 2012 中，对三维实体可以进行哪些编辑操作？

（3）在 AutoCAD 2012 中，使用【三维镜像】命令时，应注意哪些方面？

10.5.4 操作题

（1）根据图 10-72（a）所示平面图形，绘制其三维实体模型。

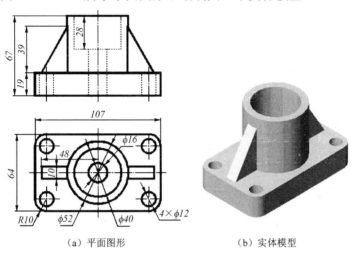

（a）平面图形　　　　　　　　（b）实体模型

图 10-72　平面图形及其实体模型

（2）绘制如图 10-73、图 10-74 所示图形，并为其添加材质进行渲染。

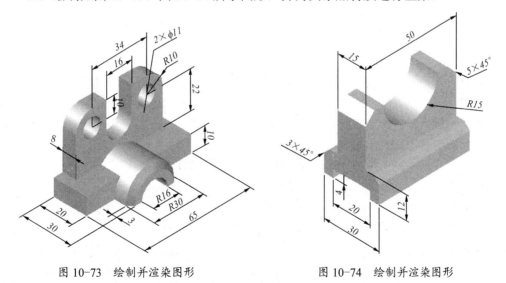

图 10-73　绘制并渲染图形　　　　　　　图 10-74　绘制并渲染图形

第 11 章　图形打印与发布

【知识目标】

（1）了解模型空间和布局空间的概念。
（2）掌握设置打印 AutoCAD 图形的方法。
（3）掌握发布 AutoCAD 图形文件的方法。

【相关知识】

在 AutoCAD 2012 中，图形的输出功能可将绘制完成的图形打印成图纸，或将图纸信息传递给其他应用程序。在打印图形时，可以根据不同设计需要，设置打印对象在图纸上的布局。此外可以运行 Web 浏览器，并通过生成的 DWF 文件进行浏览和打印，将创建的图形发布为 Web 页。

11.1　模型空间与布局空间

在 AutoCAD 中有两个工作空间，分别是模型空间和布局空间。在 AutoCAD 中建立一个新图形时，系统会自动建立一个【模型】选项卡和两个【布局】选项卡，用户可以通过单击状态栏中【模型】和【布局】按钮来切换工作空间。【模型】选项卡可以用来在模型空间中建立和编辑图形，该选项卡不能被删除和重命名操作;【布局】选项卡用来编辑需要打印图形，其数量没有要求，可以进行删除和重命名。

模型空间是完成绘图和设计工作的工作空间。使用在模型空间中建立的模型可以完成二维或三维物体的造型，并且可以根据需求用多个二维或三维视图来表示物体，同时配有必要的尺寸标注和注释等来完成所需要的全部绘图工作。在模型空间中，用户可以创建多个不重叠的(平铺)视口以展示图形的不同视图。

布局空间用于图形排列、绘制布局放大图及绘制视口。通过移动或改变视口的尺寸，可在布局空间中排列视图。在布局空间中，视口被作为对象来看待并且可用 AutoCAD 的标准编辑命令对其进行编辑。这样就可以在同一绘图页面进行不同视图的放置和编辑。每个视口中的视图可以独立编辑、画成不同的比例、冻结和解冻特定的图层、给出不同的标注或注释。

11.2　从模型空间打印出图

模型空间没有界限，画图方便，当在模型空间完成画图后，可以选择在模型空间出图，在模型空间中打印输出二维图形，选择菜单【文件】｜【打印】命令，弹出【打印—

模型】对话框，如图 11-1 所示。该对话框的主要功能如下。

（1）【页面设置】：选择已设置的页面名称或采用默认设置<无>。

（2）【打印机/绘图仪】：指定打印机名称、位置和说明。在【名称】下拉列表框中选择打印机或绘图仪的类型；单击【特性】按钮，在弹出的对话框中查看或修改打印机或绘图仪配置信息。

（3）【图纸尺寸】：在该下拉列表中选择所需的图纸，并可以通过对话框中预览窗口进行预览。

（4）【打印区域】：对打印区域进行设置。其中包括：

①【图形界限】选项：表示打印布局时，将打印图纸尺寸的页边距内的所有内容，其原点从布局中的（0,0）点计算得出。从模型空间打印时，将打印图形界限限定的整体图形区域。

②【显示】选项：表示打印显示的模型空间当前视口中的视图或布局中的当前图纸空间视图。

③【窗口】选项：表示打印指定的图形的任何部分，这是直接在模型空间中打印图形最常用的方法。选择窗口选项时，命令行会提示用户在绘图区指定打印区域。

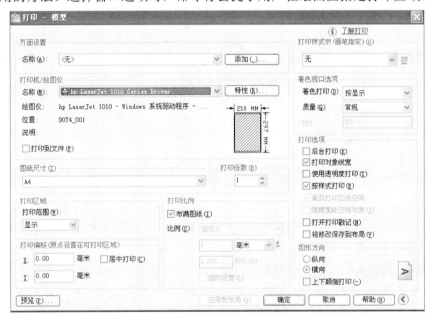

图 11-1 【打印—模型】对话框

（5）【打印偏移】：用来指定相对于可打印区域左下角的偏移量。选择【居中打印复选框，系统可以自动计算偏移值以便居中打印。

（6）【打印比例】：选择标准比例，该值将显示在自定义中，如果需要按打印比例缩放线宽，可选中【缩放线宽】复选框。

（7）【打印样式表】：设置打印的颜色、质量等。

（8）【图形方向】：设置图纸的防止方向。若选中【反向打印】复选框，表示图形将旋转 180°。

（9）【预览】按钮：可以预览要打印的图形效果。

11.3 从布局空间打印图形

在 AutoCAD 2012 中，可以创建多种布局，每个布局都代表一张单独的打印输出图纸。创建新布局后就可以在布局中创建浮动视口。视口中的各个视图可以使用不同的打印比例，并能够控制视口中图层的可见性。

11.3.1 使用布局向导创建布局

AutoCAD 提供了三种布局方式：【新建布局】、【来自样板的布局】和【创建布局向导】。一般用户可以使用布局向导创建布局。启用布局向导的方法有：

（1）菜单栏：【工具】|【向导】|【创建布局】命令。

（2）菜单栏：【插入】|【向导】|【创建布局向导】命令。

（3）命令行：LAYOUTWIZARD。

执行该命令后，弹出如图 11-2 所示的【创建布局-开始】对话框。

创建新布局的步骤如下：

（1）在【输入新布局的名称】文本框中输入新创建的布局名称，系统默认名称"布局 3"。

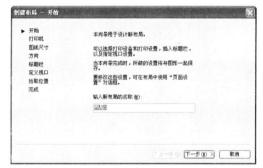

图 11-2 【创建布局—开始】对话框　　　　图 11-3 【创建布局—打印机】对话框

（2）单击【下一步】按钮，打开【创建布局—打印机】对话框，在【新布局选择配置的绘图仪】列表框中选择当前配置的打印机类型，如图 11-3 所示。

（3）单击【下一步】按钮，打开【创建布局—图纸尺寸】对话框，根据实际需要选择图纸的尺寸大小与图形单位，如图 11-4 所示。

（4）单击【下一步】按钮，打开【创建布局—方向】对话框，在【选择图形在图纸上的方向】选项组中有【纵向】和【横向】两种打印方向，根据需要进行选择即可，如图 11-5 所示。

（5）单击【下一步】按钮，打开【创建布局—标题栏】对话框，选择图的边框和标题栏的样式。对话框右边的预览框中给出了所选样式的预览图像。在【类型】选项中，可以指定所选的标题栏图形文件是作为块还是作为外部参照插入到当前图形中的，如图 11-6 所示。

（6）单击【下一步】按钮，打开【创建布局—定义视口】对话框，在该对话框中可以选择视口的类型、视口的比例等内容，如图 11-7 所示。

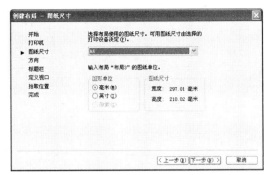

图 11-4 【创建布局—图纸尺寸】对话框

图 11-5 【创建布局—方向】对话框

图 11-6 【创建布局—标题栏】对话框

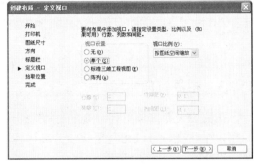

图 11-7 【创建布局—定义视口】对话框

（7）单击【下一步】按钮，打开【创建布局—拾取位置】对话框，如图 11-8 所示。在该对话框中单击【选择位置】按钮，系统返回绘图窗口，提示用户选择视口位置。选择完视口位置后，系统打开【创建布局—完成】对话框，如图 11-9 所示。

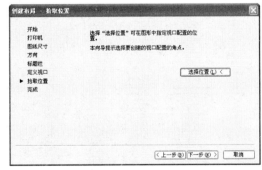

图 11-8 【创建布局—拾取位置】对话框

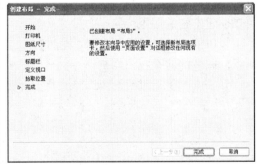

图 11-9 【创建布局—完成】对话框

（8）单击【完成】按钮即可完成新布局的创建，此时在绘图窗口左下方的【布局2】选项卡的右侧会显示【布局3】或新命名的选项卡名称。

11.3.2 管理布局

将鼠标移动到【布局】选项卡上单击右键，在弹出的快捷菜单中，可以删除、新建、重命名、移动或复制布局等操作。如图 11-10 所示。

新建布局(N)
来自样板(T)...
删除(D)
重命名(R)
移动或复制(M)...
选择所有布局(A)

激活前一个布局(L)
激活模型选项卡(C)

页面设置管理器(G)...
打印(P)...

绘图标准设置(S)...

将布局作为图纸输入(I)
将布局输出到模型(X)...

隐藏布局和模型选项卡

布局3

图 11-10 管理布局快捷菜单

11.3.3 布局打印出图

在构造完布局图时,可以将浮动视口视为图纸空间的图形对象,并对其进行移动和调整。浮动视口可以相互重叠或分离。在布局空间中无法编辑模型空间中的对象,如果要编辑模型,必须激活浮动视口,进入浮动模型空间。激活浮动视口的方法有多种,如可执行 MSPACE 命令、单击状态栏上的【图纸】按钮或双击浮动视口区域中的任意位置。

视口好比观察图形的不同窗口。透过窗口可以看到图纸,所有在视口内的图形都能够打印。视口的另一个好处是,一个布局内可以设置多个视口,如视图中的主视图、左视图、俯视图,局部放大图等可以安排在同一布局的不同视口中进行打印输出。视口可以有不同的形状,并可以设置不同的比例输出。这样,在一个布局内,灵活搭配视口,可以创建丰富的图纸输入。

视口的创建可以选择菜单【视图】|【视口】下各子命令选择视口的数量。如图 11-11所示,创建的四个视口图形。

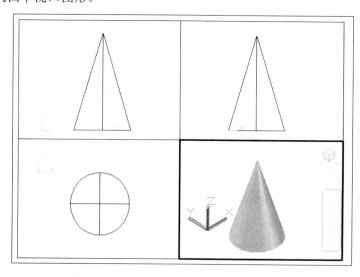

图 11-11 一个布局中显示的四个视口图形

268

对一个图形创建布局后，其布局的名称、使用的打印机、图纸大小、图纸方向等设置都已经预设好了。选择合适的视口布置后，可以使用如下步骤进行打印出图。

（1）选择某个布局后单击菜单【文件】|【页面处置管理器】或在对应的布局名称上单击鼠标右键，在弹出的快捷菜单中选择【页面设置管理器】命令，将弹出【页面设置管理器】对话框，如图11-12所示。

图11-12 【页面设置管理器】对话框 　　　　图11-13 【页面设置—布局3】

（2）在【页面设置管理器】对话框中，单击【修改】按钮，打开如图11-13所示的【页面设置—布局3】对话框，含义同图11-1。

（3）单击【预览】按钮，显示将要打印的图样，如图11-14所示，单击【打印】按钮即可开始打印。

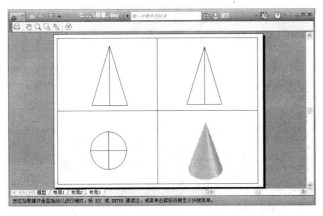

图11-14 【预览】页面

11.4 发布图形文件

在 AutoCAD 2012 中，可以通过因特网访问或存储 AutoCAD 图形以及相关文件，AutoCAD 拥有与因特网进行连接的多种方式，并且能够在其中运行 Web 浏览器，通过生成的 DWF 文件以便用户进行浏览和打印，除此之外还能够打开和插入因特网上的图形，并将创建的图形保存到因特网上。

11.4.1 创建 DWF 文件

图形网络格式 (Drawing Web Format, DWF)文件支持图形文件的实时移动和缩放, 并支持控制图层、命名视图和嵌入链接显示效果。DWF 文件是矢量压缩格式的文件, 可提高图形文件打开和传输的速度, 缩短下载时间。以矢量格式保存的 DWF 文件, 完整地保留了打印输出属性和超链接信息, 并且在进行局部放大时, 基本能够保持图形的准确性。

如果在计算机系统中安装了 4.0 或以上版本的 WHIP 插件和浏览器, 则可在 Internet Explorer 或 Netscape Communicator 浏览器中查看 DWF 文件。如果 DWF 文件包含图层和命名视图, 还可在浏览器中控制其显示特征。

在输出 DWF 文件之前, 首先需要创建 DWF 文件。在 AutoCAD 中可以适应 ePlot.pc3 配置文件创建带有白色背景和纸张边界的 DWF 文件。

单击菜单栏中【文件】|【打印】命令, 系统弹出【打印—模型】对话框, 并在【打印机/绘图仪】下拉列表中选择 DWF6 ePlot.pc3 选项（图 11-15）, 单击【确定】按钮, 在弹出的【浏览打印文件】对话框（图 11-16）中设置 ePlot 文件的名称和路径, 单击【保存】按钮, 即可完成 DWF 文件的创建。

图 11-15 【打印—模型】对话框   图 11-16 【浏览打印文件】对话框

11.4.2 发布到 Web 页

在 AutoCAD 2012 中, 选择菜单【文件】|【网上发布】命令, 即使不熟悉 HTML 代码, 也可以方便、迅速地创建格式化 Web 页, 该 Web 页包含有 AutoCAD 图形的 DWF、PNG 或 JPEG 等格式图像。一旦创建了 Web 页, 就可以将其发布到因特网上。其步骤如下所示。

（1）单击菜单【文件】|【网上发布】命令, 系统弹出【网上发布—开始】对话框, 如图 11-17 所示。选中该对话框中的【创建新 Web 页】单选按钮, 单击【下一步】按钮, 打开【网上发布—创建 Web 页】对话框, 指定 Web 文件的名称、存放位置以及相关说明, 如图 11-18 所示。

（2）单击【下一步】按钮, 弹出【网上发布—选择图像类型】对话框, 设置 Web 页上显示图像的类型以及大小, 如图 11-19 所示。

（3）单击【下一步】按钮, 弹出【网上发布—选择样板】对话框, 设置 Web 页样板, 并且可以在该对话框的预览框中显示出相应的样板实例, 如图 11-20 所示。

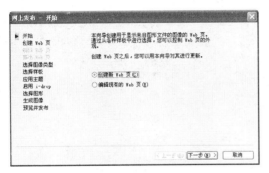

图 11-17 【网上发布—开始】对话框

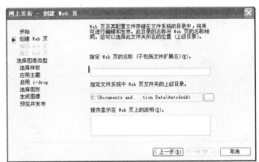

图 11-18 【网上发布—创建 Web 页】对话框

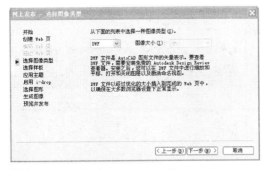

图 11-19 【网上发布—选择图像类型】对话框

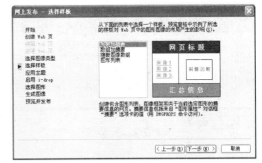

图 11-20 【网上发布—选择样板】对话框

（4）单击【下一步】按钮，弹出【网上发布—应用主题】对话框，设置 Web 页上各种元素的外观样式，并且可以在该对话框下部所选主题选项进行预览，如图 11-21 所示。

（5）单击【下一步】按钮，弹出【网上发布—启用 i-drop】对话框，选中【启用 i-drop】复选框，即可创建 i-drop 有效的 Web 页，如图 11-22 所示。

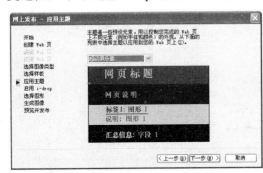

图 11-21 【网上发布—应用主题】

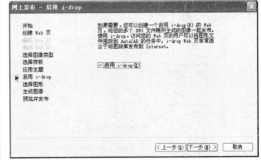

图 11-22 【网上发布—启用 i-drop】对话框

（6）单击【下一步】按钮，弹出【网上发布—选择图形】对话框，选择图形文件、布局以及标签等内容，如图 11-23 所示。

（7）单击【下一步】按钮，弹出【网上发布—生成图像】对话框，选择重新生成已修改图形的图像或所有图像，如图 11-24 所示。

（8）单击【下一步】按钮，弹出【网上发布—预览并发布】对话框，如图 11-25 所示。单击【预览】按钮，可以预览所创建的 Web 页，如图 11-26 所示。单击【立即发布】按钮可发布所创建的 Web 页。

271

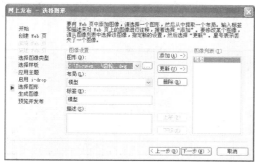

图 11-23 【网上发布—选择图形】对话框

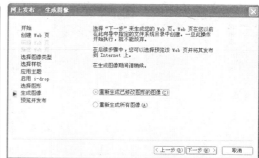

图 11-24 【网上发布—生成图像】对话框

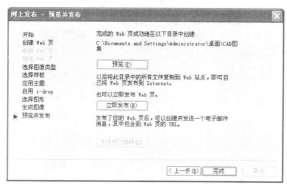

图 11-25 【网上发布—预览并发布】对话框

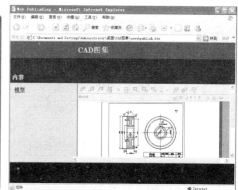

图 11-26 【预览】

11.5 实训项目——在模型空间打印图形

11.5.1 实训目的

熟悉 AutoCAD 2012 图形出图方法。

11.5.2 实训准备

（1）掌握教材 11.1 节～11.2 节内容。

（2）复习绘制二维图形的绘制与编辑、文字输入、尺寸标注等。

（3）综合应用极轴追踪、对象捕捉、正交等辅助功能。

11.5.3 实训指导

实训任务：在模型空间中，选用 A4 图纸，将图 11-27 所示涡轮零件图按 1：1 打印出图。

操作步骤如下：

（1）绘制要输出的图形文件（根据图 11-27，用 1：1 抄画的阀体零件图），绘图过程略。

（2）单击菜单栏中的【文件】|【打印】命令，在弹出的【打印—模型】对话框中根据出图要求，在【打印机/绘图仪】中选择系统打印设备；在【图纸尺寸】中选择 A4

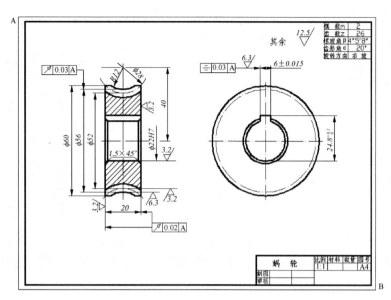

图 11-27　涡轮零件图

图纸，在【打印范围】中选择窗口，并在绘图窗口选择图框的 *A*、*B* 两个对角点；在【打印偏移】选项中，选择居中；在【打印比例】中将布满图纸前的"√"去掉，并选择"1：1"的比例；在【打印样式表】中选择 monochrome.ctb（所有图层均按黑色打印）选项；【图形方向】选择横向，如图 11-28 所示。

图 11-28　【打印—模型】对话框

（3）单击【预览…】按钮，查看图形在图纸中的相对位置，如图 11-29 所示。

（4）如果不合适，单击鼠标右键在弹出的快捷菜单中单击【退出】命令返回到【打印—模型】对话框重新调整后，再次预览，直至图形位置合适，单击【确定】按钮，输出图形。

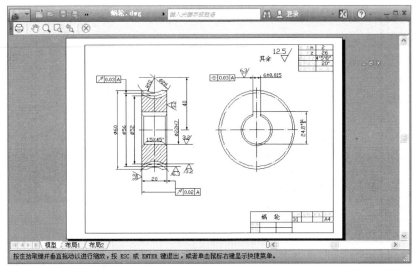

图 11-29 【打印—预览】界面

11.6 自 我 检 测

11.6.1 填空题

（1）在 AutoCAD 中，绘图工作空间包括＿＿＿＿＿＿和 ＿＿＿＿＿＿。

（2）在【打印】对话框中的＿＿＿＿选项组中可以设置图形在打印纸中的位置。

11.6.2 选择题

（1）关于打印样式，说法错误的是＿＿＿

A．打印样式通过确定"打印特性"来控制对象或布局的打印方式。

B．打印样式有两种类型：颜色相关和命名。

C．颜色相关打印样式表的扩展名为.cpt 。

D．命名打印样式表文件的扩展名为.stb。

（2）将布局输出到模型空间。下列说法正确的是＿＿＿

A．可以使用 EXPORT 命令将当前布局中的所有可见对象输出到模型空间。

B．可以将当前布局中的所有可见对象输出到模型空间。

C．材质可以输出到模型空间。

D．超出布局视口边界的标注会一样被输出。

（3）"网上发布"可选择的图像类型不包括＿＿＿？

A． dwf   B． JPEG   C． dwg   D．png

（4）i-drop Web 页非常适合将＿＿＿发布到因特网上？

A．块库   B． 图片   C．命名视图   D． dwf 文件

11.6.3 简述题

（1）图形发布可以采用的方法有哪些？

（2）在 AutoCAD 2012 布局中【视口】的创建方法?

11.6.4　操作题

绘制如图 11-30 所示的零件图，并将其发布为 DWF 文件，然后使用 Autodesk DWF Viewer 预览发布的图形。

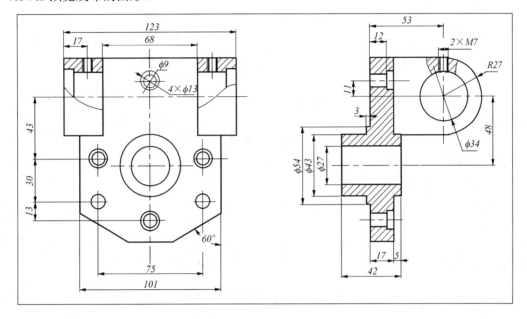

图 11-30　零件图

填空题与选择题答案

1.7.1 填空题

（1）Computer Aided Design

（2）.dwg .dwt

（3）草图与注释、三维建模、三维草图、AutoCAD 经典

（4）选项，选项，打开和保存

1.7.2 选择题

（1）D

（2）C

（3）D

（4）A

2.7.1 填空题

（1）世界 用户

（2）(5，25)

（3）+ -

（4）Zoom、E

2.7.2 选择题

（1）C

（2）C

（3）C

（4）B

3.11.1 填空题

（1）(5，25)

（2）内接圆法；外切圆法

（3）SKETCH

（4）相对于屏幕设置大小

（5）直线；圆弧

3.11.2 选择题

（1）D

（2）A

（3）D

（4）B

4.11.1 填空题

（1）MOVE；ROTATE；ERASE

（2）圆角；倒角

（3）交叉窗口

（4）特性匹配

（5）顺时针；逆时针

4.11.2 选择题

（1）D

（2）B

（3）A

（4）C

（5）A

5.7.1 填空题

（1）多行文字

（2）字体 大小 效果

（3）标题 表头 数据

（4）单行 多行

5.7.2 选择题

（1）A

（2）B

（3）B

（4）C

6.7.1 填空题

（1）对齐尺寸标注

（2）TOLERANCE

（3）水平标注 垂直标注 选择标注

（4）DIMEDIT DIMTDEIT

6.7.2 选择题

（1）D

（2）B

（3）B

（4）B

7.4.1 填空题

（1）交集；并集；差集

（2）绘图 | 面域；绘图 | 边界

（3）普通；外部；忽略

（4）60°

7.4.2 选择题

（1）A

（2）B

（3）B

8.7.1 填空题

（1）BLOCK

（2）W 或 WBLOCK

（3）块属性；属性标签；属性值

8.7.2 选择题

（1）A

（2）D

（3）D

（4）A

9.7.1 填空题

（1）SURFTAB1 ；SURFTAB2 ；ISOLINES

（2）右手定则

（3）SWEEP；LOFT

（4）并集；差集；交集

9.7.2 选择题

（1）D

（2）C

10.5.1 填空题

（1）移动；复制

（2）相交

（3）层数

（4）点光源；聚光灯；广域网灯光；平行光；阳光

10.5.2 选择题

（1）D

（2）A

11.6.1 填空题

（1）模型；布局

（2）打印范围

11.6.2 选择题

（1）C

（2）B

（3）C

（4）A

附录 常用快捷键及其功能

快捷键	命令说明	快捷键	命令说明
【ESC】	取消命令	【Ctrl】+M	同【ENTER】功能键
【F1】	帮助	【Ctrl】+N	新建文件
【F2】	图形/文本窗口切换	【Ctrl】+O	打开文件
【F3】	对象捕捉开/关	【Ctrl】+P	打印输出
【F4】	数字化仪开/关	【Ctrl】+Q	退出 AutoCAD
【F5】	等轴测平面切换上/左/右	【Ctrl】+S	快速保存
【F6】	坐标显示开/关	【Ctrl】+T	数字化仪模式
【F7】	栅格显示开/关	【Ctrl】+U	极轴追踪开/关,同 F10
【F8】	正交模式开/关	【Ctrl】+V	从剪切板粘贴
【F9】	捕捉模式开/关	【Ctrl】+W	对象捕捉追踪开/关,同 F11
【F10】	极轴追踪开/关	【Ctrl】+X	剪切到剪贴板
【F11】	对象捕捉追踪开/关	【Ctrl】+Y	取消上一次 Undo 操作
【F12】	动态输入开/关	【Ctrl】+Z	Undo 取消上一次的命令操作
【Ctrl】+0	全屏显示开/关	【Ctrl】+【Shift】+C	带基点复制
【Ctrl】+1	特性(Propertices)开/关	【Ctrl】+【Shift】+S	另存为
【Ctrl】+2	AutoCAD 设计中心开/关	【Ctrl】+【Shift】+V	粘贴为块
【Ctrl】+3	工具选项板窗口开/关	【Alt】+【F8】	VBA 宏管理器
【Ctrl】+4	图纸管理器开/关	【Alt】+【F11】	AutoCAD 和 VAB 编辑器切换
【Ctrl】+5	信息选项板开/关	【Alt】+F	【文件】下拉菜单
【Ctrl】+6	数据库链接开/关	【Alt】+E	【编辑】下拉菜单
【Ctrl】+7	标记集管理器开/关	【Alt】+V	【视图】下拉菜单
【Ctrl】+8	快速计算机开/关	【Alt】+I	【插入】下拉菜单
【Ctrl】+9	命令行开/关	【Alt】+O	【格式】下拉菜单
【Ctrl】+A	选择全部对象	【Alt】+T	【工具】下拉菜单
【Ctrl】+B	捕捉模式开/关,同 F9	【Alt】+D	【绘图】下拉菜单
【Ctrl】+C	复制内容到剪切板	【Alt】+N	【标注】下拉菜单
【Ctrl】+D	坐标显示开/关,同 F6	【Alt】+M	【修改】下拉菜单
【Ctrl】+E	等轴测平面切换上/左/右	【Alt】+W	【窗口】下拉菜单
【Ctrl】+F	对象捕捉开/关,同 F3	【Alt】+H	【帮助】下拉菜单
【Ctrl】+G	栅格显示开/关,同 F7	窗口键+D	Windows 桌面显示
【Ctrl】+H	Pickstyle 开/关	窗口键+E	Windows 文件管理
【Ctrl】+K	超链接	窗口键+F	Windows 查找功能
【Ctrl】+L	正交模式开/关,同 F8	窗口键+R	Windows 运行功能

参 考 文 献

[1] 王宪生. AutoCAD 中文版实训教程（2008）. 北京：清华大学出版社，2007.

[2] 曾全. AutoCAD 2010 中文版辅助绘图从入门到精通. 北京：人民邮电出版社，2010.

[3] 博智书苑. 新手学 AutoCAD 辅助设计. 北京：航空工业出版社，2010.

[4] 姜勇，等. AutoCAD 2009 机械制图实例教程. 北京：人民邮电出版社，2009.

[5] 汪哲能，等. AutoCAD 2009 中文版实例教程. 北京：清华大学出版社，2010.

[6] 宋小春. AutoCAD 2008 实用教程. 北京：中国水利水电出版社，2008.

[7] 陈志民. 中文版 AutoCAD 2012 实用教程. 北京：机械工业出版社，2011.

[8] 耿国强，等. AutoCAD 2010 中文版入门与提高. 北京：化学工业出版社，2009.

[9] 施博资讯. 新编中文版 AutoCAD 2010 标准教程. 北京：海洋出版社，2010.

[10] 李娜，等. AutoCAD 2010 中文版入门与提高. 北京：清华大学出版社，2010.

[11] 李景仲，等. AutoCAD 2010 中文版实用教程. 北京：国防工业出版社，2012.

[12] 史宇宏. AutoCAD 2008 机械制图 100 例. 北京：希望电子出版社，2008.

[13] 周岩. AutoCAD 2008 基础教程. 北京：清华大学出版社，2007.

[14] 张曙光，等. AutoCAD 2008 中文版标准教程. 北京：清华大学出版社，2007.

[15] 张云杰. AutoCAD 2010 基础教程. 北京：清华大学出版社，2010.

[16] 程绪琦，等. AutoCAD 2012 中文版标准教程. 北京：电子工业出版社，2012.